储能功能材料

主编 黄国勇

中国教育出版传媒集团

高等教育出版社·北京

内容提要

　　"十四五"是实现我国碳排放达峰的关键期,也是我国能源领域高质量发展的机遇期,这将使以电化学储能为代表的新型储能技术迎来高速发展。其中,储能功能材料是决定电化学储能器件性能的核心因素。因此,本书聚焦储能功能材料的基础知识、基本原理、储能机理和发展前沿等内容,较全面地介绍了相关知识。全书共分为9章。第1章绪论简要介绍储能的相关基础知识;第2章讲解电化学储能原理;第3章介绍典型电化学储能材料的晶体结构;第4章至第9章分别介绍锂离子电池、钠离子电池、锂空气电池、液流电池、超级电容器及其他电化学储能器件等,主要包括各类电池的正极材料、负极材料、电解质、隔膜等的结构特点、电化学机理及性能改性方法等。每章均设置"本章导读",每节均设置"本节导读""学习目标""知识要点",帮助读者掌握各章节的重点内容。本书还提供彩色图片、思政导读等扩展资源,以二维码形式呈现,读者可根据需要扫码阅读。

　　本书可作为高等学校储能科学与工程等专业本科生、研究生相关课程教材,也可供储能领域从业者参考使用。

图书在版编目(CIP)数据

储能功能材料 / 黄国勇主编. -- 北京 ： 高等教育出版社,2023.8

ISBN 978-7-04-060698-0

Ⅰ.①储… Ⅱ.①黄… Ⅲ.①储能-功能材料 Ⅳ.①TB34

中国国家版本馆 CIP 数据核字(2023)第 107212 号

CHUNENG GONGNENG CAILIAO

| 策划编辑 | 翟 怡 | 责任编辑 | 翟 怡 | 封面设计 | 张 楠 | 版式设计 | 张 杰 |
| 责任绘图 | 黄云燕 | 责任校对 | 张 薇 | 责任印制 | 赵义民 | | |

出版发行	高等教育出版社	网　址	http://www.hep.edu.cn
社　址	北京市西城区德外大街4号		http://www.hep.com.cn
邮政编码	100120	网上订购	http://www.hepmall.com.cn
印　刷	北京中科印刷有限公司		http://www.hepmall.com
开　本	787mm × 1092mm　1/16		http://www.hepmall.cn
印　张	17.25		
字　数	350 千字	版　次	2023 年 8 月第 1 版
购书热线	010 - 58581118	印　次	2023 年 8 月第 1 次印刷
咨询电话	400 - 810 - 0598	定　价	43.00 元

前　言

　　党的二十大报告明确提出:"积极稳妥推进碳达峰碳中和。"为实现"双碳"目标,我国风能、太阳能等可再生能源在能源消费中的比重将逐年大幅提升。而这类非化石能源存在间歇性、不稳定性等特点,必须配套相应的储能设施。由国家发展改革委、国家能源局等九部门联合印发的《"十四五"可再生能源发展规划》明确提出,至 2030 年,我国风电和太阳能发电总装机容量要达到 12 亿千瓦以上。面对如此大规模新能源的接入,电力系统迫切需要配套大型储能设施来解决新能源消纳问题,以提高电力系统和能源系统的安全性和稳定性,这使得以电化学储能为代表的新型储能技术即将迎来高速发展期。其中,储能功能材料是决定电化学储能器件性能的核心因素,也是实现新能源转化和存储的基础,对推动能源绿色转型、保障能源安全、促进能源高质量发展具有重要意义。

　　然而,我国高等学校的储能科学与工程本科专业刚刚设立不久,专业适用教材短缺,亟须针对国家储能发展需求,编写"储能功能材料"等专业课程教材。在此背景下,本书编者根据中国石油大学(北京)为本科生开设的"化学电源基础""储能科学基础",以及为研究生开设的"新能源材料设计与制备"等课程多年的授课经验,编著了本书。

　　全书共分为 9 章。第 1 章作为全书的绪论部分,首先对储能及储能技术相关概念进行了详细的介绍,并重点介绍电化学储能器件的分类及常用的电化学性能测试方法,使读者对电化学储能领域的基础知识有初步的了解。电化学储能是利用化学反应,将电能通过化学能的形式进行储存和再释放的,因此,第 2 章重点介绍了电化学反应原理及热力学、动力学的基础知识和计算方法,并以锂离子电池为例,具体介绍电化学储能原理的实际应用,为读者后续学习打下理论基础。材料的晶体结构对其性能起着决定性作用,故本书第 3 章重点介绍储能材料的晶体学知识,并以锂离子电池和钠离子电池为例,分别介绍了其正极材料和负极材料的晶体结构信息,以及在充/放电过程中锂离子、钠离子的迁移特点。同时介绍了晶体结构中缺陷的基础知识,以及利用晶体缺陷来调控材料储能性能的实例。基于前 3 章对于电化学储能原理和典型电化学储能材料的学习,接下来的第 4~8 章分别重点介绍了锂离子电池、钠离子电池、锂空气电池、液流电池、超级电容器的工作原理。同时,第 4~8 章从电池的四大组分展开,介绍各电化学储能器件的正极、负极、电解质、隔膜等关键材料的分类、结构、电化学性能及改性方法,使读者充分了解和学习电化学储能器件关键材料的制备及性能优化。接着,第9章从新型二次电池最新研究进展出发,并结合国家能源发展战略,介绍一价金属钾离子电池、二价金属锌离子电池、三价金属铝离子电池等其他类型的电化学储能器件及应用于其中的新材料,使读者对于前沿储能器件有进一步的认识。

　　本书是由中国石油大学(北京)黄国勇教授在参阅了大量国内外专著、学术论文和教材的基础上编著而成的。黄国勇教授课题组的郑倩、崔健、李美萱、田茂琳、王学李、冯尔康等研究生参与了编写工作。

　　由于编者水平有限,书中难免存在错误与不妥之处,敬请读者批评指正,在此致以最诚挚的感谢。

编　者
2023 年 3 月

目　录

第1章 绪 论

■ 本章导读

　　近年来,随着全球对新能源的依赖性逐渐增强,世界各国都在大力发展新能源技术。2020 年,我国在联合国大会上提出"碳中和""碳达峰"目标(后文简称"双碳"目标)。我国的"十四五"规划更是多次提出建设完整强大的新能源供应体系。对于实现有效且连续地利用新能源,储能技术起着举足轻重的作用。因此,我国政府出台多项政策大力支持储能技术的发展。目前,储能技术呈现出多元发展的良好态势,尤其是以锂离子电池、钠离子电池、液流电池等电化学储能器件为代表的电化学储能技术发展十分迅速。因此,本章作为全书的绪论部分,首先介绍储能及储能技术的相关概念和分类,并重点介绍电化学储能器件的分类及常用的电化学性能测试方法,让读者了解电化学储能领域的基础知识。

第1节 储能与储能技术

■ 本节导读

　　能源是一种可以相互转换、以各种形式存在的物质资源,可以为人类活动提供各种形式的能量。储能原理及储能材料科学是本书的重点内容。因此,本节主要介绍储能及储能技术的相关知识点,包括储能及储能技术的定义和分类、物理储能与化学储能的主要区别及相关应用,帮助读者了解目前储能与储能技术的发展状况。

■ 学习目标

1. 掌握储能及储能技术的定义;

2. 掌握物理储能的几种方式及应用;

3. 掌握化学储能的几种方式及应用。

■ 知识要点

1. 储能及储能技术;

2. 物理储能的方式及应用;

3. 化学储能的方式及应用。

　　储能是指在自然条件下,将不稳定的能量转化为其相对稳定的存在形式的过程。根据来源方式,可分为自然储能和人工储能。植物的光合作用是一种典型的自然储能,将太阳能转化为化学能进行储存。人工储能指通过技术手段,将机械能、化学能、电磁能和水能等形式的能量进行储存。应该指出的是,储能不等于节能,其优势是可以补充传统能源,提高能源系统的利用效率。

　　通常情况下,能量在开发、运输和利用的过程中,会出现数量、形态和时间上的差异,导致供求不平衡。为了合理高效地利用能量,通过人工技术将能量进行储存或释放的技术,称之为储能技术。储能技术是能量利用的一种方式,早期在电力系统中就被用于解决电能供需不平衡的问题(图1-1)。

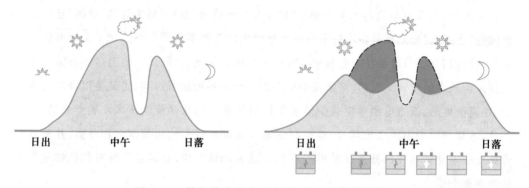

图1-1　储能技术的典型应用:电力系统削峰填谷

　　目前,已开发使用的储能技术有很多种,主要分为物理储能和化学储能。接下来将分别介绍这两种储能技术。

一、物理储能

　　物理储能是指将能量以物理能量的形态储存起来的储能技术。常用于储能的物理能量包括以下几种:动能(如飞轮储能等)、内能(如压缩空气储能等)、势能(如抽水蓄能等)、热能(如熔盐储能等)、电磁能(如超导电磁储能等)等。以下将分别介绍这几种储能方式。

1. 飞轮储能

　　飞轮储能通过利用电能或其他能量,将重物(飞轮)加速使其快速转动,利用能量守恒定律把能量储存在物体的旋转动能中。需要放能时,将其连接发电机,通过释放飞轮带动发电机运转发电,将储存的动能转换为电能。应用于电力系统中,在用电低谷期,将多余的电能通过电动机使飞轮高速旋转,转化为动能,此过程为储电过程。相反,在用电高峰期,通过释放飞轮的动能使发电机工作,将其转化为电能,此过程称为发电过程。如图1-2所示。

　　以核反应堆为例,为了能够在紧急情况下安全地停堆,其主冷却剂泵必须配备一个6 t的巨型飞轮。如果突然发生断电情况,飞轮中储存的动能可以转换为电能,延长主冷

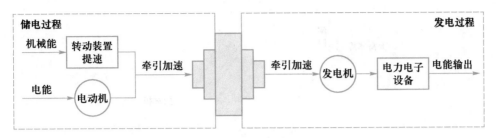

图 1-2 飞轮储能原理示意图

却剂泵的运行时间,长达数十分钟,为紧急安全停堆提供时间保障。

另外,位于美国纽约州斯蒂芬镇的 20 MW 飞轮储能电厂,于 2011 年开始投入使用。该电厂配备了 200 个储能飞轮,可在 15 min 内提供高达 20 MW 的容量。尽管其容量仅占市场容量的 10%,但该电厂提供了超过 30% 区域的电力调节。

2. 压缩空气储能

压缩空气储能通过利用电能或其他能量,将空气压缩,把能量储存在压缩空气的内能中。在需要放能时,释放压缩空气,将储存的内能转换成电能或其他能量。应用于电力系统中,在用电低谷期,通过利用过剩的电能将空气进行高压密封储存,此过程为储电过程。当用电需求达到高峰时,将压缩空气释放,并与燃料进行燃烧,使汽轮机工作,转化为电能,此过程称为发电过程。如图 1-3 所示。

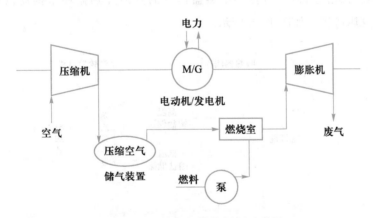

图 1-3 压缩空气储能原理示意图

2021 年 9 月,位于河北省张家口市的国际首套百兆瓦先进压缩空气储能示范电站顺利实现并网发电。该项目的发电规模为 100 MW,系统设计效率达 70.4%。

3. 抽水蓄能

抽水蓄能利用两个有高度差的蓄水库作为储能装置,通过电能将水抽到位于高处的蓄水库中,转换为势能进行储存。需要放能时,将水从高处放出,推动发电机发电,将储存的势能转换为电能。抽水蓄能常用于发电站,在用电低谷期时,利用多余的电能,通过泵将水抽上山顶,此过程为储电过程。而在用电高峰期时,再将水从山顶放出,推动发电机发电,此过程为发电过程。如图 1-4 所示。

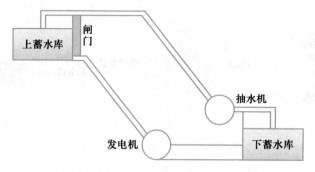

图1-4 抽水蓄能原理示意图

抽水蓄能电站是各国用来解决电力消费峰谷差的主要方法。截至2021年3月,我国已有22座抽水蓄能电站正式投入使用,另外还有约29座正在建设中,装机规模超过40 000 MW。

4. 熔盐储能

熔盐储能利用熔融盐作为介质,通过技术手段将热能进行收集和储存。需要放能时,将热能进行释放,将储存的热能转换成电能或其他能量。应用于电力系统中,通常使用的形式是塔式光热电站,目前它还没有得到广泛应用。白昼期间,通过定日镜将阳光聚焦到熔盐塔顶端,加热熔盐储罐中的固态熔盐,使之升温熔化,达到储热目的,此过程称为储热过程。在用电高峰期,将罐中熔盐储存的热能加热循环水推动汽轮发电机发电,此过程为放热过程。如图1-5所示。

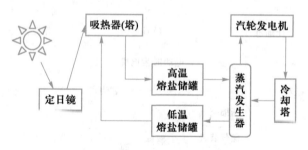

图1-5 熔盐储能原理示意图

2018年12月,位于甘肃敦煌的100 MW熔盐塔式光热电站顺利并网且正式投入使用。在夏季满负荷运行工况下,曾实现24 h连续发电突破1 800 MW·h。

5. 超导电磁储能

超导电磁储能(图1-6)通过将电能输入超导材料做成的线圈内,电流在超导线圈内循环流动时,在线圈周围形成磁场,将电能转换为电磁能进行储存。需要放能时,直接将储存的电磁能输出到电网或其他负载中,转换成电能。应用于电力系统中,在用电低谷期时,可将多余的电能输入超导线圈内,电流在超导线圈内循环流动时,在线圈周围形成磁场,此过程为储电过程。在用电高峰期时,可直接将电磁能返回电网或其他负载中,此过程为发电过程。该储能装置结构简单,不存在旋转机械部件和动态密封问题,设备使

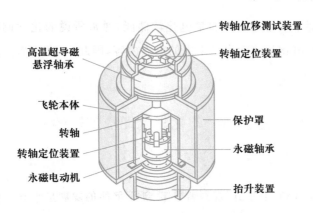

图 1-6

图 1-6　超导电磁储能示意图

用寿命长,没有能量转换损耗。然而超导材料和低温制冷系统的成本较高,因此超导电磁储能在较短时间内难以实现商业化。

二、化学储能

化学储能通过化学反应将机械能、热能、光能、电能等能量转换为化学能储存在化学物质(储能材料)中,也可以通过化学反应将储存的化学能进行释放,实现能量的相互转化。例如,日常生活中所用的液化天然气,其主要成分是甲烷,可作为燃料储存化学能。目前,化学储能根据能量来源可分为热化学储能和电化学储能。

钙循环技术(图 1-7)通过可逆的化学反应,实现热能与化学能的相互转换与能量的储存。其基本原理为

$$CaO + CO_2 \Longleftrightarrow CaCO_3$$

钙基热载体氧化钙(CaO)与高浓度的二氧化碳(CO_2)气体发生反应生成碳酸钙($CaCO_3$),并释放热量加热未参与反应的 CO_2 气体,驱动涡轮机工作进行发电。另一端,通过太阳能集热,将反应生成的 $CaCO_3$ 再次煅烧转变为 CaO,形成一套循环的储热和发电系统。

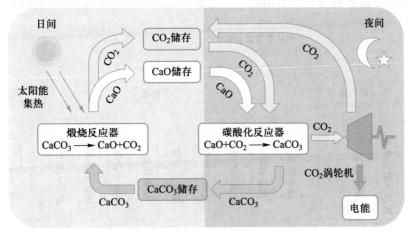

图 1-7

图 1-7　钙循环技术热化学储能原理示意图

目前,化学储能中应用最广泛的是电化学储能,通常所说的化学储能主要指的就是电化学储能。另外,电化学储能也是本书的重点内容,因此,下节内容将重点介绍电化学储能及其器件。

第2节　电化学储能及其器件

■ 本节导读

在我国"双碳"目标和"十四五"规划背景下,新型储能的发展是十分必要的。目前,电化学储能在新型储能中占据主体地位,电化学储能也是应用最广泛和最具潜力的储能方式之一。近年来,我国的电化学储能技术发展迅速。2020年,我国新增电化学储能装机规模位列全球第一,且电化学储能装机占新型储能装机总量的86%。因此,本节将主要介绍电化学储能的原理,以及各种电化学储能器件的分类和应用。

■ 学习目标

1. 掌握电化学储能的原理;

2. 掌握电化学储能器件。

■ 知识要点

1. 电化学储能的原理;

2. 电化学储能器件的分类;

3. 电化学储能器件的应用。

电化学储能是利用化学反应,将电能通过化学能的形式进行储存和释放。电化学储能器件则是实现电能与化学能相互转换的装置,通过化学反应释放或储存电能。从微观角度上讲,电能的直接来源是电源内部发生化学反应时向外释放的大量电子。

电化学储能器件分为一次电池和二次电池(图1-8)。值得注意的是,原电池和一次电池的概念在储能领域往往是混用的。不能重复充放电的电池称为原电池或一次电池,

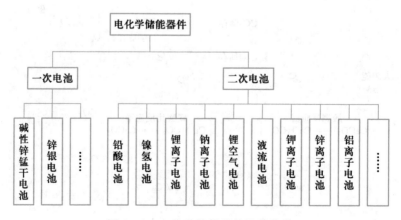

图1-8　电化学储能器件及其分类

广泛用于小型便携式电源。可重复充放电的电池称为二次电池,作为动力电源应用于新能源汽车中。

1. 伏打电堆

伏打电堆(图 1-9)的正极是铜(或银),负极是锌,其间以浸透稀硫酸或盐卤水的布或纸板作为电解质层,放电时发生典型的铜锌原电池反应。之所以称为"电堆",是因为伏打电堆是由多个单体电池单元重复堆放构成的电池组。伏打电堆是可确认的最早的电池。

2. 碱性锌锰干电池

碱性锌锰干电池(图 1-10)以二氧化锰作为正极,锌作为负极,氢氧化钠或氢氧化钾作为电解质。一种常见的电池构型是:内部为胶状锌粉糊,外部为含有二氧化锰、碳粉及电解质的正极糊。日常生活中,碱性锌锰干电池是使用最普遍的一次电池。

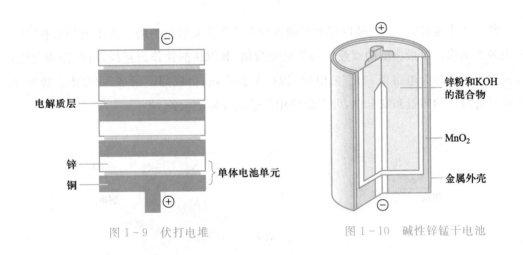

图 1-9 伏打电堆 　　　　　图 1-10 碱性锌锰干电池

3. 铅酸电池

铅酸电池(图 1-11)以二氧化铅作为正极,铅作为负极,稀硫酸作为电解液。铅酸电池是一种非常成熟的二次电池,广泛用于汽车、电动车中,也就是通常所说的"电瓶"。

4. 镍氢电池

镍氢电池(图 1-12)以氢氧化镍 $[Ni(OH)_2]$ 作为正极,储氢合金作为负极,氢氧化钾(KOH)作为电解液。通常,镍氢电池可简写为 NiMH 电池。镍氢电池常用于数码相机等设备中,但由于自放电严重,已逐渐被替代。

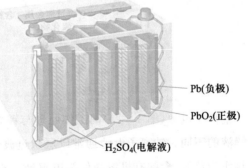

图 1-11 铅酸电池

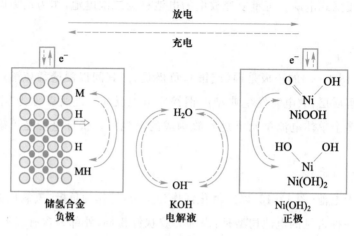

图 1-12　镍氢电池

5. 锂离子电池

锂离子电池(图 1-13)是以锂离子嵌入化合物作为正极材料的一类电池的总称,正、负极种类众多。以最典型的商业锂离子电池为例,其以钴酸锂作为正极,石墨作为负极,含锂有机溶液作为电解液。充/放电时,锂离子会在正、负极间不断嵌入/脱出。锂离子电池具有较高的容量和安全性,可广泛应用于手机等移动设备。

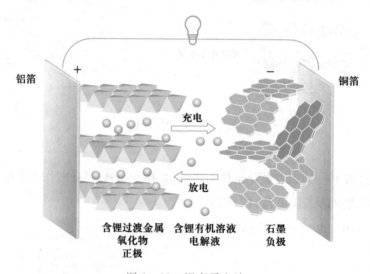

图 1-13　锂离子电池

6. 钠离子电池

钠离子电池(图 1-14)的工作原理与锂离子电池类似,主要区别在于正、负极材料和电解液的不同。钠离子电池通常以层状过渡金属氧化物等作为正极,以硬碳等无定形碳材料作为负极,含钠有机溶液作为电解液。充/放电时,钠离子会在正、负极间不断嵌入/脱出。钠离子电池能量密度相对较低,但是其经济性和环保性优于锂离子电池,应用前景较大。

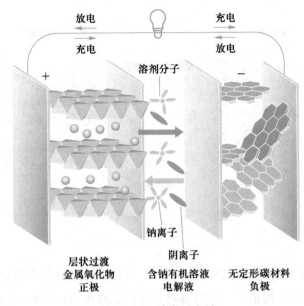

图 1-14　钠离子电池

7. 液流电池

液流电池(图 1-15)的正极和负极电解质分离,正、负极电解液分别发生氧化还原反应。以多硫化钠/溴液流电池为例,分别用 NaBr 和 Na_2S_2 作为正、负极电解液,钠离子交换膜作为隔膜组成液流电池系统。液流电池容量高,有望实现规模化蓄能。

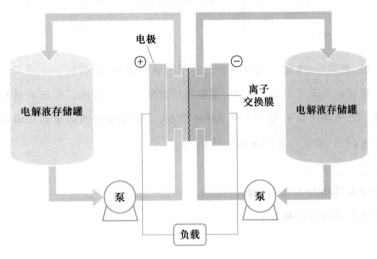

图 1-15　液流电池

8. 超级电容器

电容器即储存电荷的容器,超级电容器(图 1-16)是利用活性炭等多孔电极和电解质组成的双电层结构获得超大的容量,通过电极表面对电解液中离子的吸附/脱离进行充/放电。超级电容器的发展建立在界面双电层理论的基础上,尽管其储能过程有可能不发生化学反应,但其仍然是一种电化学元件,因此,本书将其归类至电化学储能器件。

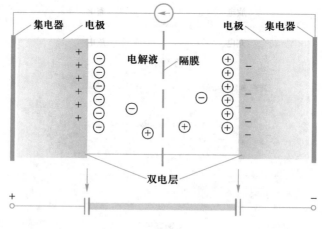

图 1-16 超级电容器

以双电层结构超级电容器为例,其正、负极为对称结构,材料选用活性炭、碳纤维、碳纳米管等,其中活性炭使用最广。超级电容器可以实现短时间充电,耐低温,并且其充放电次数和最大放电次数几乎没有限制。缺点是放电时间很短,储能密度低于普通化学电池。超级电容器可用于电动汽车和电力系统中,作为汽车启动电源,也可用于军事领域和其他机电设备的储能。

第3节 电化学储能相关概念

■ 本节导读

如前文所述,近些年,电化学储能技术已经取得快速发展,并得到广泛应用。本书也将重点介绍电化学储能的原理及材料。因此,掌握电化学储能的基础知识和相关概念对于本书的学习十分必要。本节将主要介绍电池及其核心部件、评价电池性能的参数和电池性能测试中涉及的相关概念,为后续学习提供基础知识。

■ 学习目标

1. 掌握电池及其核心部件的概念;

2. 掌握电池性能参数的概念。

■ 知识要点

1. 电池及其核心部件的定义;

2. 电池性能参数的定义。

电池(battery)　将化学能转换成电能的装置。对于绝大多数二次电池而言,它们的结构可被简化为三个核心部件:电极、隔膜和电解液。

电极(electrode)　电池发生电化学反应的载体。电极上往往载有能够发生电化学反应的物质,称为活性物质。电极有正、负极之分。

正极（positive electrode）　电势较高的电极。放电时,电子从外部电路流入,一般会发生还原反应。

负极（negative electrode）　电势较低的电极。放电时,电子从外部电路流出,一般会发生氧化反应。

隔膜（separator）　电池中,用于将电极分隔开,避免两极直接接触发生短路的薄膜。

电解液（electrolyte）　电解液是含有电解质的溶液,可自由传输离子。在电池中,电解液可以提供并传导自由离子。

电池容量（battery capacity）　描述电池储存电荷量大小的参数,单位为 $mA \cdot h$ 或 $A \cdot h$（$1\ A \cdot h = 3\ 600\ C$）。

容量密度（capacity density）　又称比容量,表示单位质量或单位体积的电池能够放出的电荷量大小,分为质量比容量和体积比容量,单位分别为 $mA \cdot h/g$ 和 $mA \cdot h/L$。

电池能量（battery energy）　描述电池储存能量大小的参数,单位为 $W \cdot h$。

能量密度（energy density）　又称比能量,表示单位质量或单位体积的电池能够放出的能量大小,分为质量比能量和体积比能量,单位分别为 $W \cdot h/g$ 和 $W \cdot h/L$。

充电（charge）　利用外部电源将电池的电压和容量升上去的过程,此时电能转化为化学能。

放电（discharge）　将电池接入外部电路,使电池所储存的电荷量放出来的过程,此时化学能转化为电能。

充/放电特性（charge/discharge characteristics）　电池充/放电时所表现出来的特性,如充/放电容量、充/放电倍率、充/放电深度、充/放电时间等。

充/放电曲线（charge/discharge curve）　电池充/放电时,其电压随时间的变化曲线。

充/放电容量（charge/discharge capacity）　电池充/放电时所充入/释放出来的电荷量。一般用时间与电流的乘积表示,单位为 $A \cdot h$ 或 $mA \cdot h$。

充/放电倍率（charge/discharge ratio）　表示电池充/放电快慢的一种量度,指电池在规定的时间内充/放出其额定容量时所需要的电流强度,在数值上等于电池额定容量的倍数,即"放电电流/电池额定容量＝放电倍率",通常以字母 C 表示。例如,额定容量为 $100\ mA \cdot h$ 的电池用 $20\ mA$ 放电时,其放电倍率为 $0.2\ C$。

充/放电深度（depth of charge/discharge）　对充/放电程度的一种度量,为当前充/放电容量和总充/放电容量的百分比值。

恒压充/放电（constant voltage charge/discharge）　在恒定电压下对电池进行充/放电的过程。

恒流充/放电（constant current charge/discharge）　在恒定电流下对电池进行充/放电的过程。

过充电（over charge）　电池在超过规定的终止电压下,继续充电的过程。

过放电(over discharge)　电池在低于规定的终止电压下,继续放电的过程。

自放电(self-discharge)　电池在搁置过程中,没有与外部电荷相连接而产生容量损失的自发放电过程。

标称电压(normal voltage)　电池以 0.2 C 的速率放电时,全过程的平均电压。

标称容量(normal capacity)　电池以 0.2 C 的速率放电时的放电容量。

库仑效率(coulombic efficiency)　也称为放电效率,即电池的放电容量占充电容量的百分数。

循环寿命(cycle life)　在一定的充/放电条件下,将二次电池反复充/放电,当容量等电池性能达到规定的要求时,所能进行的充/放电次数。

开路电压(open circuit voltage,OCV)　电池没有负荷时,正、负极两端的电压。

闭路电压(closed circuit voltage,CCV)　也称为工作电压,是电池有负荷时正、负极两端的电压。

内阻(internal resistance)　电池正、负极两端之间的电阻。

第 4 节　电化学储能性能测试

■ 本节导读

电化学反应过程中,电子传导和交换的快慢,以及离子在活性材料中的扩散速度等因素直接决定了电池的实际储能性能。因此,通过技术手段对这些因素进行测试,得到电池性能的各类参数值,是评价电池的电化学储能性能的重要方式。本节主要介绍几种常用的电化学储能性能测试方法,包括恒流充/放电测试、循环伏安测试、交流阻抗测试和安全性能测试等评价电池的储能性能和安全性能。

■ 学习目标

1. 掌握各类电化学储能性能测试方法;

2. 掌握各类电化学储能性能测试曲线与对应的性能分析;

3. 掌握安全性能测试的内容。

■ 知识要点

1. 电化学储能性能测试方法;

2. 电化学储能性能测试曲线;

3. 安全性能测试方法。

一、 恒流充/放电测试

恒流充/放电测试(constant current charge/discharge test)通过给电池施加恒定电流,对其进行充/放电操作,并记录电池电压随着时间的变化规律,进而研究电池的充/放电性能。记录电池电压随时间的变化曲线称为恒流充/放电曲线。

恒流充/放电曲线以时间为横坐标,代表着充/放电进行的程度;以电压作为纵坐标,反映电池的状态。因为充/放电过程中使用的是恒电流,所以可根据公式将横坐标表示的时间转化为电池容量:

$$C = I \cdot t \tag{1-1}$$

式中　C——电池容量,$mA \cdot h$;

　　　I——充/放电电流,A;

　　　t——充/放电时间,h。

同时也可换算成比容量,单位为 $mA \cdot h/g$。

以放电曲线为例,整个放电过程可分为 3 个阶段:

① 初始阶段,电池的端电压会快速下降。此时,放电倍率越大,电压会下降得越快。

② 电池电压进入一个缓慢变化的阶段,称为电池的平台区。此时,放电倍率越小,电池的平台区持续的时间越长,电压平台越高,电压下降得越缓慢。

③ 在电池电荷量接近放完时,电池电压开始急剧下降,直至达到放电终止电压。充电曲线与之类似,曲线走势与放电曲线相反,不再赘述。

以锂离子电池正极材料镍钴锰酸锂($LiNi_{0.5}Co_{0.2}Mn_{0.3}O_2$,NCM523)为例,如图 1-17 所示,以 0.1 C 的充/放电速率对 NCM523 进行充/放电测试,测试电压区间为 3.0~4.3 V。由图可知,曲线呈上升趋势的即为充电曲线,呈下降趋势的为放电曲线。放电曲线与横坐标轴的交点处对应的数值即为该试样的首次放电比容量,即 NCM523 的首次放电比容量为 167.5 $mA \cdot h/g$。另外在实际测试过程中,还需对电池进行循环充/放电测试来评价其循环性能。

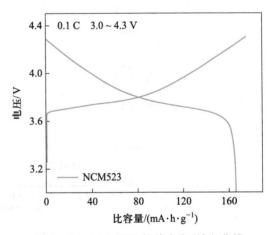

图 1-17　NCM523 的首次充/放电曲线

二、循环伏安测试

循环伏安测试(cyclic voltammetry test)通过给电池外加线性扫描电压,然后按照恒定的速率变化进行扫描,当电压值达到提前预设的终止电压时,会及时回到预设的起始电压,并进行循环重复扫描,记录电流随着电压的变化规律,进而判断电池的可逆性和反应过程。记录电池电流随电压的变化曲线称为循环伏安(CV)曲线。

循环伏安曲线以电压为横坐标,代表着扫描进行的程度;以电流作为纵坐标,反映电极的电化学行为。当正向扫描时,电压从起始到终止是逐渐增大的,电极中的活性物质被氧化产生氧化电流,出现氧化峰。相反的,在逆向扫描过程中则会产生还原电流,出现还原峰。通过判断电压是逐渐增大的还是减小的,可以推出循环伏安曲线上的峰是氧化峰还是还原峰。根据循环伏安曲线的氧化峰和还原峰的峰高和对称性可以判断电极活性物质在电极表面反应的可逆程度。曲线的上下对称性越好，则可逆性越好。另外，根据峰的位置，也可判断电极表面反应发生的过程。

对于可逆性好的体系，设定参数时，可将开路电压设定为起始电压。如果终止电压与起始电压相同，则测试的结果为闭合环。不同材料的扫描方向也不同，如果氧化反应先发生，则应先设置正向扫描，反之则应先设置逆向扫描。如果体系的可逆性不好，继续按照这种设定，则不一定能够测试出闭合的曲线。所以实际测试过程中应根据第一步是还原反应还是氧化反应，设定高电位或者低电位，从而确定扫描方向。

以锂离子电池正极材料镍钴锰酸锂（$LiNi_{0.5}Co_{0.2}Mn_{0.3}O_2$，NCM523）为例，如图 1-18 所示，通过循环伏安曲线表征了 NCM523 的氧化还原反应过程。图 1-18 展示了电压在 $3.0 \sim 4.3$ V(vs. Li^+/Li)，扫描速率为 0.1 mV/s，循环两次后 NCM523 的循环伏安曲线。如图 1-18 所示，一对明显的氧化还原峰，对应了 Ni^{4+}/Ni^{2+}。NCM523 的氧化峰为 3.82 V，还原峰为 3.68 V，两峰之间电位差为 0.14 V。电位差反映了电极的极化程度，较低的电位差表明材料具有低的电化学极化、低内阻和良好的电化学可逆性。

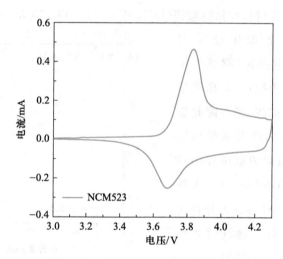

图 1-18　NCM523 的循环伏安曲线

三、交流阻抗测试

交流阻抗测试（alternating current impedance test）通过控制电极交流电压（一般小于 10 mV）按小幅度正弦波规律变化，并记录体系电压随着时间的变化规律，或者直接记录体系交流阻抗的变化规律。通常，测试中会直接选择测量电池的交流阻抗，进而计算电化学参数，评价其电化学性能。记录体系交流阻抗的变化规律的曲线称为电化学阻抗谱（electrochemical impedance spectroscopy，EIS）。阻抗是一个矢量，EIS 谱图通常以其实部作为横坐标轴，以其虚部的负数作为纵坐标轴，绘制电化学阻抗的平面图，因此也可称之为奈奎斯特（Nyquist）图。

进行实验测定时,需要设置初始电压、高频率、低频率、振幅、静置时间等参数。初始电压,即设定的电势条件,一般若设定为开路电压,则测定的是开路条件下的阻抗。若低于开路电压,则测定的是放电条件下的阻抗,反之则测定的是充电条件下的阻抗。高频率指的是给予交流扰动的最高频率,低频率指的是给予交流扰动的最低频率。振幅是指给予交流扰动的振幅的大小,其越小则得到的结果越精确,同时噪声信号也会越大。静置时间指的是测量前体系静置的时间。设置静置时间是为了保证电极材料能够充分与电解液接触,以保证测试的准确性。

　　通常,EIS 测试的频率范围是 $10^4 \sim 10^7$ Hz,振幅为 5 mV,所以得到的 EIS 谱图一般由位于实轴的一个焦点,两个半圆或一个半圆,以及一条右上倾斜 45° 左右的斜线组成。

　　以锂离子电池正极材料镍钴锰酸锂($LiNi_{0.5}Co_{0.2}Mn_{0.3}O_2$,NCM523)为例,如图 1-19 所示,通过 EIS 谱图表征了 NCM523 的内部阻抗。

　　从零点到曲线原点的距离表示溶液电阻(R_0),主要由电解液决定。高频区域表示锂离子通过活性材料表面绝缘层的扩散迁移,半圆与横坐标之间的切线反映了电荷转移阻抗(R_{ct})的大小;中频范围内的半圆表示表面层与活性材料之间的电荷转移阻抗和界面电容;在低频波段,斜线代表扩散阻抗(Warburg 阻抗,W_s),反映了锂离子在非活性物质颗粒中的扩散能力。

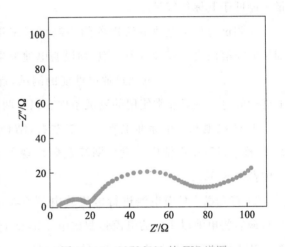

图 1-19　NCM523 的 EIS 谱图

四、安全性能测试

1. 耐过充过放测试

　　耐过充过放测试即在超过或低于规定的终止电压下,仍然对电池继续进行充电或放电过程的测试。

　　二次电池大多具有较好的密闭性,如果电池发生了过充过放则会导致气体在密闭电池内部的快速积累,使得电池的内压迅速增大,如果安全阀没有及时打开,则可能发生爆炸。通常,电池的安全阀会在电池的内压达到一定数值后自动开启,将多余的气体排出。但是在多余气体排出的同时,电池的电解液量也会减少,甚至造成电解液的干枯。此时,电池的各项性能急剧下降,直至电池失效。而且电池安全阀排出气体时携带出来的电解液通常会是强酸或者强碱溶液,会对电池自身和用电器造成腐蚀。因此,一个性能良好的二次电池应该具备良好的耐过充过放性能,更不能出现电池爆炸的危险情况。而且即使电池在特殊条件下面临过充过放的情况,也要求电池不能发生漏液现象。

（1）耐过充测试　进行过充电性能测试时,需要考虑电池的型号和类型,基于此选择合适的测试条件。以镍氢电池为例,过充电流的选择可由恒流源的输出功率决定。对一些大容量电池,恒流源不能输出大于 1 C 的电流,并且需要做好安全措施。而测试一些小容量电池时则可以选用较大的电流倍率。

电池过充性能的评价也会随着放电制度的不同而有所差别,实际测试中常使用以下两种过充电制度:

① 将电池以 0.1 C 的恒流充电 28 天,测试过程中不能发生电池的漏液及爆炸现象。随后,以 0.2 C 进行恒流放电,该电池的容量不能低于其标称容量。

② 将电池以 1 C 的恒流充电 5 h,测试过程的前 75 min 不能出现漏液现象,此后的时间允许漏液现象的发生,但不能发生爆炸。随后,以 0.2 C 进行恒流放电,该电池的容量不能低于其标称容量。

对测试过程中电池漏液现象的检测可以采用向电池封口处滴加酚酞溶液的方法。如果酚酞溶液变红或者出现气泡,则说明电池发生了泄漏。

（2）耐过放测试　电池过放电性能的测试,首先需将电池充足电,然后在合适的条件下进行放电。一般经常使用的测试条件有以下两种:

① 将电池和一个标准电阻（10 Ω 左右,结合电池的型号进行选择）串联,连续放电 24 h,整个过程中电池应不发生漏液及爆炸现象,而且过放电后的电池容量应不低于其标称容量的 90%。

② 首先以 1 C 对电池进行恒流放电到 0 V,然后在 0.2 C 的条件下将电池放电到 0 V,最后将电池以 1 C 的电流强制放电 6 h,整个测试过程电池不能发生爆炸,但允许漏液及电池形变现象的发生,测试后的电池报废。

2. 短路测试

短路测试即将电池两极直接短接,监测电池温度变化的测试。当短路出现时,电池中会突然产生很强的短路电流,其温度瞬间升高,以至于造成电解液沸腾或者导致密封部件熔化损坏,甚至发生起火和爆炸。因此,需要保证测试电池的安全性,不能出现电池爆炸的危险情况。

在电池短路测试过程中,应做好充分的防护措施,以避免短路测试中电池喷射出来的带有腐蚀性的电解液造成的伤害。通常采用的测试条件如下:

将电池按照规定的实验方法充满电后,放置在（55±5）℃的环境中,待电池温度达到（55±5）℃后,放置 30 min。然后用导线连接电池正、负极端,并确保全部外部电阻为（80±20）mΩ。实验过程中监测电池温度变化,当电池温度下降到比温度峰值低 20% 或短接时间达到 24 h 时,实验终止。测试标准为电池不起火、不爆炸。

3. 耐高温测试

耐高温测试即在高温条件下,监测电池性能变化的测试。市面上售卖的电池都会标有严禁投入火中的标识,因为电池的温度超过一定范围后可能会发生爆炸等危险情况,所以测量电池的耐高温性能是很有必要的。

通常可以将电池温度的测试划分为高温区测试和低温区测试,高温区采用将电池直接投入火中的方法进行测试,低温区的温度范围为 $100 \sim 200$ ℃。研究人员通常在以下条件下对电池进行低温区的温度测试:

① 将充足电的电池直接放置于沸水(100 ℃)中并持续 2 h,要求电池不能发生漏液及爆炸的情况。

② 将充足电的电池置于 150 ℃的恒温箱中 10 min,电池应无泄漏及爆炸现象。

电池经过低温区的性能测试后,其内阻和开路电压会发生变化,但是电池依然能继续使用。而在高温区测试后的电池将会被破坏而报废,不能再次使用。在投入火中后,电池的密封圈及其他塑料部件均会燃烧,此时会有气体析出,但是要求电池不能发生爆炸。

 思考题

1. 物理储能和化学储能各有哪些优缺点?

2. 储能技术如何促进清洁能源产业的发展?

3. 现有储能技术面临的主要安全隐患有哪些?

参考文献

第2章　电化学储能原理

■ 本章导读

　　电化学储能是利用化学反应,将电能通过化学能的形式进行储存和再释放。整个电化学反应过程至少包括三个部分:负极反应过程、正极反应过程和两者之间界面反应过程。在电池体系中,这三个反应过程相互联系又各自独立,均涉及反应原理、反应热力学与反应动力学等知识要点。各类电化学储能器件的负极反应和正极反应将在后续的章节中分别介绍,本章不再赘述。因此,本章在介绍电化学储能原理时,主要讲解电池的界面反应和热力学、动力学相关知识。本章将介绍电化学反应及热力学、动力学的基础知识和基本参数及计算方法。以锂离子电池为例,具体介绍电化学储能原理的实际应用,为后续学习打下理论基础。

第1节　电化学基础

■ 本节导读

　　电化学反应主要研究电子导电相(金属和半导体)、离子导电相(溶液、熔盐和固体电解质)及两者界面上所发生的反应。在电化学储能中,可以通俗地理解为研究电池的电极、电解质溶液及两者界面上发生的各种反应。因此,本节将首先介绍电解质溶液的物理化学性质及表征参数、电极过程与极化现象。并以锂离子电池为例,介绍电池界面反应,帮助读者了解电化学反应的基础知识。

■ 学习目标

1. 掌握电解质溶液的物理化学性质及表征参数;

2. 掌握电极过程和极化现象;

3. 掌握锂离子电池固体电解质界面膜的形成原理。

■ 知识要点

1. 电解质溶液的各类表征参数及定义;

2. 电极过程和极化现象;

3. 锂离子电池的固体电解质界面膜。

一、电解质溶液理论

1. 电导和迁移数

（1）电导率和摩尔电导率　　通常情况下，溶液的导电能力（即电导 G）一般用电阻 R 的倒数来表示，即

$$G = 1/R \qquad\qquad (2-1)$$

在不考虑几何因素对电导的影响时，引出了电导率 κ 的概念，并将其定义为边长为 1 cm 的立方体溶液的电导，单位是 S/cm。因此，电导率 κ 与电阻率 ρ 类似，能够用来说明溶液导电能力与溶液性质的关系。电解质溶液的导电能力与离子的浓度和运动速度有关。

为了定义电导率和浓度的关系，提出了摩尔电导 λ_m 和当量电导 λ 的概念。摩尔电导 λ_m 表示在两个相距 1 cm、面积相等的平行板电极之间，含有 1 mol 电解质溶液所具有的电导，其单位是 $S \cdot cm^2/mol$。同理，在两个相距 1 cm 的面积相等的平行板电极之间，含有 1 g 当量（eq）电解质溶液所具有的电导称为该电解质溶液的当量电导，单位是 $S \cdot cm^2/eq$。λ_m 与 λ 的关系为

$$\lambda_m = z_i \lambda \qquad\qquad (2-2)$$

式中，z_i——离子价数。

溶液中含有 1 g 当量溶质时的体积以 V 表示，单位为 cm^3/eq。则当量电导 λ 和电导率 κ 之间的关系可以表示为

$$\lambda = \kappa V \qquad\qquad (2-3)$$

当溶液无限稀释时，离子间的相互作用可以完全被忽略，其当量电导或极限当量电导用 λ_0 表示。这时，电解质溶液的当量电导就等于电解质全部解离后所产生的离子当量电导之和。若用 λ_+，λ_- 分别代表正、负离子的当量电导，则可表达为

$$\lambda_0 = \lambda_{0,+} + \lambda_{0,-} \qquad\qquad (2-4)$$

利用上述公式，可以通过已知离子的 λ_0 值来计算电解质的 λ_0 值，也可以通过强电解质的 λ_0 值计算弱电解质的 λ_0 值。例如，25 ℃时，用外推法求出了下列强电解质的 λ_0：

$$\lambda_{0,HCl} = 426.1 \ S \cdot cm^2/eq, \qquad \lambda_{0,NaCl} = 126.5 \ S \cdot cm^2/eq,$$

$$\lambda_{0,NaAc} = 91.0 \ S \cdot cm^2/eq$$

于是可计算乙酸（HAc）在无限稀释时的当量电导如下：

$$\lambda_{0,HAc} = \lambda_{0,H+} + \lambda_{0,Ac-}$$

$$= \lambda_{0,HCl} + \lambda_{0,NaAc} - \lambda_{0,NaCl} = (426.1 + 91.0 - 126.5) \ S \cdot cm^2/eq$$

$$= 390.6 \ S \cdot cm^2/eq$$

表 2-1 给出了 25 ℃时一些离子的极限当量电导值。

表 2 - 1　25 ℃时一些离子的极限当量电导值

阳离子	$\lambda_{0,+}/(S \cdot cm^2 \cdot eq^{-1})$	阴离子	$\lambda_{0,-}/(S \cdot cm^2 \cdot eq^{-1})$
H^+	349.81	OH^-	198.30
L^+	38.68	F^-	55.40
Na^+	50.10	Cl^-	76.35
K^+	73.50	Br^-	78.14
NH_4^+	73.55	I^-	76.84
Ag^+	61.90	NO_3^-	71.64
Mg^{2+}	53.05	ClO_3^-	64.40
Ca^{2+}	59.50	ClO_4^-	67.36
Ni^{2+}	53.00	IO_3^-	40.54
Cu^{2+}	53.60	CH_3COO^-	40.90
Zn^{2+}	52.80	SO_4^{2-}	80.02
Cd^{2+}	54.00	CO_3^{2-}	69.30
Fe^{2+}	53.50	PO_4^{3-}	69.00
Al^{3+}	63.00	CrO_4^{2-}	85.00

（2）离子迁移率和离子迁移数　在电场作用下，溶液中正、负离子进行定向迁移的过程称为电迁移。溶液中离子的电迁移参数包括离子迁移率和离子迁移数，这些参数与溶液的导电能力密切相关。

离子迁移率定义为在单位电场强度（1 V/cm）下，离子的迁移速率，用 v 表示，单位是 $cm^2/(V \cdot s)$。正、负离子的离子迁移率各自表示为 v_+ 和 v_-。

当电解质全部解离时，正、负离子的离子迁移率将决定当量电导，即

$$\lambda_+ = Fv_+ \tag{2-5}$$

$$\lambda_- = Fv_- \tag{2-6}$$

在无限稀释溶液中，有

$$\lambda_0 = F(v_{0,+} + v_{0,-}) = \lambda_{0,+} + \lambda_{0,-} \tag{2-7}$$

与式（2-4）所得结论相同。

离子迁移数指的是一种离子迁移产生的电荷量占溶液中各种离子迁移产生总电荷量的百分数。根据定义可知，溶液中全部离子的迁移数之和为 1。所以，溶液中一种离子的迁移数会被其他离子干扰。

2. 电解质溶液的活度和活度系数

（1）活度和活度系数　由物理化学所学知识可知，理想溶液中 i 组分的化学势等温式为

$$\mu_i = \mu_i^0 + RT\ln y_i \tag{2-8}$$

式中，μ_i——i 组分的化学势；

μ_i^0——i 组分的标准化学势；

y_i——i 组分的摩尔分数；

R——摩尔气体常数，8.314 J/(mol·K)；

T——热力学温度，K。

然而在真实溶液中，因为各种粒子间存在着相互作用，所以其与理想溶液存在出入，不能直接应用公式进行计算。但是，为了保留简单统一的公式，可通过浓度项来校正其偏差。为了便于计算，令 μ_i^0 不变，即真实溶液和理想溶液有相同的标准态。因此，引入活度来替代浓度，即

$$\mu_i = \mu_i^0 + RT \ln a_i \tag{2-9}$$

式中，a_i 表示的就是 i 组分的活度，它代表的物理意义是"有效浓度"。活度系数一般使用符号 γ，代表的是溶液在真实情况下和在理想状态下的偏差，即可定义为活度与浓度的比值，所以 i 组分的活度系数可用公式表示为

$$\gamma_i = a_i / y_i \tag{2-10}$$

按照规定，标准态的活度为 1。对于固体、液体物质而言，当其为纯物质状态时活度为 1，即为标准态。

(2) 离子活度和电解质活度　电解质在溶液中会解离成正、负离子，呈电中性。因此，不存在只改变溶液中某一种离子的浓度或溶液只含一种离子的情况。因此，无法测量单种离子的活度。所以，提出了电解质平均活度和平均活度系数的概念。

设电解质 MA 的解离反应为

$$MA \longrightarrow \nu_+ M^+ + \nu_- A^-$$

式中，ν_+，ν_- 分别为 M^+ 和 A^- 的化学计量数。整个电解质的化学势应为

$$\mu = \nu_+ \mu_+ + \nu_- \mu_- \tag{2-11}$$

式中，μ_+，μ_- 分别为正、负离子的化学势。将正、负离子的化学势等温式代入式(2-11)得

$$\begin{aligned} \mu_i &= \nu_+(\mu_+^0 + RT \ln a_+) + \nu_-(\mu_-^0 + RT \ln a_-) \\ &= \nu_+ \mu_+^0 + \nu_- \mu_-^0 + \nu_+ RT \ln a_+ + \nu_- RT \ln a_- \end{aligned} \tag{2-12}$$

式中，a_+，a_- 分别为正、负离子的活度。因为 $\mu^0 = \nu_+ \mu_+^0 + \nu_- \mu_-^0$，所以

$$\mu = \mu^0 + RT \ln a_+^{\nu_+} a_-^{\nu_-} \tag{2-13}$$

为了简化，令 $\nu = \nu_+ + \nu_-$，定义 $\gamma_\pm$ 为电解质平均活度系数，$m_\pm$ 为平均浓度，$a_\pm$ 为平均活度。于是式(2-13)可简化为

$$\begin{aligned} \mu &= \mu^0 + RT \ln(\gamma_\pm m_\pm)^\nu \\ &= \mu^0 + RT \ln a_\pm^\nu \end{aligned} \tag{2-14}$$

进而可以得到电解质活度 a 与平均活度 $a_\pm$、平均活度系数 $\gamma_\pm$ 之间的关系式为

$$a_+ = a_\pm^\nu = (\gamma_\pm m_\pm)^\nu \tag{2-15}$$

实验可以测出电解质活度 a，因此可以通过 a 求得平均活度 $a_\pm$ 和平均活度系数 $\gamma_\pm$，并用 $\gamma_\pm$ 近似计算离子活度，即

$$a_+ = \gamma_\pm m_+ \tag{2-16}$$

$$a_- = \gamma_\pm m_- \tag{2-17}$$

（3）离子强度定律   离子强度定律指的是电解质平均活度系数 $\gamma_\pm$ 与溶液中总的离子浓度和离子价数有关，而与离子种类无关。因此，将离子浓度和离子价数关联到一起，提出了离子强度 I 的概念。

离子强度定律可以用公式表达为

$$\lg \gamma_\pm = -A'\sqrt{I} \tag{2-18}$$

式中，A' 是与温度有关而与浓度无关的常数。该公式为经验公式，适用于 $I < 0.01$ 的稀溶液。在此浓度范围内，可以直接用该经验公式准确计算平均活度系数。

二、电极过程

1. 电极过程的基本历程

电极过程包括电极/溶液界面上发生的所有反应。通常，电极过程不仅包括一系列连续的化学反应，还包括一些平行的反应。因此，电极过程是非常复杂的。一般情况下，电极过程可以由以下几个步骤组成。

① 液相传质步骤：反应物向电极表面的附近液层迁移。

② 前置转化：反应物在电极表面或电极表面的附近液层中进行的转化。

③ 电子转移步骤：反应物在电极/溶液界面上得失电子，发生氧化还原反应并生成产物。

④ 随后转化：反应产物在电极表面或电极表面的附近液层中进行电化学反应后的转化过程。如反应产物的脱附、分解、复合或其他化学变化。

⑤ 新相生成步骤：反应产物生成新相，如气体、固相沉积层等。这一步也可以是液相传质步骤，即生成的产物自电极表面向溶液内部迁移。

实际情况下，一个电极过程并不一定包含以上全部五个步骤。但是，对于任何一个电极过程来说，都必须要包含上述①，②，③三个单元步骤。而对于电极过程中的任何一个步骤来说，活化能也是必需的。标准活化能与反应速率之间存在指数关系：

$$v \propto e^{-\Delta G^0 / (RT)} \tag{2-19}$$

式中，v——反应速率；

ΔG^0——以整个电极过程的初始反应物的自由能为起始点计量的活化能；

R——摩尔气体常数，8.314 J/(mol·K)；

T——热力学温度，K。

不同反应步骤具有不同的活化能，因此各个步骤的反应速率也各不相同。各步骤中反应速率最慢的步骤将决定整个电极过程的实际反应速率，即速率控制步骤。

2. 电极过程的特征

电极反应是在电极/溶液界面上进行的,该过程中存在电子得失,即发生氧化还原反应。因为电极材料本身可以传导电子,所以在电极与外电路接通时,可以同时进行电子转移。因此,氧化反应和还原反应可以不在同一个位置进行。另外,电极/溶液界面电场中的电位梯度可高达 10^8 V/cm,可以很好地活化有电子参与反应的电极反应,从而使反应速率得到大大提升。因而电极表面起着类似于非均相反应中催化剂表面的作用。所以,可以把电极反应看成一种特殊的非均相催化反应。

电极过程以电极反应(电化学反应)为核心,基于以上所描述的特点,其具有以下动力学的特征:

① 电极过程是遵循动力学规律的非均相催化反应。

② 界面电场极大影响了电极过程的反应速率。

③ 电极过程极其复杂,具有多步骤、连续性的特点。同时,每个步骤都有自己特定的动力学规律。整个电极过程的稳定性取决于速率控制步骤。

3. 电极极化

电极极化(图 2-1)指的是当有电流通过时,电极电位偏离平衡电位的现象。通常情况下,电子的运动速率要大于电极的反应速率,会导致界面电荷的积聚,所以通电时,总会显示出电极极化现象。电极极化常见的类型是浓差极化和电化学极化。

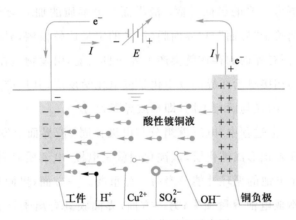

图 2-1 电极极化过程示意图

当液相传质步骤成为速率控制步骤时,发生的电极极化现象即为浓差极化。浓度差的形成是这种极化的特点也是形成的原因。通常,浓差极化会出现电极附近液层中反应离子浓度的降低和浓度差形成的现象。此时,电极电位相当于同一电极浸入浓度低于主溶液浓度的稀释溶液中的平衡电位,该溶液的浓度略低于原始溶液(主溶液)的浓度。

当电子转移步骤的反应速率最慢时,所发生的电极极化现象即为电化学极化。以镍离子在镍电极上的还原过程为例,在不通电的情况下,正极上维持着镍氧化还原反应的动态平衡。当施加外电源后,电子从外电源流入阴极,电子浓度的增大将会导致还原反应的速率增大,因此出现了 Ni^{2+} 还原的净反应,即

$$Ni^{2+} + 2e^- \longrightarrow Ni$$

然而,还原反应的速率有限,没有时间完全吸收外部电源传输的电子。因此,过多的电子积聚在阴极表面,使电极电位从平衡电位转移到负值。因此,这种由于缓慢的电化学反应控制电极过程而产生的电极极化称为电化学极化。

由于极化现象的存在,实际电极反应中,阴极电位将变成负值,而阳极电位变成正值。这一现象将会使得放电时电池的电压降低,而充电时电池的电压升高。通常情况下,由于固体电解质电子转移速率非常快,所以其很少发生电化学极化。另外,对于锂离子电池而言,通过添加具有相同反应机理的氧化镍活性材料可以有效降低极化。减小电池的内阻,同时降低电极的极化,是未来使电池在充/放电时保持电压稳定的必要条件。

三、电池界面——以锂离子电池为例

电池中常见的固-固界面类型,包括电极材料在脱出锂过程中产生的两相界面($LiFePO_4/FePO_4$,$Li_4Ti_5O_{12}/Li_7Ti_5O_{12}$),多晶结构的电极材料中晶粒与晶粒之间形成的晶界,电极材料、导电添加剂、黏结剂、集流体之间形成的多个固-固界面等。固-固界面一般存在空间电荷层及缺陷结构,其物理化学特性会影响离子与电子的输运、电极结构的稳定性、电荷转移的速率。

锂离子电池中更为重要的界面是固-液界面。电解质的加入会在电极表面产生电极/电解质界面,目前关于"界面"与"界面膜(层)"的定义比较模糊,界面一词是作为描述相变界的专业术语,而有界面的存在就会产生界面自由能,引发物质在界面吸附,形成界面膜(层);另外,若两相接触后在界面发生化学或电化学反应,其反应产物会存在于两相界面上,且产物性质会明显与两相不同,即形成界面膜(层)。

在电池首次充/放电过程中,电解液组分与电极在固-液界面上发生氧化还原反应,反应产物在电极表面堆积形成钝化层,该钝化层就是电极/电解质界面膜。电极/电解质界面膜的稳定性对于电池的循环性能及寿命十分重要。一方面,界面膜形成阶段会消耗部分锂离子(Li^+),造成电池容量损失;另一方面,界面膜具有离子导通、电子绝缘性质,可以保障锂离子的快速迁移及阻止电解液组分的持续分解。

通常来说,在负极表面形成的界面膜统称为固体电解质界面(solid electrolyte interphase,SEI),而在正极表面形成的界面膜统称为正极电解质界面(cathode electrolyte interphase,CEI)。SEI 与 CEI 统称为电极电解质界面(electrode electrolyte interphase,EEI),而 EEI 的结构组成会影响电极的离子传输过程和电池充/放电稳定性。锂离子电池及 SEI 膜示意图如图 2-2 所示。

如图 2-3 所示为 SEI 膜形成原理示意图,图中示意出了锂离子电池中电极费米能级(E_F)与电解质中最高占据分子轨道(HOMO)、最低未占分子轨道(LUMO)。由图可知,当有机溶剂或锂盐的 LUMO 低于负极的费米能级时,负极中的电子将转移到

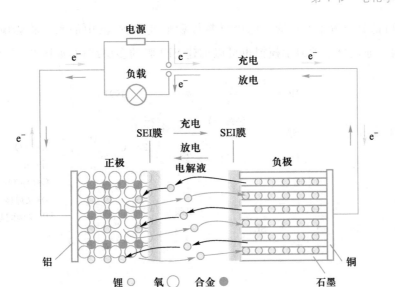

图 2-2　锂离子电池及 SEI 膜示意图

LUMO,导致溶剂或锂盐被还原;而当 HOMO 高于正极的费米能级时,电子将被转移到正极,导致溶剂或锂盐被氧化。在电池充电过程中,溶剂或锂盐在电极表面被还原或氧化,生成的产物中不溶的部分将沉积在负极或正极表面,被认为是固体电解质界面膜(SEI 膜)。如果 SEI 膜不能致密地覆盖在电极表面,或者不具有绝缘性,溶剂或锂盐就能够继续从电极获得和失去电子,继续发生氧化还原反应。但如果

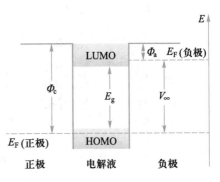

图 2-3　SEI 膜形成原理示意图

SEI 膜能够有效地阻止后续的溶剂或锂盐继续发生氧化还原反应,则可以被称为表面钝化膜(surface passivating film)。

早在 1970 年,Dey 就发现长时间浸泡在有机溶剂中的锂金属表面会形成一层膜。1979 年,Peled 发现非水电池中碱金属及碱土金属与电解液接触时会形成一层表面膜,它是金属与电解液的一个中间相,具有电解质的特点,故命名为固态电解质中间相,其厚度预计在 1.5~2.5 nm,因为厚度受电子隧穿距离限制。一般情况下,SEI 膜的结构是分层的,有靠近电极材料的无机物层(主要包含 Li_2CO_3,LiF,Li_2O 等)、中间的有机物层[包含 $ROCO_2Li$,ROLi,$RCOO_2Li$(R 为有机基团)等]和最外面的聚合物层(如 PEO-Li 等)。

关于 SEI 膜的形成机理和组成分析,Aurbach 等利用红外光谱、拉曼光谱、电化学阻抗谱、X 射线光电子能谱(XPS)等做了大量工作,提出多层结构模型,如图 2-4(d)所示。以金属锂为例,将其浸泡于电解液中,由于其金属活泼性,锂金属与电解液成分发生反应形成一层表面膜,这种反应可认为是自发的,且选择性低。之后的电化学过程,电解液会继续得到电子,此时的反应选择性高,产物与第一步不同;后续过程形成的表面膜含有聚

合物成分,可部分溶解于电解液。电极材料体积形变、电解液中的水也将影响 SEI 膜的成分与结构。通过分子动力学模拟也可以构建 SEI 膜的多层结构,如图 2-5 所示。

图 2-4

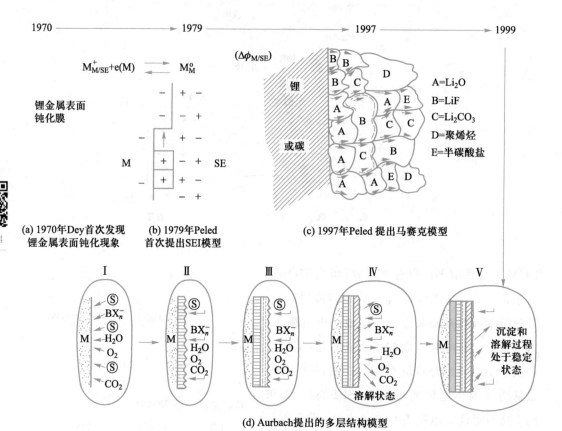

(a) 1970年Dey首次发现锂金属表面钝化现象

(b) 1979年Peled 首次提出SEI模型

(c) 1997年Peled 提出马赛克模型

A=Li₂O
B=LiF
C=Li₂CO₃
D=聚烯烃
E=半碳酸盐

(d) Aurbach提出的多层结构模型

图 2-4   SEI 膜生长机理模型发展示意图

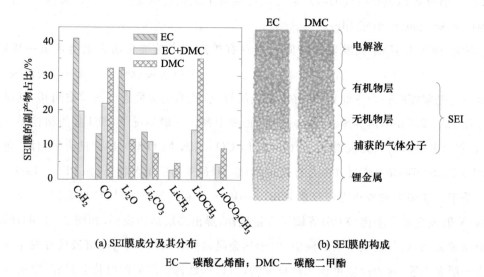

(a) SEI膜成分及其分布

(b) SEI膜的构成

EC— 碳酸乙烯酯;DMC—碳酸二甲酯

图 2-5   SEI 膜的多层结构

在 SEI 的初始形成阶段,电解液组分先被还原为有机物,距离电极表面较近的组分随后进一步还原为较为稳定的无机物,此无机物层较大地影响了 SEI 的电子绝缘性能。在界面形成初期,电解液的组分逐渐被还原成沉积到石墨表面形成 SEI 的有机组分,随电位下降,还原分解得到的有机组分进一步还原,形成 LiF,Li_2O,Li_2CO_3,Li_2S 等。

SEI 膜具有离子导通、电子绝缘特性,对锂离子电池的容量、倍率、循环、安全性能等都有至关重要的作用,是锂离子电池能够长期稳定工作的保障条件。但是 SEI 膜的形成过程非常复杂且表征测试的难度极大,当前对 SEI 膜的特性认识仍然停留在实验观察和模型猜想的阶段,需要对 SEI 膜的定量分析和可控优化进行进一步的探究。

第 2 节　电化学储能热力学

■ 本节导读

热力学原理是针对化学平衡体系的一种研究方法,通过对一个电化学平衡体系进行热力学计算,可以知道该体系在一定条件下,反应进行的方向及所能达到的限度。本节首先从电化学热力学涉及的基础知识进行介绍,详细讲解了电化学体系中的相间电势差、电极电势、电池电动势和电池的可逆性。随后,分别从电池的相关热力学量计算及能量密度计算两个方面对电化学储能相关的热力学知识进行介绍。

■ 学习目标

1. 掌握电势差、电极电势、电池电动势的定义;

2. 掌握电池体系相关热力学计算;

3. 掌握电池理论容量密度的计算。

■ 知识要点

1. 相间电势差、电极电势、电池电动势的定义;

2. 能斯特方程和相关热力学量的计算;

3. 电池理论容量密度的计算。

一、电化学热力学基础

1. 相间电势差

一个电化学体系中会包含多个不同相之间的接触,如外接导线 - 电极材料、电极材料 - 溶液、电解质溶液 - 气体等。两相接触界面处的性质是不同于相内的。只要是两相接触的位置,其界面处都会存在电势差,称为相间电势差。

导电相中存在可自由移动的电荷载体,如金属、半导体或者电解质溶液。当这些导电相中没有电流通过时,其中的电荷载体也就不会发生定向移动,此时导电相内的每一个点的电势均为零。因此,同一相内任意两点之间的电势差均为零,整个相是一个等电体。

导电相本身带有过量的电荷,分布在其表面。实际上,正是电荷的分离造成了相间通过化学作用所形成的电势差。相间电势的形成原因及过程可分为以下几种:

①带电粒子在不同相之间的转移或者通过外电源使得两相接触的界面两侧带电荷。这导致了携带某种特定电荷的粒子在界面的一侧相对过剩,而在另一侧则相应减少,从而在界面两侧形成了电势差。

②某些带电粒子在两相接触的界面附近的某一相内发生了选择性吸附。这种情况不同于带电粒子在不同相之间的转移,相间电势的形成并不是在界面的两侧,而是产生于紧挨界面的某一相内。

③电解质溶液中不带电荷的偶极分子(有机极性分子和水偶极分子)在两相接触的界面附近发生定向吸附。此时偶极分子的一端指向界面,另一端指向电解质溶液相内,从而形成电势差。当相互接触的两相中只有一个相内存在偶极分子时,在该相的表面则会形成双电层。当两相中均有偶极分子时,偶极双电层则可以在各相中形成。

④金属电极的表面也会在各种作用力的影响下形成电势差。

2. 电极电势

首先,电极体系是指两个相互接触的导电相,其中一相是电子导电相,另一相为离子导电相,且在两相接触的界面层中发生电荷转移。其特征是,发生电荷转移的同时,在两相界面处也会发生物质变化。而电极电势指的就是在这两个导电相接触的界面处形成的相间电势差。

两相接触时,由于不同相之间的物理和化学作用,会在两相之间形成各种双电层结构,而电极电势正是随着两相接触的界面层中离子双电层的形成而产生的。电极电势的大小与电极材料,电解质溶液的组成、浓度、温度等因素紧密相关。而且电极电势的形成与变化还会对电化学反应的进行造成直接影响。

由于单个电极的绝对电势是无法直接测量的,因此,提出了相对电极电势的概念。它指的是选取一个参比电极作为基准,将单个电极与参比电极组成电池,则该电池的电动势就是该电极的电极电势,记为 E(电极)。国际纯粹与应用化学联合会(IUPAC)规定以标准氢电极作为参比电极,将其他待测电极与其组成电池,以这种方式定义的电极电势是还原电极电势。

当待测电极的每个成分都处于其自身的标准状态时,相应的电极电势也称为标准电极电势,记为 $E^{\ominus}$。规定:任意温度下,标准氢电极中氢气的压力均为 100 kPa,电解质溶液中 H^+ 的活度为 1;$E^{\ominus}[H^+ \mid H_2(g)] = 0$。通过选择标准零电势,标准电极电势变为常数,可以通过实验测量得到,并汇编成手册供参考。

3. 电池电动势

电池电动势定义为:电流无限趋近于零时,两个电极的电极电势之间的差值,常以 E 表示。电池电动势的实际意义即电池的电动势为其内部各个相界面之间电势差的总和。

由于电池对外所做的电功等于电动势 E 与转移电荷量 Q 的乘积,因此,电池的电动势可以作为一个衡量电池对外做功能力大小的物理量。电池中所储存的电能实际上正是电池中化学反应所含的能量,已知电池可逆工作时输出的电功为

$$W = EQ \qquad (2-20)$$

式中,E——电池电动势;

　Q——电池工作时通过的电荷量。

根据法拉第定律,有

$$Q = nF \qquad (2-21)$$

式中,n——电池反应过程中转移的电子数;

　F——法拉第常数,物理意义是 1 mol 电子所带的电荷量,其值为 96 485 C/mol。

因此,也有

$$W = nFE \qquad (2-22)$$

又由于在恒温恒压条件下,电池可逆工作时所做的最大可逆非体积功就等于电池体系减小的吉布斯自由能,即

$$W = -\Delta G = nFE \qquad (2-23)$$

或者也可以写为

$$E = -\frac{\Delta G}{nF} \qquad (2-24)$$

式(2-23)和式(2-24)将热力学原理与电化学原理关联了起来,并将电池中化学能与电能之间的相互转化进行了定量研究,这也正是电池中对其相关的热力学变量进行计算的方法。当然这两个公式也仅仅局限于可逆的电池体系中,对于不可逆体系,两种能量转化的过程中会产生热量损失。

如某一化学反应体系在只做体积功的条件下,要判断该体系反应发生的方向,可以通过将该电化学反应设计为可逆电池,从而用可逆电池的电动势 E 来判断。当可逆电池的电动势 $E>0$ 时,说明该化学反应可以按照电池反应发生的方向进行,即可以自发发生将化学能转化为电能的过程;相反,当 $E<0$ 时,说明该化学反应不能按照电池反应发生的方向进行,但是该反应可以逆向进行;当 $E=0$ 时,则该化学反应体系达到平衡状态,不能再将化学能转化为电能。

4. 电池的可逆性

利用热力学原理来研究化学平衡体系的实际过程时,必须判断该过程是否可逆。当以热力学方法来研究电池体系时,电池也必须满足可逆的条件。可逆电池的含义包括以下三个方面的内容。

(1) 化学可逆性　化学可逆即电池反应中的物质变化是可逆的,电池的两个电极上放电过程发生的化学反应是充电过程的逆反应,没有新反应发生。以钴酸锂($LiCoO_2$)为正极、石墨(C)为负极的锂离子电池为例,电池充/放电时的反应为

充电反应　　　$6C + LiCoO_2 \longrightarrow Li_xC_6 + Li_{1-x}CoO_2$　　$(0 < x \leqslant 0.5)$

放电反应　　　$Li_xC_6 + Li_{1-x}CoO_2 \longrightarrow 6C + LiCoO_2$　　$(0 < x \leqslant 0.5)$

这两个过程电池内部化学反应式完全相同,只是方向相反,没有新反应的出现。这种类型的电池就具有化学可逆性。

(2) 热力学可逆性　热力学可逆即电池中的能量在转化的过程中没有出现损失,且无论是电池或者环境最终都可以恢复为原来的状态。

要想使得原电池体系满足能量可逆,电池必须在电流无限趋近于零的条件下工作。但是,实际过程中电池工作时一定存在工作电流。因此,热力学可逆只是一种理想状态,实际使用的电池都不具备热力学可逆性。

(3) 实际可逆性　由上所述,实际情况下,电池都不具有热力学可逆性。但是,通常在一定精度要求范围内,一些不可逆过程可以被忽略,此时可以继续用热力学原理进行研究。例如,最典型的锌铜电池(以锌为负极,铜为正极,硫酸锌溶液与硫酸铜溶液为电解液),在工作电流无限趋近于零的条件下,且忽略两种电解质溶液接界处发生的微小离子扩散过程,在研究过程中经常将其近似作为可逆电池处理。

二、电池的热力学计算

以热力学原理对可逆电池进行研究,从热力学角度探究电池自发性的原因,可以从理论上计算电池电动势,并对影响电池电动势的因素(如离子浓度、温度等)进行研究。更重要的是,这种研究方法可以将电池电动势与热力学函数联系起来,从而可以通过电化学方法,通过实验手段对热力学函数进行测量。

1. 能斯特方程和标准平衡常数

根据热力学第二定律,在恒温恒压条件下,当电池体系发生可逆变化时,电池体系与环境所交换的最大非体积功(W)等于该体系的吉布斯自由能(ΔG)变化,即

$$W = -\Delta G \tag{2-25}$$

负号表示电池对环境做功。如果电池对环境所做的最大非体积功只有电功,则其数值等于电池电动势 E 与电荷量 Q 的乘积,即

$$W = EQ \tag{2-26}$$

又

$$Q = nF \tag{2-27}$$

将式(2-27)代入式(2-26),可以得到

$$\Delta G = -nFE \tag{2-28}$$

该方程称为能斯特方程。当参与电池反应的各物质均处于标准态时,式(2-27)可以写为

$$\Delta_r G_m^\ominus = -nFE^\ominus \tag{2-29}$$

根据热力学知识可知:

$$\Delta_r G_m^{\ominus} = -RT\ln K^{\ominus} \tag{2-30}$$

联立式(2-29)和式(2-30)可得

$$E^{\ominus} = \frac{RT}{nF}\ln K^{\ominus} \tag{2-31}$$

式中,$E^{\ominus}$(标准电极电势)可以由标准电极电势表查得。因此,可以根据式(2-31)计算得到电池反应的标准平衡常数 $K^{\ominus}$。

2. 电池电动势的温度系数,电池反应的熵变、焓变及反应热

电池电动势的温度系数表示恒压条件下电池电动势随温度的变化率,是恒压条件下电动势对温度的偏导数,即$\left(\dfrac{\partial E}{\partial T}\right)_p$,其单位是 V/K。

由物理化学相关原理可知,恒压条件下进行的化学反应,当体系温度发生一个微小变化 dT 时,其吉布斯自由能的变化可以用吉布斯-亥姆霍兹方程来表示:

$$\Delta G = \Delta H + T\left[\frac{\partial(\Delta G)}{\partial T}\right]_p \tag{2-32}$$

式中,ΔH 为反应的焓变。

将式(2-28)代入,可得反应的熵变为

$$\Delta S = -\left[\frac{\partial(\Delta G)}{\partial T}\right]_p = nF\left(\frac{\partial E}{\partial T}\right)_p \tag{2-33}$$

由式(2-33)得知,可以通过实验首先测定不同温度下的电动势从而获得电动势的温度系数,而后再代入公式计算得出电池反应的熵变。

将式(2-32)和式(2-33)合并,可得反应的焓变为:

$$\Delta H = -nFE + nFT\left(\frac{\partial E}{\partial T}\right)_p \tag{2-34}$$

由式(2-34)可以更准确地通过电化学的方法获得化学反应的焓变,反应焓决定了电池反应的最大能量。与通过传统的量热法测得化学反应的焓变相比,电池的电动势更容易测量准确。而且电池反应在恒温恒压条件下发生且不做非体积功时的焓变就等于式(2-34)计算所得的焓变。但是化学反应在电池中自发进行时往往有非体积功的产生(电功),这也正是电池反应的焓变与可逆热不一致的原因。

原电池在恒温条件下可逆工作时的可逆热为 $Q = T\Delta S$,将式(2-33)代入得

$$Q = nFT\left(\frac{\partial E}{\partial T}\right)_p \tag{2-35}$$

由式(2-35)可知,原电池在恒温条件下可逆工作:

① 当 $\left(\dfrac{\partial E}{\partial T}\right)_p < 0$ 时,电池所做电功小于电池反应的焓变,化学反应中的部分能量转化为热能,因此,电池会对环境放热以保持温度不变;

② 当 $\left(\dfrac{\partial E}{\partial T}\right)_p = 0$ 时,电池所做电功等于电池反应的焓变,此时电池对环境既不放热

也不吸热；

③ 当 $\left(\dfrac{\partial E}{\partial T}\right)_p > 0$ 时，电池所做电功大于电池反应的焓变，此时电池则会从环境中吸收热量以保持温度不变。

在恒温恒压且过程可逆的条件下，式(2-32)可以写为

$$\Delta G = \Delta H - T\Delta S = W' \tag{2-36}$$

将 $Q = T\Delta S$ 代入上式得

$$Q = \Delta H - W' \tag{2-37}$$

根据式(2-37)，电池可逆放电时的反应热正是电池反应焓变中不能转化为电功的能量。

综上所述，如果已知电池的电动势和恒压条件下的温度系数，应用相关热力学公式，可以计算反应体系的吉布斯自由能变化(ΔG)、焓变(ΔH)、熵变(ΔS)及反应热(Q)等物理量。

三、电池的理论容量密度计算——以锂离子电池为例

对不同体系电池的能量密度进行理论计算，可以为选择电极材料和电池体系提供理论依据，同时有助于阐明电池能量密度的极限。

由第 1 章第 3 节中电池能量密度的定义可知，电池的能量密度可以用两种方式表示：质量能量密度($W\cdot h/kg$)和体积能量密度($W\cdot h/L$)。

质量能量密度可以表示为

$$E_m = \frac{\Delta_r G^{\ominus}}{\Sigma M} \tag{2-38}$$

体积能量密度可以表示为

$$E_V = \frac{\Delta_r G^{\ominus}}{\Sigma V_m} \tag{2-39}$$

式中，$\Delta_r G^{\ominus}$ 表示在标准态下，化学反应体系反应前后化学能的变化，可用反应的吉布斯自由能变表示，即生成产物的吉布斯自由能减去反应物的吉布斯自由能。$\Delta_r G^{\ominus}$ 如果为负值，且反应存在电子转移，则该反应可以自发地发生电化学反应，可以作为电化学储能体系考虑。ΣM 是反应物摩尔质量之和，ΣV_m 是反应物摩尔体积之和。标准态下物质的吉布斯自由能数据可通过热力学手册查找。

对于正极相同的体系，可以分别计算以金属 Li，Na，Mg，Al，Zn 作为负极的电池体系的质量能量密度。结果如图 2-6 所示，金属锂电池具有比其他金属电池更高的理论质量能量密度。但在 Li/O_2 电池的产物是 Li_2O_2 的条件下，Al/O_2 电池将是质量和能量密度最高的化学储能体系。考虑到体积能量密度，铝离子电池的理论体积能量密度最高，为 5 384 $W\cdot h/L$，高于 Mg/MnO_2(4 150 $W\cdot h/L$)，Li/MnO_2(2 642 $W\cdot h/L$)，Na/MnO_2

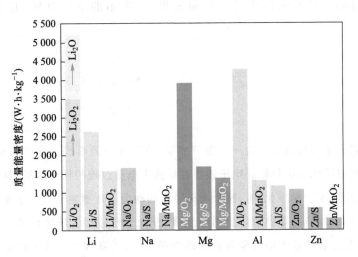

图 2-6

图 2-6　不同金属负极的 M/O_2，M/S，M/MnO_2 电池的理论质量能量密度比较

（709 W·h/L）和 Zn/MnO_2（1 738 W·h/L）等电池的理论体积能量密度。

　　尽管电池实际输出的是能量，但一般都使用容量计算电池的输出能力。对于给定的电极材料，其理论比容量 C 可通过计算得到：

$$C = \frac{nF}{3.6M} \qquad (2-40)$$

式中，C——理论比容量，$mA·h/g$；

　　　n——转移电子数；

　　　F——法拉第常数，其值为 96 485 C/mol；

　　　M——反应物的摩尔质量，g/mol。

　　以锂离子电池为例，计算其常用的正极材料钴酸锂（$LiCoO_2$）的理论比容量。每反应 1 mol $LiCoO_2$，转移 1 mol 电子，所以 $n = 1$ mol。钴酸锂的摩尔质量为 $M_{LiCoO_2} = 97.873$ g/mol，代入式（2-40）计算：

$$C = \frac{1\ mol \times 96\ 485\ C/mol}{3.6 \times 97.873\ g/mol} = 273.84\ mA·h/g \qquad (2-41)$$

　　可得钴酸锂的理论比容量为 273.84 $mA·h/g$。

　　如果已知所有材料的生成吉布斯自由能，当反应体系为封闭体系时，可根据预期反应公式计算由该反应物组成电池的理论能量密度，电极材料的理论比容量可以通过式（2-40）计算。

　　对于固体反应物和产物来说，计算采用的生成吉布斯自由能一般为不含缺陷的体相材料。但是，实际材料由于存在缺陷和尺寸效应，导致其生成吉布斯自由能会偏离理想材料的生成吉布斯自由能。因此，需要考虑各类缺陷能的贡献。通过以上公式可以对 1 172 种较为典型的化学反应体系的理论质量能量密度、体积能量密度、电化学反应的理论电压、电极材料的理论比容量进行计算。热力学理论计算有助于了解电化学储能器件能量密度的极限，为估算实际电池的能量密度，开发新的电极材料、电池体系等提供依据。

<h1 style="text-align:center">第 3 节　电化学储能动力学</h1>

■ 本节导读

液相传质过程是电极过程中的一个重要步骤，也可能成为电极过程的速率控制步骤，它决定了整个电极过程的动态特性。电子转移过程作为电极过程的核心步骤，特别是当这一步成为速率控制步骤（电化学极化）时，整个电极过程的动力学规律完全取决于电子转移过程的动力学特性。因此，本节主要针对以上两个步骤，分别介绍液相传质过程的几种形式和动力学规律、电子转移过程的基本动力学参数及动力学规律，以及锂离子电池的动力学过程和测量手段。

■ 学习目标

1. 掌握液相传质过程的几种形式；

2. 掌握电子转移过程的基本动力学参数；

3. 掌握液相传质过程和电子转移过程的基本动力学公式。

■ 知识要点

1. 液相传质过程的三种形式；

2. 电子转移过程的基本动力学参数；

3. 液相传质过程和电子转移过程的基本动力学公式。

一、液相传质过程及其动力学

传质过程主要涉及液相之间、固相之间及固－液界面之间的传质。由本章第 1 节内容可知，液相传质过程是电极过程的一个重要步骤。液相传质动力学的实质是讨论电极过程中，电极表面附近液层中物质浓度变化的速度。本节主要介绍液相传质过程及其动力学。

1. 液相传质过程的三种形式

（1）电迁移　　电迁移是指电解质溶液中的带电粒子在电场作用下沿特定方向运动的现象。电迁移流量指的就是单位时间内、单位截面上通过的物质的量，具体为

$$J_i = \pm c_i u_i = \pm c_i v_i E \tag{2-42}$$

式中，J_i——i 离子的电迁移流量，$mol/(cm^2 \cdot s)$；

$\quad c_i$——i 离子的浓度，mol/cm^3；

$\quad u_i$——i 离子的电迁移速率，cm/s；

$\quad v_i$——i 离子迁移率，$cm^2/(V \cdot s)$；

$\quad E$——电场强度，V/cm；

"±"——阴、阳离子不同的移动方向,其中阳离子电迁移以"+"表示,阴离子电迁移
　　　　以"－"表示。

从式(2-42)可以看出,i 离子的电迁移流量与其迁移数有关。结合本章第 1 节所学
内容可知,电解质溶液中其他离子的浓度越高,i 离子的迁移数越小,电流通过时 i 离子
的电迁移流量越小。

(2) 对流　对流是指溶液间发生相对流动的一种现象。它可以分为两类:自然对流
和强制对流。通过这两种对流方法,可以改变电极表面附近液体层中的溶液浓度,并且
可以通过对流来量化这种变化:

$$J_i = c_i v_x \tag{2-43}$$

式中,J_i——i 离子的对流流量,$mol/(cm^2 \cdot s)$;

　　　c_i——i 离子的浓度,mol/cm^3;

　　　v_x——垂直于电极表面方向上的液体流速,cm/s。

(3) 扩散　扩散指的是当溶液中不同区域的某种组分存在浓度差异时,该组分将会
自发地由浓度较高位置移动到浓度较低位置的一种运动现象。同时,将发生扩散的液层
称为扩散层。在电极附近液体层中,由于电极反应的消耗,反应物浓度降低,产物浓度相
应高于电解质溶液的体相浓度,此时会发生扩散现象。

扩散过程可以大致区分为稳态扩散与非稳态扩散两大类。扩散传质过程的研究内
容可以简要归纳为三点:

① 稳态扩散与非稳态扩散的区分,主要在于反应物质的浓度是否会随着时间和距离
发生改变。

② 非稳态扩散过程,扩散范围不断变化,扩散层厚度不能精准确定;而稳态扩散的扩
散范围确定,扩散层厚度也不发生变化。

③ 稳态扩散过程中,反应物质不断在电极上消耗,电解质溶液主体相中的反应物质
不断向电极表面移动,使得电解质溶液主体相中的反应物质浓度不断减小。所以严格来
讲,稳态扩散过程中也存在非稳态扩散的因素,但是为了简化仍将其看作稳态扩散。

稳态扩散中,其扩散流量可由菲克第一定律来确定,即

$$J_i = -D_i \left(\frac{dc_i}{dx} \right) \tag{2-44}$$

式中,J_i——i 离子的扩散流量,$mol/(cm^2 \cdot s)$;

　　　D_i——i 离子的扩散系数,即浓度梯度为 $1\ mol/cm^4$ 时的扩散流量,cm^2/s;

　　　$\dfrac{dc_i}{dx}$——i 离子的浓度梯度,mol/cm^4;

"－"——扩散传质方向与浓度增大的方向相反。

2. 液相传质过程三种形式的比较

在电解质溶液中,当电极上有电流通过时,三种传质过程(表 2-2)可能同时发生。

但在一定区域和条件下,起主要作用的只有一种或两种。通常在反应过程中,电极反应会消耗反应物粒子,反应物粒子需要从溶液中传输过来才可以得到补充。如果电解质溶液中含有大量的其他电解质,不考虑电迁移传质作用,那么反应物粒子的传输过程将由对流和扩散两个过程决定。但是,扩散传质速率要远小于对流传质速率。因此,根据前文对于速率控制步骤的定义,液相传质过程动力学即关于扩散过程动力学规律的研究和探讨。

表 2-2 液相传质过程三种形式的比较

形式	电迁移	对流		扩散
		自然对流	强制对流	
推动力	电场力	重力差	外力	浓度差
传输的物质粒子	带电粒子	离子/分子/微粒		离子/分子/微粒
作用区域	双电层	对流区		扩散层

3. 稳态扩散过程动力学

(1) 理想状态下的稳态扩散过程 当扩散过程为整个反应的速率控制步骤时,即电极反应的速率取决于扩散的速率,此时可以用电流密度来表示扩散速率,电极产生的极化为浓差极化。假设还原电流为正值,则电流的方向与扩散流量的方向相反。此时,稳态扩散的电流密度便可以表示为

$$j = nF(-J_i) = nFD_i\left(\frac{c_i^0 - c_i^s}{l}\right) \tag{2-45}$$

式中,$\dfrac{c_i^0 - c_i^s}{l}$——i 离子的浓度梯度;

c_i^s——电极表面附近的 i 离子浓度;

c_i^0——溶液中 i 离子的浓度,默认溶液中各处的 c_i^0 是相等的;

l——扩散层厚度。

电解池通入电流之前,$j = 0$,$c_i^0 = c_i^s$。开始通电之后,电流密度 j 逐渐增大,电极表面附近液体层中的 c_i^s 开始减小。减小至 0 时,反应物质的浓度梯度达到最大值,扩散推动力也最大,扩散速率最快。此时的电流密度为

$$j_d = nFD_i\frac{c_i^0}{l} \tag{2-46}$$

其中,j_d 为理想状态下稳态扩散的极限电流密度,此时的浓差极化为完全浓差极化。j_d 是稳态扩散过程的重要特征,可以作为考察整个电极过程是否由扩散步骤所控制的判断依据。

(2) 真实状态下的稳态扩散过程 真实状态下的稳态扩散过程,也可以称之为对流扩散过程。稳态扩散过程中扩散层厚度的实际有效值需要通过一定的理论知识近似求得。在获得扩散层的有效厚度后,真实状态下的扩散动力学公式可以从理想状态下的稳

态扩散动力学公式推导出。由于自然对流的流速难以确定,所以通常只对强制对流下的稳态扩散过程进行定量研究。

电极表面附近的液流与传质 设一个平板电极处于强制对流环境中,且液流的方向平行于电极表面,流动形态为层流,主体流速为 u_0。根据流体力学基本原理可知,在垂直于电极表面的方向上存在液体的流速梯度,越靠近电极表面流速 u 越小,电极表面处的 $u=0$。

通常,将液体流速在 0 到 u_0 之间的区域称为边界层,其厚度以 δ_0 表示。根据流体力学相关理论知识,可以得到以下近似关系式:

$$\delta_0 \approx \sqrt{\frac{\nu y}{u_0}} \tag{2-47}$$

式中,u_0——主体流速;

ν——运动黏度$\left(\nu = \dfrac{\text{黏度 } \mu}{\text{密度 } \rho}\right)$;

y——电极上一点距离坐标原点的距离。

由式(2-47)可以看出,边界层厚度 δ_0 与 y 成正比。

由扩散传质理论得知,电极表面附近存在一层很薄的液体层,在该液体层中存在反应物质的浓度梯度,反应物质会在该液体层中发生扩散,这一液体层称为扩散层(图 2-7),厚度记为 δ。

图 2-7 电极表面边界层与扩散层

在边界层中,由于液体速度梯度的存在,可以实现动量传递,而液体速度梯度取决于运动黏度 ν。扩散层中存在反应物的浓度梯度,主要进行物质传递,传递量由反应物质的扩散系数 D_i 决定。通常 ν 的数值比 D_i 大得多,一般相差 3 个数量级,说明动量传递较物质传递更容易发生,因此 δ_0 比 δ 大得多。由流体力学可得

$$\frac{\delta}{\delta_0} \approx \left(\frac{D_i}{\nu}\right)^{1/3} \tag{2-48}$$

扩散层的有效厚度 由前文可知,在边界层中扩散层之外的位置,完全通过对流传质进行物质输送;在扩散层内的位置,物质的输送方式主要是扩散传质。但在扩散层内,液体仍然存在一个很小的流速,即存在很小程度的对流传质影响,这就造成各个位置处的浓度梯度并不是常数。因此,计算扩散层的有效厚度通常采取近似处理,以电极表面处的浓度梯度计算扩散层的有效厚度 $\delta_{\text{有效}}$,计算式为

$$\left(\frac{\mathrm{d}c_i}{\mathrm{d}x}\right)_{x=0} = \frac{c_i^0 - c_i^s}{\delta_{\text{有效}}} \tag{2-49}$$

也可表示为

$$\delta_{有效} = \frac{c_i^0 - c_i^s}{\left(\dfrac{dc_i}{dx}\right)_{x=0}} \tag{2-50}$$

现在，$\delta_{有效}$ 可以代替 δ。将式（2-48）代入式（2-47）后可以得到

$$\delta \approx D_i^{1/3} \nu^{1/6} y^{1/2} u_0^{-1/2} \tag{2-51}$$

通过式（2-51）计算得到的 δ 与式（2-49）中的 $\delta_{有效}$ 近似相等。由式（2-51）还可以看出对流扩散的扩散层厚度与扩散系数 D_i、电极的形状尺寸与位置 y、流体力学条件（u_0 和 ν）相关。这也进一步证实了扩散层中的传质过程会受到对流作用的影响。

对流扩散的动力学　将式（2-50）代入理想状态下的稳态扩散动力学公式的式（2-44）和式（2-45）中，便得到了对流扩散动力学规律：

$$j = nFD_i \frac{c_i^0 - c_i^s}{\delta} \approx nFD_i^{2/3} \nu^{-1/6} y^{-1/2} u_0^{1/2} (c_i^0 - c_i^s) \tag{2-52}$$

$$j_d = nFD_i \frac{c_i^0}{\delta} \approx nFD_i^{2/3} \nu^{-1/6} y^{-1/2} u_0^{1/2} c_i^0 \tag{2-53}$$

根据以上两式可以总结出对流扩散的特征：

① 与理想状态下的稳态扩散过程相比，对流扩散的电流密度 j 不与 D_i 成正比，而与 $D_i^{2/3}$ 呈线性关系，说明了扩散层中存在一定强度的对流作用。因此，可以说对流扩散的电流密度 j 由 $j_{扩散}$ 和 $j_{对流}$ 组成。

② 对流扩散电流密度 j 会受到与对流相关因素的影响：

（i）j 和 j_d 都与 $u_0^{1/2}$ 成正比，说明它们与搅拌条件相关，故可以通过增大搅拌强度来增大电流；

（ii）j 与 $\nu^{-1/6}$ 呈线性关系，说明对流扩散受溶液性质的影响；

（iii）j 与 $y^{-1/2}$ 成正比，说明电极表面不同位置处的扩散电流分布不均匀。

4. 非稳态扩散过程动力学

对非稳态扩散过程及其动力学的研究思路基本与稳态扩散过程及其动力学一致，即首先求得扩散流量，根据扩散流量得到扩散电流密度，最后再得出电流密度与电极电势的关系。

非稳态扩散某一瞬间的扩散流量按下式计算：

$$J_i = -D_i \left(\frac{dc_i}{dx}\right)_t \tag{2-54}$$

式中的浓度梯度是位置和时间的函数，不是一个常数。因此，首先需要求解菲克第二定律。菲克第二定律的表达式如下：

$$\frac{\partial c}{\partial t} = D \frac{\partial^2 c}{\partial^2 x} \tag{2-55}$$

可以看出，非稳态扩散过程中的扩散离子浓度 c 与距离电极表面的距离 x 和时间 t 有关。

只要求出菲克第二定律(二次偏微分方程)的特解,就可以得到浓度 c 与位置 x 和时间 t 之间的具体函数关系。通过该方程的初始条件和边界条件,便可以求得其特解。而不同的电极形状和极化方式具有各自不同的初始条件和边界条件,因此,方程的特解也不相同。

二、电子转移过程动力学

电子转移过程指的是参与电极反应的物质在电极表面得失电子从而还原或氧化为其他物质的过程。通过对电子转移过程动力学规律的研究,可以对类似电极过程的反应速率与反应方向进行控制。电子转移可以分为单电子转移和多电子转移。

1. 电极电势对电化学反应的作用

首先以只有一个电子参与的氧化还原反应为例:

$$A + e^- \rightleftharpoons D$$

A 为电子转移过程的反应物,D 为生成物。在研究电极电势与电子转移过程反应速率的关系时,假设液相传质步骤瞬间完成,即电极表面附近液体层中的反应物和生成物的浓度与电解质溶液本体中的相同。同时简化研究条件,假设反应物 A、生成物 D 及溶液中的电解质不在电极上发生吸附;且电极也不会与物质 A 和 D 发生任何的化学反应。

电极电势与反应活化能之间的关系可以用一组关系式来表示:

$$\overrightarrow{\Delta G} = \overrightarrow{\Delta G^0} + \alpha n F \varphi \tag{2-56}$$

$$\overleftarrow{\Delta G} = \overleftarrow{\Delta G^0} - \beta n F \varphi \tag{2-57}$$

式中,　　φ——电极的相对电势;

$\overrightarrow{\Delta G^0}$ 和 $\overleftarrow{\Delta G^0}$——分别表示在所选用的电势坐标体系的零点时的还原反应活化能和氧化反应活化能;

n——一个电子转移步骤转移一次的电子数,通常为 1;

α 和 β——分别表示电极电势对还原反应活化能和氧化反应活化能影响的程度,称为传递系数,$\alpha + \beta = 1$。

根据化学动力学,化学反应的反应速率与活化能之间的关系为

$$v = kc \exp\left(-\frac{\Delta G}{RT}\right) \tag{2-58}$$

式中,v——反应速率;

c——反应粒子浓度;

ΔG——反应活化能,生成物与反应物之间的吉布斯自由能的差值;

k——指前因子。

以电流密度 $\overrightarrow{j}$ 和 $\overleftarrow{j}$ 分别表示以上还原反应和氧化反应的速率时:

$$\overrightarrow{j} = F\overrightarrow{k}a_A \exp\left(-\frac{\overrightarrow{\Delta G}}{RT}\right) \tag{2-59}$$

$$\overleftarrow{j} = F\overleftarrow{k}a_D\exp\left(-\frac{\overleftarrow{\Delta G}}{RT}\right) \tag{2-60}$$

式中，$\overrightarrow{j}$ 和 $\overleftarrow{j}$——分别为还原反应速率和氧化反应速率，均取绝对值；

$\overrightarrow{k}$ 和 $\overleftarrow{k}$——常数；

a_A 和 a_D——分别为反应物 A 和生成物 D 在溶液中的活度；

$\overrightarrow{\Delta G}$——始态与过渡态之间的吉布斯自由能的差值（正反应的活化能）；

$\overleftarrow{\Delta G}$——终态与过渡态之间的吉布斯自由能的差值（逆反应的活化能）。

将活化能与电极电势的关系式分别代入式（2-59）和式（2-60）中得

$$\overrightarrow{j} = F\overrightarrow{k}a_A\exp\left(-\frac{\overrightarrow{\Delta G^0}+\alpha nF\varphi}{RT}\right) \tag{2-61}$$

$$\overleftarrow{j} = F\overleftarrow{k}a_D\exp\left(-\frac{\overleftarrow{\Delta G^0}-\beta nF\varphi}{RT}\right) \tag{2-62}$$

又

$$\Delta G = -RT\ln K \tag{2-63}$$

$$\overrightarrow{j} = F\overrightarrow{K}a_A\exp\left(-\frac{\alpha F\varphi}{RT}\right) \tag{2-64}$$

$$\overleftarrow{j} = F\overleftarrow{K}a_D\exp\left(\frac{\beta F\varphi}{RT}\right) \tag{2-65}$$

式中，$\overrightarrow{K}$ 和 $\overleftarrow{K}$——电极电势坐标零点处（$\varphi=0$）的反应速率常数。

再以电流密度 $\overrightarrow{j^0}$ 和 $\overleftarrow{j^0}$ 分别表示电位坐标零点处的还原反应和氧化反应速率时：

$$\overrightarrow{j^0} = F\overrightarrow{K}a_A \tag{2-66}$$

$$\overleftarrow{j^0} = F\overleftarrow{K}a_D \tag{2-67}$$

再分别代回式（2-64）式（2-65）：

$$\overrightarrow{j} = \overrightarrow{j^0}\exp\left(-\frac{\alpha F\varphi}{RT}\right) \tag{2-68}$$

$$\overleftarrow{j} = \overleftarrow{j^0}\exp\left(\frac{\beta F\varphi}{RT}\right) \tag{2-69}$$

再通过取对数，整理为以下形式：

$$\varphi = \frac{2.3RT}{\alpha F}\lg\overrightarrow{j^0} - \frac{2.3RT}{\alpha F}\lg\overrightarrow{j} \tag{2-70}$$

$$j = -\frac{2.3RT}{\beta F}\lg\overleftarrow{j^0} - \frac{2.3RT}{\beta F}\lg\overleftarrow{j} \tag{2-71}$$

式（2-68）～式（2-71）是电子转移过程最基本的动力学公式。

2. 基本动力参数

（1）交换电流密度 j^0　平衡电极电势（φ_Ψ）下，电极反应也达到平衡，此时正反应速率等于逆反应速率（$\overrightarrow{j}=\overleftarrow{j}$），用一个统一的符号 j^0 表示这一反应速率，表示平衡电极电势下正反应与逆反应两者的交换速率。由式（2-64）和式（2-65）所述可得

$$j^0 = F\overrightarrow{K}a_A \exp\left(-\frac{\alpha F\varphi_{\text{平}}}{RT}\right) = F\overleftarrow{K}a_D \exp\left(\frac{\beta F\varphi_{\text{平}}}{RT}\right) \qquad (2-72)$$

宏观上处于平衡状态的电化学体系,其实仍然存在着数量相等但方向相反的粒子的交换作用,以电流密度来表示这一交换速率便是 j^0。由于 $\overrightarrow{K}$ 和 $\overleftarrow{K}$ 为与电极反应特性相关的常数,也是温度的函数。因此,电极反应不同,j^0 的数值也不相同。且 j^0 还会随着反应物和生成物浓度及温度的变化而改变。

交换电流密度 j^0 与平衡电极电势 $\varphi_{\text{平}}$ 是两个从不同角度表示平衡状态的物理量。$\varphi_{\text{平}}$ 是根据热力学函数得到的,j^0 是反应体系动态性质的体现。但是平衡电极电势相同而交换电流密度不同的两个电极也会存在动力学性质上的巨大差异。换句话说,两个热力学性质完全相同的电极,其动力学性质则可以产生巨大的差异。

根据前文可得到

$$\overrightarrow{j} = \overrightarrow{j^0} \exp\left(-\frac{\alpha F\varphi}{RT}\right) \qquad (2-73)$$

$$\overleftarrow{j} = F\overleftarrow{K}a_D \exp\left(\frac{\beta F\varphi}{RT}\right) \qquad (2-74)$$

由上式可知,当两个不同的电极反应的过电势相同时,它们的反应速率也可以存在很大的差异。这种差异的产生与两个电极反应的对称系数和交换电流密度密切相关。

通常情况下,各种电极反应的对称系数值相差不大,但交换电流密度的数值可以相差悬殊。因此,两个电极反应在对称系数和过电势相同的条件下的反应速率由它们各自交换电流密度的大小决定。结合上式,j^0 值较大的电极反应更容易发生。

(2) 电极反应速率常数　对称系数 α 和 β 是用来表达电极反应特征的物理量,它主要由电极反应的本质决定,而与反应粒子的浓度没有多大关系。但是交换电流密度 j^0 却与电极反应中各物质的浓度相关。因此,在涉及 j^0 的关系式时,必须标明各物质的浓度。因此,提出了一个与反应物质浓度无关的表示电极反应特性的参数——电极反应速率常数 K。

如前所述,平衡电极电势($\varphi = \varphi_{\text{平}}$)下,电极反应也达到平衡,此时正反应速率等于逆反应速率($\overrightarrow{j} = \overleftarrow{j}$),$a_A = a_D$,可得

$$F\overrightarrow{K}a_A \exp\left(-\frac{\alpha F\varphi_{\text{平}}}{RT}\right) = F\overleftarrow{K}a_D \exp\left(\frac{\beta F\varphi_{\text{平}}}{RT}\right) \qquad (2-75)$$

以上等式的两边均可以用一个统一的物理量来表示,即电极反应速率常数 K:

$$K = \overrightarrow{K} \exp\left(-\frac{\alpha F\varphi_{\text{平}}}{RT}\right) = \overleftarrow{K} \exp\left(\frac{\beta F\varphi_{\text{平}}}{RT}\right) \qquad (2-76)$$

又 $\alpha + \beta = 1$,可得交换电流与电极反应速率常数之间的关系式:

$$j^0 = FKa_A^{\alpha}a_D^{\beta} \qquad (2-77)$$

再代入 $\overrightarrow{j}$ 与 $\overleftarrow{j}$ 式中:

$$\overrightarrow{j}=FKc_{\text{A}}\exp\left[-\frac{\alpha F(\varphi-\varphi_{\Psi})}{RT}\right] \tag{2-78}$$

$$\overleftarrow{j}=FKc_{\text{D}}\exp\left[\frac{\beta F(\varphi-\varphi_{\Psi})}{RT}\right] \tag{2-79}$$

以上两式表示了 $\overrightarrow{j}$ 和 $\overleftarrow{j}$ 与 $(\varphi-\varphi_{\Psi})$ 的关系。根据以上两式,电极反应速率常数 K 的物理意义为 $\varphi=\varphi_{\Psi}$ 时并且反应物浓度为 1 时的电极反应速率,单位为 m/s。可以根据 K 值的大小得出电极反应进行的难易程度。在同一条件下,电极反应中的 K 值越大,相对应的 $\overrightarrow{j}$ 或 $\overleftarrow{j}$ 也越大,电极反应也就越容易进行,也可以说电极反应具有更好的可逆性。用 K 表示电极反应的可逆性时,可以排除浓度因素的影响。但是,通常 j^0 出现于电流密度与电极电势的关系式中,因此,j^0 在电化学理论中仍然占有至关重要的地位。

3. 多电子转移过程动力学

实际上,单电子的电子转移过程并不常见,更多的是有两个及两个以上电子参与反应的电极过程,即多电子电极过程。

（1）巴特勒-伏尔摩公式　电极反应过程中电极上的极化电流密度 j（外电流密度）与电子转移过程中电极自身交换的还原电流密度 $\overrightarrow{j}$ 和氧化电流密度 $\overleftarrow{j}$ 之间的关系为

$$j=\overrightarrow{j}-\overleftarrow{j} \tag{2-80}$$

式中 $\overrightarrow{j}$ 和 $\overleftarrow{j}$ 均取正值。阴极极化时的 j 为正值,阳极极化时的 j 为负值。将式（2-78）和式（2-79）代入式（2-80）中得

$$j=j^0\left[\exp\left(-\frac{\alpha F\Delta\varphi}{RT}\right)-\exp\left(\frac{\beta F\Delta\varphi}{RT}\right)\right] \tag{2-81}$$

该式表示的是单电子转移过程中极化电流密度与过电势之间的关系,称为巴特勒-伏尔摩（Butler-Volmer）公式。

由公式可以看出:一个 j^0 很大的反应只需要很小的过电势就可以产生足够大的极化电流密度;极化电流密度相同时,j^0 大的反应,过电势的绝对值就小,这个反应的可逆性就越好。

（2）普遍化的巴特勒-伏尔摩公式　多电子电极反应包含多个步骤,包括电子转移过程和表面转化过程。通常,在单电子转移过程中,只有一个电子参与反应。而在多电子转移过程中,会有许多连续步骤发生,通常会存在一个速率控制步骤。在某些情况下,在执行下一步之前,需要重复多次速率控制步骤。例如,速率控制步骤为氢离子还原为氢原子的过程时,很明显该过程需要重复两次生成两个氢原子,之后的两个氢原子结合成为氢分子的过程才会继续进行。

设共有 n 个电子参与了整个电极反应过程,即

$$\text{A}+n\text{e}^-\Longleftrightarrow\text{Z}$$

式中,A 为电子转移过程的反应物,Z 为生成物。这个电极反应至少需要由数目大于等于 n 的单元步骤组成,并且这些反应依次进行。其中就会存在一个速率控制步骤,这个步骤

可能是电子转移过程($n=1$)，也可能是没有电子参与的表面转化过程($n=0$)。比如，氢离子还原为氢分子的反应，当速率控制步骤为两个氢原子生成氢分子的反应时就符合这种情况。对于速率控制步骤之外的其他过程，可以近似认为它们均处于平衡状态。在电极反应处于平衡状态时，可以将各个电子转移过程前后的表面转化步骤合并入电子转移步骤当中。比如，以下例子，可以将

$$A+e^- \Longleftrightarrow A_1（电子转移步骤）$$

$$A_1=B（表面转化步骤）$$

合并为

$$A+e^- \Longleftrightarrow B$$

由于以上步骤均处于平衡状态，因此，无论是单独处理或者合并处理，所得到的结果都是一致的。故可以将速率控制步骤之外的其他过程均当作电子转移过程处理。

当使得与处于平衡状态的上述反应相对应的式(2-78)与式(2-79)相等时，可以得到反应物 A 的浓度 c_A 与生成物 B 的浓度 c_B 之间的关系为

$$k_A c_A \exp\left(-\frac{\alpha F\varphi}{RT}\right)=k_B c_B \exp\left(\frac{\beta F\varphi}{RT}\right) \tag{2-82}$$

$$c_B=\frac{k_A}{k_B}c_A \exp\left(-\frac{F\varphi}{RT}\right)=K_1 c_A \exp\left(-\frac{F\varphi}{RT}\right) \tag{2-83}$$

式中，α 和 β 为上述反应的对称系数，常数 $K_1=k_A/k_B$，同样的处理方式也可以得到下一个电子转移过程：

$$B+e^- \Longleftrightarrow C$$

生成物浓度 c_C 与 c_A 之间的关系为

$$c_C=K_1 K_2 c_A \exp\left(-\frac{2F\varphi}{RT}\right) \tag{2-84}$$

常数 $K_2=k_B/k_C$，以此类推，便可以得到最接近速率控制步骤的电子转移过程的生成物浓度与初始反应物 A 的浓度 c_A 之间的关系，且与电极电势相关。

根据多电子电极过程中速率控制步骤的反应式，自然可得到稳态极化电流通过电极的动力学公式。在这一步中得到的生成物实际上是整个反应中的中间产物，其浓度可以通过前面步骤的平衡关系来确定，并且与整个反应中初始反应物 A 的浓度有关。类似地，速率控制步骤的生成物浓度也可以通过每个后续步骤的平衡关系与总反应生成物 Z 的浓度建立关系。

最终可以得到与式(2-81)形式完全相同的关系式：

$$j=j^0\left[\exp\left(-\frac{\overrightarrow{\alpha}F\Delta\varphi}{RT}\right)-\exp\left(\frac{\overleftarrow{\alpha}F\Delta\varphi}{RT}\right)\right] \tag{2-85}$$

该式就是适用于多电子电极反应的普遍化的巴特勒-伏尔摩公式。式中，$\overrightarrow{\alpha}$ 和 $\overleftarrow{\alpha}$ 称为传递系数，其与对称系数地位相当，区别在于对称系数常常小于 1，传递系数可以大于 1，而

且 $\bar{\alpha}$ 和 $\bar{\alpha}$ 的值可以相差巨大。可以通过采用与测定对称系数相同的实验方法来测定传递系数。

三、电池的动力学过程及测量——以锂离子电池为例

电极过程动力学直接关系到电池的充/放电倍率、功率密度、内阻、循环性能和安全性。掌握电池与电极过程动力学反应特性及动力学参数随着充/放电过程演化的定量计算,对于理解电池中的电化学反应、监控电池的状态、设计电源管理系统具有重要的意义。

倍率性能是新能源汽车用锂离子动力电池的一个十分重要的性能指标,它直接决定了锂离子电池的充/放电速度。其中,锂离子的迁移及扩散动力学过程是影响其倍率性能的最重要的因素之一。

以循环伏安测试为例,通过改变扫描电压,来观察某一电压下的电流响应。循环伏安测试也可对锂离子的迁移及扩散动力学过程进行测量,其基本测量过程如下:

① 在不同的扫描速率下,测量电极材料的循环伏安曲线(CV 曲线);

② 根据扫描速率的平方根绘制不同扫描速率下的峰值电流;

③ 积分峰值电流,测量试样中锂的浓度变化;

④ 通过考虑相关参数,可以得到扩散系数。

循环伏安测试除了可以获得表观化学扩散系数之外,还可以通过一对氧化还原峰的峰值电势差判断充/放电(电化学氧化还原反应)之间极化电阻的大小,以及反应是否可逆。如果氧化与还原反应的过电势差别不大,一对氧化峰与还原峰之间的中点值也可近似作为该反应的热力学平衡电极电势值。

以锂离子电池为例,如图 2-8 所示,通过循环伏安曲线表征了正极材料锰酸锂($LiMn_2O_4$,LMO)的电极动力学过程,记录了在 0.02～0.15 mV/s 的不同扫描速率下的循环伏安曲线。图 2-8 中的插图为峰值电流与扫描速率平方根的关系曲线,表明在循环过程中,嵌锂/脱锂反应是一个扩散控制的过程。Li^+ 扩散系数 D_{Li^+} 可由下式计算:

$$i_p = (2.69 \times 10^5) n^{3/2} C_{Li^+} A D_{Li^+}^{1/2} v^{1/2} \tag{2-86}$$

式中,i_p——峰值电流,mA;

　　　n——电子转移数,对 $LiMn_2O_4$ $n=1$;

　C_{Li^+}——电极中的体积浓度,尖晶石 $LiMn_2O_4$ 含量为 4.3 g/cm³;

　D_{Li^+}——Li^+ 扩散系数,cm²/s;

　　　v——扫描速率,mV/s。

不同扫描速率下 LMO 的 D_{Li^+} 计算结果分别如图 2-8 所示。锂离子扩散系数越大,说明体系中锂离子扩散速率越快,倍率性能越高。

用电化学阻抗测量方法研究了 LMO 在 1 000 次循环前后的 Nyquist 图,如图 2-9所示。在 1 000 次循环后,LMO 的 R_{ct} 由 350.5 Ω 下降到 250.2 Ω。

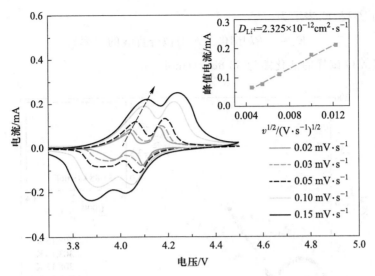

图 2-8　LMO 在不同扫描速率下的循环伏安曲线
（插图为峰值电流与扫描速率平方根的关系曲线）

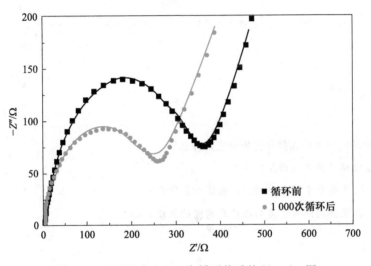

图 2-9　LMO 在 1 000 次循环前后的 Nyquist 图

为了进一步探究锂离子扩散之间的能量关系，图 2-10 给出了 LMO 在不同测试温度下的 Nyquist 图，以计算活化能（E_a）：

$$i_0 = RT/(nFR_{ct}) \qquad (2-87)$$

$$i_0 = A\exp(-E_a/RT) \qquad (2-88)$$

式中，i_0——交换电流；

　　　R——摩尔气体常数，8.314 J/(mol·K)；

　　　F——法拉第常数，其值为 96 485 C/mol；

　　　T——热力学温度，K；

　　　n——电子转移数；

　　　A——温度系数。

结合两个方程，E_a表示为

$$E_a = -Rk\ln 10 \quad (k\text{ 为拟合直线的斜率})\qquad(2-89)$$

可以计算出 LMO 试样的活化能为 33.88 kJ/mol。

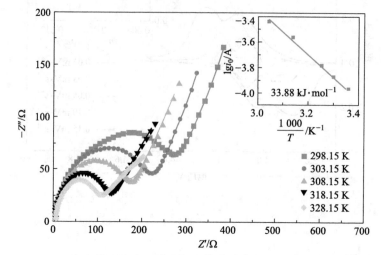

图 2-10　LMO 在不同测试温度下的 Nyquist 图

（插图为 $\lg i_0$ 对 $1\,000/T$ 的 Arrhenius 图）

思考题

1. 电化学储能技术的优势和劣势分别是什么？

2. 电化学储能的基本原理是什么？

3. 电解液对于电化学储能体系的主要影响是什么？

4. 如何选择兼具高能量密度与高功率密度的储能系统？

参考文献

图 2-10

第3章 储能材料晶体结构

本章导读

材料的晶体结构对其性能起着决定性作用,在储能材料领域更是如此。了解储能材料的晶体结构是分析储能材料性能优劣的基础,对于储能材料的改性和性能机理分析都具有重要意义。本章将介绍储能材料的晶体学知识,以锂离子电池和钠离子电池两种较为典型的储能器件为例,分别介绍其正极、负极材料的晶体结构信息,以及在充/放电过程中锂离子、钠离子的迁移特点。同时介绍了晶体结构中缺陷的基础知识,以及利用晶体缺陷来调控储能材料性能的实例。

第1节 晶 体 结 构

本节导读

为了解释储能材料晶体结构对储能特性的影响,首先需要了解储能晶体材料中原子、离子或分子在三维空间的排列规律、对称性等晶体学基础知识。晶体学基础涉及由点阵参数确定的晶系种类、晶体的对称元素,由对称元素确定的点群、空间群等众多数理知识,本书侧重介绍具体储能材料的晶体学信息及利用晶体学知识调控储能材料性能的实例,在本节中简要介绍晶体学的基本概念,包括晶系、对称元素及点群的概念,不再做数学方法上的推导。

学习目标

1. 掌握七大晶系及十四种布拉维点阵确定的规则;

2. 掌握晶体材料中对称元素的种类及表示方法;

3. 掌握点群及空间群相关知识。

知识要点

1. 晶体材料的七大晶系;

2. 晶体中宏观/微观对称元素;

3. 点群及空间群的概念。

一、晶体学基础知识

储能材料的晶体结构是解释材料储能机理的基础,其在很大程度上影响着材料储能

机理。因此,了解晶体学基础知识是分析储能材料机理的前提。下面介绍晶体学基本概念:

阵点　在理想晶体中,构成晶体的原子、离子等抽象成在三维空间中按规则排列的几何点。

基元　阵点的基本组成单元,其包括原子、基团、离子、分子,还包括其对应的种类、数量、相对取向及位置。

空间点阵　晶体中原子、分子、离子等在三维空间周期性重复排列的几何学抽象(各阵点的周围环境相同),几何学上只能有 14 种类型。

晶格　将原子简化成质点,用假想的线将这些质点连接起来,构成有明显规律性的空间格架。这种表示原子在晶体中排列规律的空间格架称为晶格,晶格与实际晶体结构有着相同的几何性质,但是不包含任何物理内容。

晶格可以分为简单晶格和复式晶格。在布拉维晶格中,所有的格点都是等价的,要求晶体中的所有原子都等价(种类相同、性质相同)。在非布拉维晶格中,有些格点是不等价的,如金刚石、NaCl、CsCl 等。非布拉维晶格被认为是布拉维晶格附着一个基元,如金刚石结构虽然是由一种原子构成的,但它在立方体顶角上的碳原子和体心处的碳原子是不等价的,两个原子的周围环境不同,这两种不同环境的原子就是构成金刚石晶体的基元。

二、七大晶系及十四种布拉维点阵

对于理想晶体而言,点阵类型可根据平行六面体的棱边的边长 a,b,c 及棱间夹角 α,β,γ 共 6 个晶体学参数来描述,具体关系如表 3-1 所示。

表 3-1　七 大 晶 系

晶系	点阵参数	代表物质
三斜	$a \neq b \neq c$,$\alpha \neq \beta \neq \gamma \neq 90°$	$CuSO_4 \cdot 5H_2O$
单斜	$a \neq b \neq c$,$\alpha = \gamma = 90° \neq \beta$	$\beta-S$,$CaSO_4 \cdot 2H_2O$
正交	$a \neq b \neq c$,$\alpha = \beta = \gamma = 90°$	$(Mg,Fe)_2SiO_4$
六方	$a = b \neq c$,$\alpha = \beta = 90°$,$\gamma = 120°$	$\alpha-NaFeO_2$
菱方	$a = b = c$,$\alpha = \beta = \gamma \neq 90°$	As,Sb,Bi
四方	$a = b \neq c$,$\alpha = \beta = \gamma = 90°$	金红石 TiO_2
立方	$a = b = c$,$\alpha = \beta = \gamma = 90°$	$NaCl$ 晶体、$MgAl_2O_4$

布拉维(A.Bravais)根据数学方法推导出七大晶系可反映点阵特征的平行六面体只有十四种,称为布拉维点阵,如表 3-2 所示。

表 3 - 2　十四种布拉维点阵

晶系	布拉维点阵	图 3 - 1
三斜	简单三斜	(a)
单斜	简单单斜	(b)
	底心单斜	(c)
正交	简单正交	(d)
	底心正交	(e)
	体心正交	(f)
	面心正交	(g)
六方	简单六方	(h)
菱方	简单菱方	(i)
四方	简单四方	(j)
	体心四方	(k)
立方	简单立方	(l)
	体心立方	(m)
	面心立方	(n)

十四种布拉维点阵的晶胞如图 3 - 1 所示。

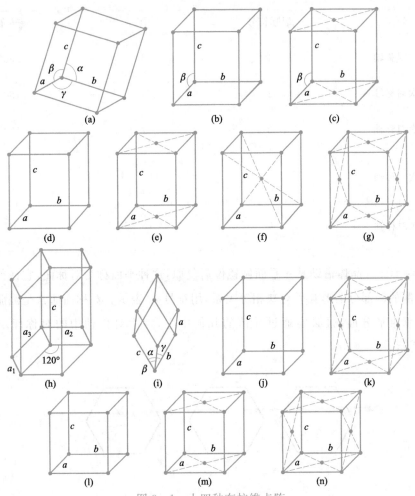

图 3 - 1　十四种布拉维点阵

三、晶体材料的对称元素

对称性是晶体材料的一个基本特性,晶体宏观的对称性是由晶体结构的微观对称性决定的。对于储能材料而言,其某些物理参数如电流密度、电导率等都与晶体结构的对称性密切相关。因此,研究晶体的对称性对储能材料而言具有极其重要的意义。

对称性　晶体的一部分借助点、线、面等几何要素变换,使此部分完全重合或按规律周期性出现。这些假想出来的点、线、面称为对称元素,对称元素又可分为宏观对称元素与微观对称元素,以下将分别进行介绍。

1. 宏观对称元素

(1) 回转对称轴　当晶体绕某一回转轴旋转能使自身完全复原时,此轴即为回转对称轴(表3-3)。回转对称轴一定要通过晶胞的几何中心,且位于几何中心与角顶或棱边中心或面心的连线上,在回转一周后,晶体能复原 n 次,就称为 n 次对称轴。在实际晶体中, n 的取值可能为1,2,3,4,6。

表3-3　回转对称轴

名称	国际符号	图示	旋转角 α
一次对称轴	1	○	360°
二次对称轴	2	⟷	180°
三次对称轴	3	△	120°
四次对称轴	4	□	90°
六次对称轴	6	⬡	60°

(2) 对称面　晶体借助某一平面做镜像后复原,这种平面称为对称面,它使得处于该面相反两侧的两部分图形互呈对映相等关系,用符号 m 表示。对称面通常是晶胞的棱边或晶面的垂直平分面,且必定通过晶体的几何中心,六次对称轴中的对称面示意图如图3-2所示。

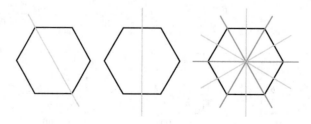

图3-2　六次轴对称中的两种对称面示意图

（3）对称中心 晶体内的某一点，如果在该点的相反两侧晶面成对出现，且对应点的连线交于一点，也就是说晶体中所有点借助某一点反演后能复原，则该点就称为对称中心，用符号 i 表示。对称中心一定位于晶体的几何中心，对称中心的示意图如图 3-3 所示。

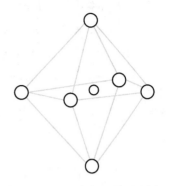

图 3-3 对称中心的示意图

（4）回转-反演轴 若晶体绕某一轴旋转一定角度（$360°/n$），再以轴上的一个中心点做反演后能复原，则该轴称为回转-反演轴。回转-反演轴可以有一次、二次、三次、四次和六次五种，分别以符号 $\bar{1}、\bar{2}、\bar{3}、\bar{4}$ 和 $\bar{6}$ 表示。实际上，$\bar{1}$ 和对称中心 i 等效；$\bar{2}$ 和对称面 m 等效；$\bar{3}$ 与三次对称轴加对称中心 i 等效；$\bar{6}$ 与三次对称轴加一个与其垂直的对称面 m 等效。

晶体的宏观对称元素如表 3-4 所示。

表 3-4 晶体的宏观对称元素

对称元素	对称轴					对称中心	对称面	回转-反演轴		
	一次	二次	三次	四次	六次			三次	四次	六次
辅助几何要素	直线					点	面	直线与直线上的定点		
对称操作	绕直线旋转					对点反演	对面反演	绕直线旋转＋对点反演		
基转角/(°)	360	180	120	90	60			120	90	60
国际符号	1	2	3	4	6	i	m	$\bar{3}$	$\bar{4}$	$\bar{6}$
等效对称元素						$\bar{1}$	$\bar{2}$	$3+i$		$3+m$

2. 微观对称元素

（1）滑动面 由一个对称面加上沿此面的平移所组成，晶体结构借此面进行反映并沿此面平移一定距离而复原。

滑动面的表示符号如下：如平移为 $a/2,b/2$ 或 $c/2$ 时，写作 a,b 或 c；如沿对角线平移 $1/2$ 距离，写作 n；如沿对角线平移 $1/4$ 距离，写作 d。

（2）螺旋轴 螺旋轴由回转轴和沿平行于轴的平移所组成。晶体结构若可绕螺旋轴回转 $360°/n$ 角度，同时沿轴平移一定距离而得到重合，则此螺旋轴称为 n 次螺旋轴。螺旋轴可按其回转方向分为左旋螺旋轴和右旋螺旋轴。

3. 32 种点群及空间群

点群指一个晶体中所有点对称元素的集合，点群在宏观上表现为晶体外形的对称。晶体可能存在的对称类型可通过宏观对称元素在一点上的组合运用得出。利用组合定理推导出晶体外形中只能有 32 种对称点群，如表 3-5 所示。

表3-5　32种点群

晶系	三斜	单斜	正交			四方			菱方		六方			立方		
对称要素	1	m	2	m	m	$\bar{4}$			3		$\bar{6}$			2		3
	$\bar{1}$	2	2	2	2	4			$\bar{3}$		6			2/m		$\bar{3}$
		2/m	2/m	2/m	2/m	4/m			3m		6/m			$\bar{4}$	3	m
						$\bar{4}$	2	m	3	2	$\bar{6}$	2	m	4	3	2
						4	m	m	$\bar{3}$	2/m	6	m	m	4/m	$\bar{3}$	2/m
						4	2	2			6	2	2			
						4/m	2/m	2/m			6/m	2/m	2/m			
特征	无	1个2 或 m	3个互相垂直的2 或 2个互相垂直的m			1个4 或 $\bar{4}$			1个3 或 $\bar{3}$		1个6 或 $\bar{6}$			4个3		

晶体结构中的全部对称元素集合称为空间群,空间群是用来描述晶体中原子组合所有可能的方式,也是确定晶体结构的依据,它是通过宏观对称元素和微观对称元素在三维空间的组合而得出的。属于同一点阵的晶体可因微观对称元素不同而分成不同的空间群。现已证明三维空间中可能存在的空间群共有230种,分属32种点群,其中73种为简单空间群,余下的157种为复杂空间群。

空间群最常用的表示方法是使用国际符号,这种符号也称为赫曼-摩干(Hermann-Mauguin)记号。这种符号由两部分组成:第一部分由大写字母表示晶胞类型,如P代表简单点阵、I代表体心、F代表面心、C/A/B代表侧心,R代表菱面体;第二部分由空间群的对称元素组成,其符号众多,具体需查表得知。在电池材料的研究过程中仅使用这些符号来表示,不再赘述推导的数学过程。

第2节　典型电极材料的晶体结构

■ 本节导读

锂离子电池是典型的储能器件,目前是储能领域应用较为广泛的体系,其正、负极材料是典型的储能材料,储能机理的不同本质是由材料晶体结构特性决定的。钠离子电池与锂离子电池的工作原理类似,也是典型的储能器件,但由于传递的离子不同,与锂离子电池的储能特性并不完全相同,同样需要以晶体结构为基础分析其储能特性。本节选取锂离子电池和钠离子电池两种典型的电池体系,分别介绍其正极材料和负极材料的晶体结构。

■ 学习目标

1. 掌握典型的锂离子电池正极材料、负极材料的晶体结构;

2. 掌握典型的钠离子电池正极材料、负极材料的晶体结构。

■ 知识要点

1. 典型锂离子电池正极材料的晶体结构;

2. 典型锂离子电池负极材料的晶体结构；

3. 典型钠离子电池正极材料的晶体结构；

4. 典型钠离子电池负极材料的晶体结构。

一、典型锂离子电池正极材料的晶体结构

锂离子电池正极材料按结构分类有层状结构的 $LiMO_2$（M＝Co,Ni,Mn 等），尖晶石结构的 LiM_2O_4（M＝Mn 等）和橄榄石结构的 $LiMPO_4$（M＝Fe,Mn,Ni,Co 等），Tavorite 结构的 $LiVPO_4F$，NASCION 结构的 $Li_3V_2(PO_4)_3$，其基本晶体信息如表 3-6 所示。

表 3-6　常见锂离子电池正极材料的基本晶体信息

结构	化学式	晶系	空间群	a/nm	b/nm	c/nm
层状结构	$LiCoO_2$	六方	$R\bar{3}m$	0.281	0.281	1.405
	$LiNiO_2$	六方	$R\bar{3}m$	0.288	0.288	1.418
	$LiNi_{1/3}Co_{1/3}Mn_{1/3}O_2$	六方	$R\bar{3}m$	0.286	0.286	1.423
尖晶石结构	$LiMn_2O_4$	立方	$Fd\bar{3}m$	0.825	0.825	0.825
橄榄石结构	$LiFePO_4$	正交	$Pnma$	1.033	0.601	0.469
	$LiMnPO_4$	正交	$Pnma$	1.043	0.609	0.474
Tavorite 结构	$LiVPO_4F$	三斜	$P\bar{1}$	0.531	0.750	0.517
NASCION 结构	$Li_3V_2(PO_4)_3$	单斜	$P2_1/n$	0.861	0.859	1.204

1. 层状结构的正极材料

（1）$LiCoO_2$ 正极材料的晶体结构　$LiCoO_2$ 的成本较低且性能较为优异，是锂离子电池中早期发展并广泛应用的正极材料。$LiCoO_2$ 是典型的层状结构材料，其能量密度已达到 150 W·h/kg。

晶胞参数：$LiCoO_2$ 属于六方晶系，$R\bar{3}m$ 空间群，空间群号 166，$a＝b＝0.281$ nm，$c＝1.405$ nm，$\alpha＝\beta＝90°,\gamma＝120°$，单位晶胞内分子数 $Z＝3$，晶胞体积 $V＝0.096\,337$ nm³，晶体结构示意图如图 3-4 所示。

结构描述：$LiCoO_2$ 中 O^{2-} 占据 $6c$ 位通过立方密堆积（ABCABC）形成氧层的基本骨架。Li^+ 占据 $3b$ 位，Co^{3+} 占据 $3a$ 位，两者交替占据八面体位置形成层状结构。Li^+ 和 Co^{3+} 顺序排列在（111）晶面并占据了 O^{2-} 的八面体间隙，Co^{3+} 和 O^{2-} 以共价键结合，作用力为范德华力。在层状 $LiCoO_2$ 材料中，Li^+ 形成的锂层在充/放电时，Li^+ 在 CoO_2 层间可逆地嵌入/脱出，从而完成储放锂的过程，$LiCoO_2$ 充/放电过程反应方程式如下：

$$LiCoO_2 \rightleftharpoons Li_{1-x}CoO_2 + xe^- + xLi^+ \quad (0 < x \leqslant 0.5)$$

理论上 $LiCoO_2$ 中 Li^+ 的嵌入/脱出是可逆的，但是由于层状结构不能承受较大的体积变化，导致实际比容量与理论比容量相差较多。当 $x < 0.5$，Li^+ 的嵌入/脱出不会使层状结构塌陷，这时 $LiCoO_2$ 可以可逆充/放电；当 $x \geqslant 0.5$ 时，$LiCoO_2$ 在充电期间晶格结构

会从六方相转变为单斜相。在脱出过程中,晶格参数 a 的变化很小,但由于 Li^+ 的脱出,使 O^{2-} 层的静电力作用加大,导致层间距 c 在 $x=0.5$ 时膨胀高达 $2\%\sim3\%$,造成严重的容量衰减。

图 3-4

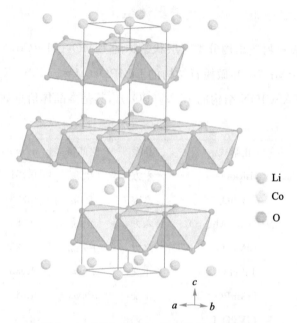

Li
Co
O

图 3-4　层状 $LiCoO_2$ 的晶体结构示意图

（2）$LiNiO_2$ 正极材料的晶体结构　　$LiNiO_2$ 的结构与 $LiCoO_2$ 的结构类似,同时由于其较低的毒性和成本,$LiNiO_2$ 被视为 $LiCoO_2$ 的有效替代品。

晶胞参数:$LiNiO_2$ 属于六方晶系,$R\bar{3}m$ 空间群,空间群号 166,$a=b=0.288$ nm,$c=1.418$ nm,$\alpha=\beta=90°$,$\gamma=120°$,晶胞体积 $V=0.101\ 542$ nm³,单位晶胞内分子数 $Z=3$。$LiNiO_2$ 晶体结构示意图如图 3-5 所示。

结构描述:在层状 $LiNiO_2$ 中,Li^+ 占据 $3b$ 位,Ni^{3+} 占据 $3a$ 位,O^{2-} 位于 $6c$ 位,Li^+,Ni^{3+} 交替排布在 O^{2-} 层两侧,占据八面体空隙,并在(111)晶面方向上呈层状排列。但是 $LiNiO_2$ 存在的主要缺点是其固有的原子无序,充电过程中 Li^+ 从晶体结构中脱出产生空位,Ni^{3+} 还原为 +2 价并占据这些空位,从而导致点缺陷的产生。过量的 Ni^{2+} 会占据空隙并且进入 Li^+ 扩散的路径,影响 $LiNiO_2$ 的电化学性能。

$LiNiO_2$ 的充/放电反应方程式如下:

$$LiNiO_2 \Longleftrightarrow Li_{1-x}NiO_2 + xe^- + xLi^+ \quad (0<x\leqslant0.3)$$

Li^+ 从 $LiNiO_2$ 中脱出时,易导致 Ni^{3+} 被氧化成 +4 价,生成的 NiO_2 会导致层间引力变大,层间距 c 减小,在 $x=0.3$ 时,$LiNiO_2$ 晶体结构会从六方晶系向单斜晶系转变,导致容量衰减。

（3）三元 NCM 正极材料的晶体结构　　在正极材料中,Ni,Co,Mn 三种元素对电池性能有着不同的影响:Ni 元素可以提高锂离子电池正极材料的能量密度;Co 元素可以使

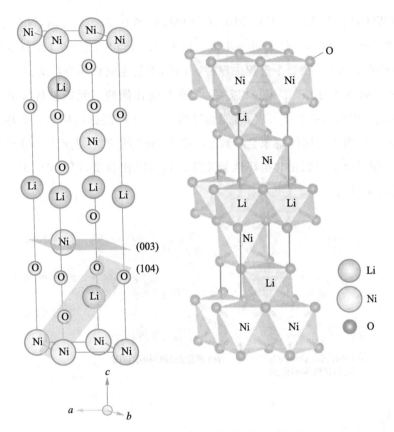

图 3-5

图 3-5　层状 $LiNiO_2$ 的晶体结构示意图

层状结构更加稳定,有利于减弱 Li^+ 脱出导致层状结构塌陷的问题,进而提高正极材料的循环寿命;Mn 元素成本较低同时可以提高材料的安全性能。

在此基础上衍生出了一类结合三种元素性能的三元正极材料 $LiNi_{1-y-z}Co_yMn_zO_2$ (NCM,$0 \leqslant y \leqslant 1,0 \leqslant z \leqslant 1$),三元 NCM 正极材料为典型的层状结构。三元 NCM 正极材料的显著特征在于:所制备的材料性能可以通过调节 Ni,Co,Mn 三种元素的成分比例进行自由调控。

以 $LiNi_{1/3}Co_{1/3}Mn_{1/3}O_2$(NCM111)为例,其晶体结构示意图如图 3-6(a)所示。

晶胞参数:NCM111 属于六方晶系,$R\bar{3}m$ 空间群,空间群号 166,$a=b=0.286$ nm,$c=1.423$ nm,$\alpha=\beta=90°,\gamma=120°$,晶胞体积 $V=0.100\ 780\ 4$ nm³,单位晶胞内分子数 $Z=3$。

结构描述:Li^+ 占据 $3a$ 位,过渡金属 Ni^{2+},Co^{3+},Mn^{4+} 占据 $3b$ 位,O^{2-} 占据共边八面体 MO_6 的空隙 $6c$ 位,层状结构可以看作由 LiO_6 八面体层与过渡金属 MO_6 八面体层交替堆叠形成。在 NCM111 三元正极材料中 Co^{3+} 的电子结构与 $LiCoO_2$ 保持一致,给予了其较为稳定的层状结构,但 Ni^{2+} 和 Mn^{4+} 与 $LiNiO_2$ 和 $LiMnO_2$ 中 Ni^{2+} 和 Mn^{4+} 的电子结构不同,$LiNi_{1/3}Co_{1/3}Mn_{1/3}O_2$ 的充/放电反应方程式如下:

$$LiNi_{1/3}Co_{1/3}Mn_{1/3}O_2 \rightleftharpoons Li_{1-x}Ni_{1/3}Co_{1/3}Mn_{1/3}O_2 + xe^- + xLi^+ \quad (0 < x \leqslant 2/3)$$

　　充电过程中,Li^+ 从 $LiNi_{1/3}Co_{1/3}Mn_{1/3}O_2$ 中脱出,当 $0<x\leqslant1/3$ 时,Ni^{2+} 会被氧化为 Ni^{3+};当 $1/3\leqslant x\leqslant2/3$ 时,Ni^{3+} 会进一步被氧化为 Ni^{4+};当 $2/3\leqslant x\leqslant1$ 时,Co^{3+} 会被氧化为 $+4$ 价的 Co^{4+}。Mn^{4+} 在整个过程中保持 $+4$ 价,不发生氧化还原反应。

　　由于 Ni^{2+} 的半径与 Li^+ 的半径相差不大,在其他比例的三元正极材料中,如果 Ni^{2+} 的比例较高或采用较高的煅烧温度,可能会导致 Ni^{2+},Li^+ 混排的阳离子无序现象,如图 3-6(b)所示。阳离子无序的现象会导致 Li^+ 进入 Ni^{2+} 的位置,进而导致 Li^+ 在充/放电过程中嵌入/脱出困难并恶化其循环性能及降低其实际比容量,但 Co^{3+},Mn^{4+} 基本不会占据 Li^+ 层的 $3a$ 位。

图 3-6

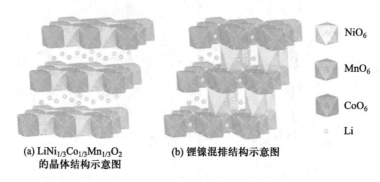

(a) $LiNi_{1/3}Co_{1/3}Mn_{1/3}O_2$
的晶体结构示意图　　　　(b) 锂镍混排结构示意图

图 3-6　三元正极材料的晶体结构示意图

2. 尖晶石结构的正极材料

　　$LiMn_2O_4$ 是典型的尖晶石结构正极材料,其储锂机理为嵌入/脱出机理,$LiMn_2O_4$ 的晶体结构如图 3-7(a)所示。

　　晶胞参数:$LiMn_2O_4$ 属于立方晶系,$Fd\bar{3}m$ 空间群,空间群号 227,$a=b=c=0.825$ nm,$\alpha=\beta=\gamma=90°$,晶胞体积 $V=0.560\ 50$ nm³,单位晶胞内分子数 $Z=8$。尖晶石结构的最大特点是内部呈立体状,使 Li^+ 扩散通道为三维立体形态,不易塌陷,如图 3-7 所示。

图 3-7

(a) $LiMn_2O_4$ 的晶体结构示意图　　　　(b) Li^+ 扩散路径

图 3-7　尖晶石结构的晶体结构示意图

结构描述：在 $LiMn_2O_4$ 的尖晶石结构中，O^{2-} 占据 32e 位，立方最密堆积排列，形成四面体空隙和八面体空隙。Li^+ 填入四面体空隙，占据 8a 位，Mn^{3+} 和 Mn^{4+} 填入八面体空隙，占据 16d 位。$LiMn_2O_4$ 的充/放电反应方程式如下：

$$LiMn_2O_4 \rightleftharpoons Li_{1-x}Mn_2O_4 + xe^- + xLi^+ \quad (0 < x \leqslant 0.9)$$

$LiMn_2O_4$ 使 Li^+ 可在三维通道扩散，在充电过程中，Li^+ 从四面体的 8a 位扩散到八面体的 16c 位，当 Li^+ 周围的锰离子为 +4 价时更有利于 Li^+ 的扩散，同时尖晶石结构相较层状结构不易坍塌，可避免阳离子占据 Li^+ 的三维通道，不易产生容量衰减。

3. 橄榄石结构的材料

（1）$LiFePO_4$ 正极材料的晶体结构　$LiFePO_4$ 是典型的橄榄石结构正极材料的代表，晶体结构如图 3-8 所示。

晶胞参数：橄榄石结构 $LiFePO_4$ 属于正交晶系，Pnma 空间群，$a = 1.033$ nm，$b = 0.601$ nm，$c = 0.469$ nm，$\alpha = \beta = \gamma = 90°$，晶胞体积 $V = 0.291\ 40$ nm³，单位晶胞内分子数 $Z = 4$。

结构描述：O^{2-} 以六方密堆积排列成八面体，Li^+ 占据八面体的 4a 位形成 LiO_6 八面体，Fe^{2+} 占据氧八面体的 4c 位形成 FeO_6，P 占据 4c 位，层间四面体的 1/8 形成 PO_4。一个 FeO_6 八面体与其他 FeO_6 八面体角连接，一个边与一个 PO_4 四面体共用，两个边与两个 LiO_6 八面体

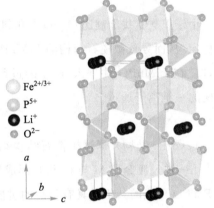

图 3-8

Fe²⁺/³⁺
P⁵⁺
Li⁺
O²⁻

图 3-8　$LiFePO_4$ 的晶体结构示意图

共用。LiO_6 八面体在 FeO_6 八面体层之间形成共边八面体的线性链，并与两个 PO_4 四面体共用一条边，$LiFePO_4$ 的充/放电反应方程式如下：

$$LiFePO_4 \rightleftharpoons Li_{1-x}FePO_4 + xe^- + xLi^+ \quad (0 < x \leqslant 0.7)$$

$LiFePO_4$ 在充/放电过程中 Li^+ 通过一维通道在材料中进行扩散，同时充电过程 $LiFePO_4$ 会发生相转变转化为 $FePO_4$。在放电过程中，Li_xFePO_4 会发生固溶体反应，从 $LiFePO_4$ 逐渐转化为 $FePO_4$，此过程中由于扩散路径更短，颗粒尺寸会减小。

（2）$LiMnPO_4$ 正极材料的晶体结构　$LiMnPO_4$ 也是典型的橄榄石结构正极材料，晶体结构如图 3-9 所示。

晶胞参数：正交晶系，Pnma 空间群，$a = 1.043$ nm，$b = 0.609$ nm，$c = 0.474$ nm，$\alpha = \beta = \gamma = 90°$，晶胞体积 $V = 0.301\ 124$ nm³，单位晶胞内分子数 $Z = 4$。

结构描述：单位晶胞内 $LiMnPO_4$ 分子数 $Z = 4$，O^{2-} 以六方堆积，Li^+ 占据八面体空隙的 1/2，Mn^{2+} 同样占据八面体的 1/2 形成 MnO_6 八面体，P^{5+} 占据四面体空隙的 1/8 形成 PO_4 四面体。其中 MnO_6 八面体层在 ac 平面上共角，LiO_6 八面体的线性链在平行于 a 轴的方向上共边，这些链由边角共用的 PO_4 四面体桥接。这种层状晶格特征表明橄榄石结构的 $LiMnPO_4$ 易于沿 (010) 面生长成二维 (2D) 结构。

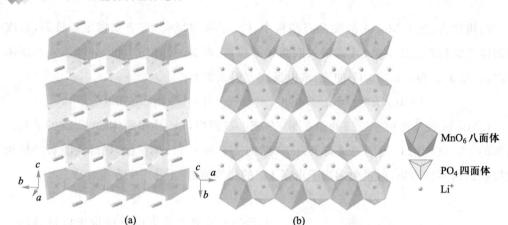

图3-9 橄榄石结构 $LiMnPO_4$ 的结构示意图

由于 P—O 共价键比 O—O 共价键的键长短,键能高,使得 PO_4 比氧八面体的结构更加稳定,从而导致橄榄石结构的 $LiMnPO_4$ 更稳定,结构不易塌陷。因此,在充/放电过程中,Li^+ 在 $LiMnPO_4$ 中嵌入/脱出的过程很难穿过 PO_4 四面体,其迁移的通道为沿着 c 轴方向的一维离子通道。

4. $LiMPO_4F$ 正极材料的晶体结构

Tavorite 结构是通过橄榄石结构衍生出来的,它与橄榄石结构有很多相似的特点。其中 Li^+ 被过渡金属 M 与 O 和 F 形成的 MO_4F_2 八面体和 PO_4 四面体包围。Tavorite 结构 P 和 O 形成的共价键具有很高的键能,其具有良好的热稳定性。并且引入 F 后,使得 Li^+ 可以在三维扩散通道扩散。Tavorite 结构 $LiMPO_4F$ 的晶体结构如图 3-10 所示。

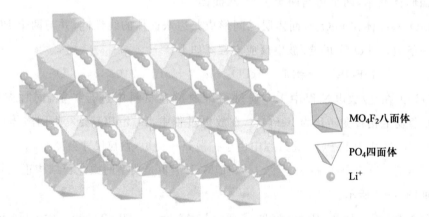

图3-10 $LiMPO_4F$ 的晶体结构示意图

$LiVPO_4F$(LVPF)是典型的 Tavorite 结构正极材料的代表,其晶体结构如下。

晶胞参数:三斜晶系,$P\bar{1}$ 空间群,空间群号 2,$a=0.531$ nm,$b=0.750$ nm,$c=0.517$ nm,$\alpha=112.933°$,$\beta=81.664°$,$\gamma=113.125°$,$V=0.174\ 306\ nm^3$。

结构描述:Li^+ 占据 $2i$ 位,V^{5+} 占据 $1a$ 和 $1b$ 位,P 占据 $2i$ 位,O^{2-} 占据 $2i$ 位,F 占据 $2i$ 位,$LiVPO_4F$ 的基本结构单元有 PO_4 四面体,VO_4F_2 八面体,PO_4 四面体与 VO_4F_2 八

面体是以共用 O^{2-} 的方式连接形成三维网状结构。Li^+ 在 VO_4F_2 八面体和 PO_4 四面体组成的网络通道内进行扩散。

5. $Li_3V_2(PO_4)_3$ 正极材料的晶体结构

$Li_3M_2(PO_4)_3(M=V,Fe,Ti\ 等)$ 的锂离子电池正极材料具有 NASCION 结构,以 $Li_3V_2(PO_4)_3$ 为例,其晶体结构如下。

晶胞参数:单斜晶系,$P2_1/n$ 空间群,空间群号 $14,a=0.861\ nm,b=0.859\ nm,c=1.204\ nm,\alpha=\gamma=90°,\beta=90.609°$,晶胞体积 $V=0.889\ 926\ nm^3$,单位晶胞内分子数 $Z=4$,晶体结构如图 $3-11$ 所示。

结构描述:$Li_3V_2(PO_4)_3$ 为三维骨架结构,P^{5+} 形成具有四个 O^{2-} 的四面体单元,V^{3+} 形成具有六个 O^{2-} 的八面体单元,两者通过共用顶点 O^{2-} 连接而成,每个 VO_6 八面体配位六个 PO_4 四面体,而每个 PO_4 四面体配位四个 VO_6 八面体。$Li_3V_2(PO_4)_3$ 中每个晶胞的 3 个 Li^+ 都能容易地嵌入/脱出。在 NASCION 结构的 $Li_3V_2(PO_4)_3$ 中,所有的 O^{2-} 都通过键能较高的共价键与 P^{5+} 形成 $(PO_4)^{3-}$ 聚阴离子基团。因此,$Li_3V_2(PO_4)_3$ 中的 O^{2-} 不易游离形成空位,导致 NASCION 结构的 $Li_3V_2(PO_4)_3$ 比层状结构、尖晶石结构的正极材料更稳定。

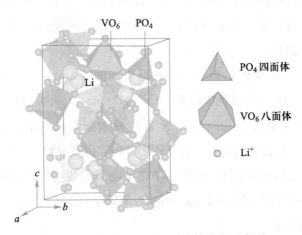

图 $3-11$　$Li_3V_2(PO_4)_3$ 的晶体结构示意图

6. 其他结构的正极材料

正交结构的硅酸盐材料 $Li_2MSiO_4(M=Fe,Mn\ 等)$,理论上单位晶胞可以实现 2 个 Li^+ 的可逆脱出,在脱出一个 Li^+ 时的理论比容量可达 $166\ mA\cdot h/g$,在脱出两个 Li^+ 时可达 $333\ mA\cdot h/g$ 的理论比容量。目前,Li_2MSiO_4 的 Fe,Mn 和固溶体(如 $Li_2Mn_{0.5}Fe_{0.5}SiO_4$)已通过各种方法成功合成,如水热法、微波溶剂热法、溶胶-凝胶法。

Li_2MSiO_4 硅酸盐材料具有的 MO_4 过渡金属四面体和 SiO_4 硅酸盐四面体共用角顶点 O^{2-} 形成的层状结构,晶体结构如图 $3-12$ 所示,Li^+ 的嵌入/脱出的扩散通道为二维之字形扩散路径。

(1) Li_2FeSiO_4　晶胞参数:$Pmn2_1$ 空间群,空间群号 $31,a=0.628\ nm,b=0.535\ nm,$

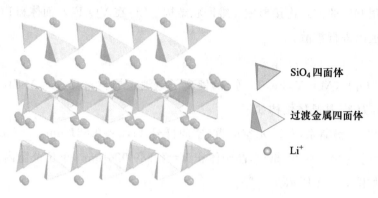

SiO₄ 四面体

过渡金属四面体

Li⁺

图 3-12　Li₂MSiO₄ 的晶体结构示意图

$c=0.497$ nm，$\alpha=\beta=\gamma=90°$，晶胞体积 $V=0.167\,030$ nm³，单位晶胞内分子数 $Z=2$。

　　Li₂FeSiO₄ 平均粒径约为 150 nm，在充/放电过程中 Li⁺ 的扩散可能导致 Li₂FeSiO₄ 结构发生相变，但 Li⁺ 扩散过程可逆比容量稳定在 140 mA·h/g，可见这种相变对 Li⁺ 扩散没有显著影响。

　　通过减小 Li₂FeSiO₄ 的粒径可以有效减小 Li⁺ 扩散路径长度，进而提高可逆比容量，研究发现 Li₂FeSiO₄ 的理论比容量在 25 ℃ 时达到 150 mA·h/g，在 55 ℃ 时达到 200 mA·h/g。虽然在实际过程中只能发生一个 Li⁺ 的可逆脱出，但 Li₂FeSiO₄ 已被证明具有出色的结构稳定性。

　　（2）Li₂MnSiO₄　　晶胞参数：$Pmn2_1$ 空间群，空间群号 31，$a=0.631$ nm，$b=0.537$ nm，$c=0.497$ nm，$\alpha=\beta=\gamma=90°$，晶胞体积 $V=0.168\,377$ nm³，单位晶胞内分子数 $Z=2$。

　　Li₂MnSiO₄ 理想的有序结构与实际 X 射线粉末衍射仪（XRD）测试结果不匹配。Li₂MnSiO₄ 无序效应具有两种假设：一是 Li⁺ 和 Mn²⁺ 位点交换；二是 Li⁺，Mn²⁺ 和 Si⁴⁺ 占据的四面体位点发生部分交替。这种无序化可能会导致在循环过程中使 Li₂MnSiO₄ 材料非晶化。在第一个循环中，每个 Li₂MnSiO₄ 单元仅脱出了约 0.6 个 Li⁺，并且迅速衰减到 0.3 个 Li⁺ 的脱出量。

　　硅酸盐材料在嵌入/脱出机理的锂离子电池正极材料领域已显示出一定的前景，Li₂FeSiO₄ 的能量密度在室温下可以达到 150～160 mA·h/g；Li₂MnSiO₄ 的初始比容量约为 200 mA·h/g，但是其存在显著的结构不稳定性，会导致比容量快速衰减。因此，需要对这些材料进行更深入的研究，以了解硅酸盐正极材料在循环过程中相变的机理，从而提高硅酸盐正极材料的电化学性能和结构稳定性。

二、典型锂离子电池负极材料的晶体结构

　　理想的锂离子电池负极应满足的特点有：高可逆比容量、高倍率能力、较长的循环寿命、低成本及良好的环境兼容性。如果仅考虑比容量，纯金属锂的电位最低，因此，纯金属锂曾被认为是最适合的负极材料。但是当金属锂作为锂离子电池负极材料时，其在充

电过程中会产生锂枝晶导致内部短路,从而导致严重的安全问题。因此,碳和非碳材料都受到了广泛关注,选择合适的负极材料对提高锂离子电池的能量密度有重要作用。

　　根据锂离子电池储能材料的电化学嵌锂/脱锂机理,负极材料可分为三大类:① 脱嵌型负极材料,包括碳基材料和 $Li_4Ti_5O_{12}$ 为代表的钛基材料等;② 合金型负极材料,包括 Si,Ge,Sn 等;③ 转化型负极材料,主要包括过渡金属氧化物,金属硫化物、磷化物和氮化物等。负极材料三种不同锂离子存储机理如图 3-13 所示。

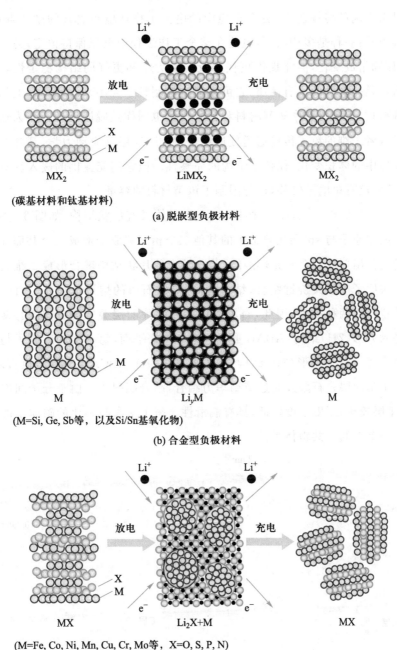

图 3-13　负极材料三种不同锂离子存储机理的示意图

在储能材料领域,不同的储能机理根本上是由其晶体结构决定的,与典型的脱嵌型石墨负极相比,合金型负极材料和转化型负极材料在能量密度和功率密度方面具有更大的潜力,但合金型负极材料也存在储锂后体积膨胀的问题。

1. 脱嵌型负极材料(碳基、钛基)

锂离子电池的安全性取决于电极相对于电解液的热力学稳定性,有稳定工作电压窗口的负极材料相对更安全。锂离子在嵌入型电极材料的结构中以空位的形式嵌入,这种嵌锂机理具有更高的传输速率、更安全稳定的电池工作环境和更长的循环寿命。嵌入/脱出有两种方式:一种是多相嵌入,电池在整个工作过程中电压保持恒定;另一种是均匀嵌入,其电压随组成变化,但能提供更快的反应动力学和更好的结构稳定性。多相嵌入和均匀嵌入不是化合物的固有性质,它可以通过控制粒子大小来改变。电池的正极材料一般为脱嵌机理,负极材料中碳基材料和钛基材料也同样是脱嵌机理。因为这些材料可以提供一维或者二维的粒子传输通道促进更快的 Li$^+$ 插层反应动力学,其开放的框架能有效缓解反应中的体积变化,保持了结构的完整性。但它们能提供的嵌入反应的位点有限,且每个反应仅有单电子转移,这都限制了该类材料的容量。

(1) 碳基负极材料　石墨的结构描述:石墨晶体具有层状结构,如图 3 - 14 所示,其中每一层中的碳原子与 sp^2 杂化轨道中的其他三个相邻碳原子形成三个共面 σ 键。碳原子通过 σ 键的作用形成一个六元环网络,并与较大的片状结构键合形成二维石墨层。同一石墨层的碳原子以强共价键结合,结合能高,导致石墨的熔点也很高。由于石墨层之间的相对位置存在两种排列,因此,石墨晶体在石墨片的层叠方向(c 轴)上具有两种结构。一种是六方形(2H)结构:ABAB 重叠六边形网络平面,每一层的碳原子与其他层的碳原子重叠。另一种是菱形(3R)结构:六边形网络表面 ABCABC 重叠,换言之,第一层的位置对应于第四层。石墨片通过范德华力结合,结合能很小。由于分子间作用力弱于化学键,石墨层较滑,石墨硬度较低,具有润滑性。每个未参与杂化的碳原子的电子在平面两侧形成一个大的 π 共轭体系。

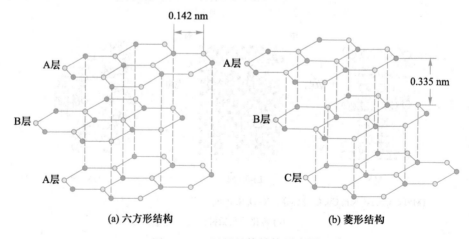

(a) 六方形结构　　　　　　　　(b) 菱形结构

图 3 - 14　石墨晶体结构示意图

石墨负极的充/放电反应方程式如下：

$$6C + xe^- + xLi^+ \rightleftharpoons Li_xC_6 \quad (0 \leqslant x \leqslant 1)$$

石墨烯的结构描述：石墨烯是一种碳的同素异形体，具有二维原子级的六方晶系，其中一个原子通过 sp² 杂化形成每个顶点。如图 3-15（a）所示，碳碳键的长度约为 0.142 nm，键角为 120°。每个晶格中存在三个 σ 键，具有强共价键连接，形成稳定的六方结构。石墨烯的导电性主要归因于垂直于晶格平面的 π 键。石墨烯的稳定性是由于其紧密堆积的碳原子和构成 σ 键的轨道 s，p_x 和 p_y 的组合形成的 sp² 杂化轨道。最后的 p_z 轨道构成 π 键。

石墨烯单层存储的 Li⁺ 量比石墨低，但分离的石墨烯片（多层）可以通过改善电解液渗透和缩短活性材料内的离子扩散距离来提高 Li⁺ 的存储容量，在无缺陷的石墨烯中，可能有三个不同的位置可用于嵌入 Li⁺，即中空位置（碳六边形环的中心）、顶部位置和桥接位置，如图 3-15（b）所示。Li⁺ 在无缺陷的石墨烯上嵌入/脱出的机理更为复杂，根据第一性原理计算，中空位点在能量上更有利于 Li⁺ 的脱嵌。如果 Li⁺ 位于石墨烯的中空位点，通过形成化学计量的 Li_3C_6 化合物，理论比容量可高达 1 116 mA·h/g。理论计算还预测石墨烯的两面都可以嵌入 Li⁺，即一个 Li⁺ 在一个碳原子的顶部，另一个 Li⁺ 在原始晶胞的不同碳原子下形成化学计量的 Li_2C_6，对应于比容量约为 780 mA·h/g。研究表明，Li⁺ 更倾向于形成簇而不是均匀分布在石墨烯表面。石墨烯的理论比容量存在很大争议，并且依赖于石墨烯表面的 Li⁺ 存储机理。目前，石墨烯中锂离子存储的机理尚需进一步深入研究。

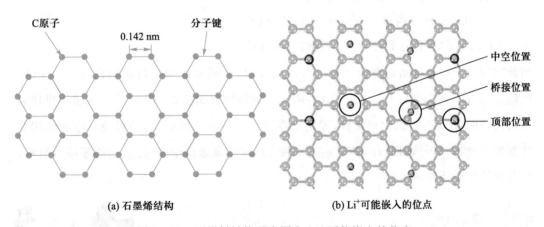

(a) 石墨烯结构　　(b) Li⁺可能嵌入的位点

图 3-15　石墨烯结构示意图和 Li⁺ 可能嵌入的位点

碳纳米管的结构描述：碳纳米管径向尺寸一般为 2～25 nm，轴向尺寸可在纳米至厘米级，根据其轴径比，碳纳米管被认为是近乎一维的结构，其结构如图 3-16 所示。碳纳米管可以分为单壁碳纳米管和多壁碳纳米管。单壁碳纳米管被认为是单个石墨片的圆柱体，而多壁碳纳米管类似于同心单壁碳纳米管的集合。多壁碳纳米管结构的长度和直径与单壁碳纳米管的有很大不同，性质也有很大不同。碳纳米管中的键一般为 sp² 杂化，

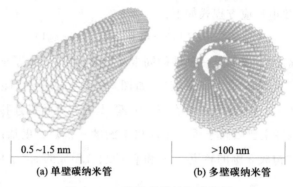

(a) 单壁碳纳米管   (b) 多壁碳纳米管

0.5~1.5 nm   >100 nm

图 3-16   碳纳米管结构示意图

也可形成部分的 sp^3 杂化,由蜂窝晶格组成,是无缝结构,每个原子与三个相邻原子相连。同时,碳纳米管可以认为是卷起来的石墨烯片。

(2) 钛基氧化物 $Li_4Ti_5O_{12}$ (LTO) $Li_4Ti_5O_{12}$ (LTO)是金属锂和过渡金属钛的混合氧化物,属于 AB_2X_4 系列,具有尖晶石结构。

晶胞参数:$Li_4Ti_5O_{12}$ 为 $Fd3m$ 空间群,$a = b = c = 0.836$ nm,$\alpha = \beta = \gamma = 90°$,晶体结构如图 3-17 所示。

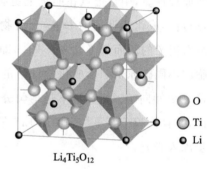

$Li_4Ti_5O_{12}$

○ O
● Ti
● Li

结构描述:$Li_4Ti_5O_{12}$ 可以视作由 $Li[Li_{1/3}Ti_{5/3}]O_4$ 单元组成,Li^+ 占据四面体 $8a$ 位,Li 和 Ti 的原子比为 1:5(即 $[Li_{1/3}Ti_{5/3}]$ 单元),占据八面体 $16d$ 位,O 原子立方密堆积排列占据 $32e$ 位。

图 3-17 $Li_4Ti_5O_{12}$ 的晶体结构示意图

$Li_4Ti_5O_{12}$ 的储锂机理   在电压为 1.55 V(相对于 Li/Li^+)的锂化过程中,$8a$ 位点的三个 Li^+ 与外部锂离子一起移动到空的 $16c$ 位点,$Li_4Ti_5O_{12}$ 会转变成为岩盐相结构的 $Li_7Ti_5O_{12}$($[Li_6]_{16c}[Ti_5Li]_{16d}[O_{12}]_{32e}$),$Li_4Ti_5O_{12}$ 的晶体储锂机理如图 3-18 所示。该储锂机理表示出优异的 Li^+ 嵌入/脱出可逆性,理论比容量为 175 mA·h/g。这种机理对应的体积变化非常小(约 0.2%),因此,$Li_4Ti_5O_{12}$ 是一种 Li^+ 在三维通道中嵌入/脱出的零应变材料,具备较长的循环寿命。

图 3-17

图 3-18

○ O
● Ti
● Li

$3Li^+ + 3e^-$ $2Li^+ + 2e^-$

16d
32a
16c

32e
8a
16d

$Li_4Ti_5O_{12}$ $Li_7Ti_5O_{12}$ $Li_9Ti_5O_{12}$

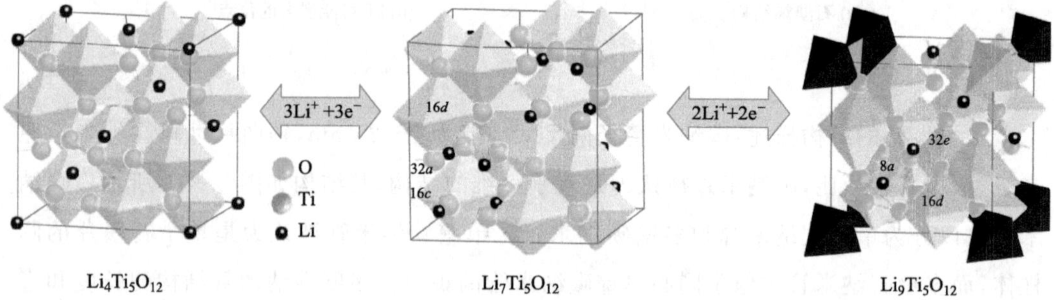

图 3-18 $Li_4Ti_5O_{12}$ 的晶体储锂机理

2. 合金型负极材料

合金化机理具有 $x\text{Li} + xe^- + \text{M} \longrightarrow \text{Li}_x\text{M}$ 的一般反应,其中 M 的典型例子是 Si,Ge,Sn,P。一般来说,这些材料的锂离子存储容量是石墨的数倍。但是除了单位质量的比容量外,膨胀(锂化)状态下的体积比容量也是便携式和电动汽车应用的重要考虑因素。除此之外,另一个重要因素是它们的脱锂电势,该电势应该很低,以最大限度地提高全电池的放电电压。Si,Sn 和 P 的脱锂电势分别为 0.45 V,0.6 V 和 0.9 V,均在合理的电势范围内。

室温条件下,锂在非水电解液中与金属/半金属形成合金,这种合金化机理能提供很高的锂储存容量。基于这种机理,与锂金属形成合金化合物的金属材料可作为拥有极高理论比容量的电池负极材料,如 Si,Ge,Sn 等,其作为负极发生合金化反应生成 $\text{Li}_{4.4}\text{M}$ (M=Si,Ge,Sn),相应的理论比容量分别为 4 200 mA·h/g,1 600 mA·h/g,999 mA·h/g。这些材料由于其储量高,成本低和理论比容量高,因此作为锂离子电池负极材料被广泛关注。但是,它们在二次电池中的实际应用主要受到充/放电过程中体积变化的局限(合金化过程的固有特性)。简单地说,Li 与 Sn,Si 的合金反应产生 $\text{Li}_{4.4}\text{Sn}$ 和 $\text{Li}_{4.4}\text{Si}$,导致两种金属的粒子数增加 440%,原子数量的增加使体积增大为 300%～400%,在充/放电过程中反复的体积变化导致了材料结构的坍塌,并且合金化机理反应速率慢、材料固有的本征电导率低等问题都极大地影响了电池的倍率性能和循环寿命。

合金化机理的负极材料还存在一些亟待解决的难题:① 体积膨胀和破裂,材料中储锂的巨大容量不可避免地会导致锂化过程中的大体积膨胀。例如,Si 为 4 倍,Ge 为 3.7 倍,Sn 为 2.6 倍,P 为 3 倍。体积膨胀会导致单个颗粒发生机械断裂,导致材料失去导电性并导致容量衰减。② 固体电解质界面(SEI)存在不稳定性,锂化过程中的体积膨胀和脱锂过程中的收缩导致颗粒与电解质之间界面边界的移动,从而对 SEI 膜的稳定性提出了更高的要求。③ 电极层面的膨胀,单个颗粒的体积膨胀也会导致整个电极的膨胀,从而对电池设计提出挑战。

硅一般以晶体和无定形两种形式存在,作为锂离子电池的负极材料,无定形硅的性能较佳。硅之所以能作为储锂材料,主要在于锂与硅反应可以生成 $\text{Li}_{12}\text{Si}_7$,$\text{Li}_{13}\text{Si}_4$,$\text{Li}_7\text{Si}_3$ 等。

硅原子核外电子排布:$1s^2 2s^2 2p^6 3s^2 3p^2$。晶胞参数:立方晶系,$Fd\bar{3}m$ 空间群,空间群号 227,$a = b = c = 0.543$ nm,$\alpha = \beta = \gamma = 90°$,晶胞体积 $V = 0.160\ 103$ nm^3,单位晶胞内原子数 $Z = 16$,摩尔体积 12.06×10^{-6} m^3/mol,其晶体结构如图 3-19 所示。

纳米硅作为锂离子电池负极可以有 3 种设计思路:

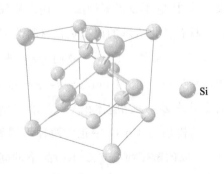

图 3-19　硅负极的晶体结构示意图

① 设计小尺寸纳米结构。固体 Si 纳米结构的形态丰富,包括纳米线、纳米颗粒和 C－Si 复合颗粒。这些固体纳米结构的关键是它们的小尺寸效应,固体纳米 Si 结构的发展方向之一是核壳纳米结构,其中核材料提供稳定的机械支撑和有效的电子传输,而硅壳存储锂离子。

② 设计空心硅纳米结构。空心硅纳米结构存在应变松弛效应,使硅负极不易发生断裂。与实心硅颗粒相比,中空硅结构将为应变松弛提供内部中空空间,典型的中空结构有硅纳米管和中空硅纳米球。

③ 设计空心硅约束层。纳米结构硅不存在严重的断裂问题,但由于充/放电过程中体积不断膨胀和收缩,使得建立稳定的 SEI 较为困难。为了解决这个问题,可以在空心硅结构上设置机械约束层。它是通过使用双壁纳米管实现的:其中 Si 作为内管,SiO_2 作为外部机械约束层。SiO_2 层机械强度高,允许 Li^+ 扩散并与 Si 反应,可在锂化过程中迫使体积向内部空间膨胀。在脱锂过程中,内部 Si 界面向后移动。因此,外部 SiO_2 表面在充/放电期间保持稳定。

3. 转化型负极材料

转化反应主要是过渡金属化合物(M_aX_b,M＝金属,X＝O,S,F,P,N 等)的锂离子存储过程。最初,缺乏插层位置的金属化合物被认为不适合 Li^+ 的嵌入式存储,但是后来的研究表明金属化合物能通过氧化还原的转化反应来提供高理论比容量。该反应可总结为锂金属与金属氧化物反应形成 Li_yX,并将金属离子还原为金属单质,而去锂化过程中是上述反应的逆过程。

转化机理的一般反应如下:

$$M_xO_y + 2yLi^+ + 2ye^- \longrightarrow yLi_2O + xM$$

转化机理的锂离子电池负极材料有氧化物、氟化物和硫化物。作为锂离子电池负极材料的转化机理氧化物可提供 $700 \sim 1\,200$ mA·h/g 的质量比容量和 $4\,000 \sim 5\,500$ mA·h/cm³ 的体积比容量。与合金负极类似,转化型负极也存在单个颗粒水平的材料粉化、SEI 层不稳定及整个电极水平的形貌和体积变化等问题。然而,转化型锂离子电池负极材料的问题是其约 1 V 的电压滞后(充/放电电压之间的差异)。较大的电压滞后可能是由于具有不同结构的多个固相(MO_x,Li_2O 和 M)的相互转化导致强化学键断裂。此外,它不仅需要锂离子,还需要氧和过渡金属离子扩散到很远的距离。

具有转化机理的典型负极材料为 Co_3O_4。

Co_3O_4 的晶体结构　晶胞参数:立方晶系,$Fd\bar{3}m$ 空间群,空间群号 227,尖晶石结构,$a=b=c=0.807$ nm,$\alpha=\beta=\gamma=90°$,密度为 6.11 g/cm³,属于 AB_2O_4 系列,单位晶胞内分子数 $Z=8$,晶胞体积 $V=0.524\,582$ nm³,其晶体结构如图 3－20 所示。

结构描述:Co_3O_4 中包含两种不同氧化态的钴离子,Co^{2+} 和 Co^{3+}。它们分别位于由 O^{2-} 形成的密排面心立方(fcc)晶格的间隙四面体($8a$)和八面体($16d$)位置。$8a$ 和 $16d$ 位点的晶体场将五个原子 d 轨道分成两组,导致 Co^{2+} 的 d 轨道上形成三个不成对的电

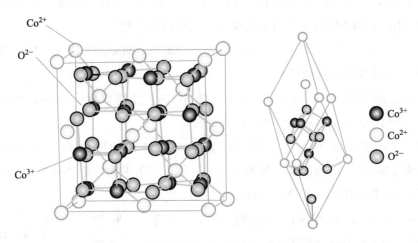

图 3-20　尖晶石结构 Co_3O_4 的晶体结构示意图

子,而 Co^{3+} 的 d 轨道所有电子都是成对的。

三、典型钠离子电池正极材料的晶体结构

1. 层状结构氧化物类正极材料

钠离子层状氧化物与锂离子层状氧化物有较大的差异,一般而言,Na^+ 比 Li^+ 更容易与过渡金属分离成层状结构。目前仅发现 Mn,Co,Ni 三种元素组成的锂离子层状氧化物可以可逆充/放电,而具有活性的钠离子电池层状氧化物种类相对较多,Ti,V,Cr,Mn,Fe,Co,Ni 和 Cu 元素均具有电化学活性且表现出多种性质。

（1）$Na_{2/3}[Ni_{1/3}Mn_{2/3}]O_2$ 正极材料的晶体结构　$Na_{2/3}[Ni_{1/3}Mn_{2/3}]O_2$ 是一种典型的层状结构钠离子电池正极材料。

晶胞参数:六方晶系,$P6_3/mmc$ 空间群,空间群号 194,$a=b=0.288$ nm,$c=1.118$ nm,$\alpha=\beta=90°$,$\gamma=120°$,$V=0.080\,59$ nm³,其晶体结构如图 3-21 所示。

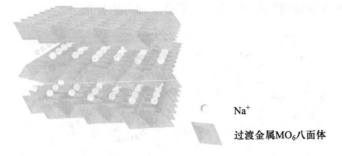

Na^+

过渡金属MO_6八面体

图 3-21　$Na_{2/3}[Ni_{1/3}Mn_{2/3}]O_2$ 的晶体结构

结构描述:Na^+ 的占位有两种情况,第一种占据 2d 位与 O^{2-} 形成 NaO_6 三棱柱和过渡金属 MO_6 八面体共棱连接;第二种占据 2b 位与过渡金属 MO_6 八面体以共面形式连接。过渡金属 M 占据 2a 位,O^{2-} 占据 4f 位,其中 Ni 和 Mn 呈蜂窝状有序排布,即每个

Ni²⁺ 被 6 个 Mn⁴⁺ 包围，或者每个 Mn⁴⁺ 被 3 个 Ni²⁺ 和 3 个 Mn⁴⁺ 包围，这样周期性排列的 Ni²⁺ 和 Mn⁴⁺ 的比例为 1：2，合乎化学计量比和电荷守恒。

（2）$Na[Ni_{0.5}Mn_{0.5}]O_2$ 正极材料的晶体结构 $Na[Ni_{0.5}Mn_{0.5}]O_2$ 与 $Na_{2/3}[Ni_{1/3}Mn_{2/3}]O_2$ 的结构类似，也是典型的层状结构。

晶胞参数：菱方晶系，$R\overline{3}m$ 空间群，空间群号 166。晶格参数 $a=b=0.295$ nm，$c=1.599$ nm，$V=120.68$ nm³，$\alpha=\beta=90°$，$\gamma=120°$。

结构描述：过渡金属 M 占据 3a 位，O^{2-} 占据 6c 位，Na^+ 占据 3b 位，与过渡金属 MO_6 八面体共棱连接成 NaO_6 八面体。与 $Na_{2/3}[Ni_{1/3}Mn_{2/3}]O_2$ 不同的是，$Na[Ni_{0.5}Mn_{0.5}]O_2$ 的过渡金属层内并没有 Ni²⁺ 和 Mn⁴⁺ 的有序排布，是一个非常标准的层状结构氧化物，图 3-22 为 $Na[Ni_{0.5}Mn_{0.5}]O_2$ 的晶体结构示意图。

图 3-22

2. 隧道型氧化物正极材料

隧道型氧化物的结构相比层状氧化物更复杂，如 $Na_{0.44}MnO_2$ 是一种典型的隧道型氧化物。

$Na_{0.44}MnO_2$ 属于正交晶系，$Pbam$ 空间群（图 3-23）。$Na_{0.44}MnO_2$ 具有较大的 S 形通道和与之毗邻的小的六边形通道。锰离子位于两种不同的环境中：所有的 Mn⁴⁺ 和一半的 Mn³⁺ 阳离子位于八面体位置（MnO_6），

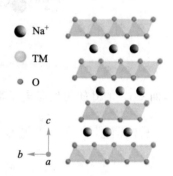
图 3-22 $Na[Ni_{0.5}Mn_{0.5}]O_2$ 的晶体结构

而其他 Mn³⁺ 则聚集在四方锥体环境（MnO_5）中。后者形成由顶点连接到两个双八面体链和一个三八面体链的边缘连接链，从而形成两种类型的隧道。两个钠位点（称为 Na1 和 Na2）位于由 12 个过渡金属原子 Mn 围成的大型 S 形隧道中，S 形隧道包含 5 个独立晶格位置，分别为 Mn1，Mn2，Mn3，Mn4 和 Mn5。其中 Mn1，Mn3 和 Mn4 位由 Mn⁴⁺ 占据，而 Mn2 和 Mn5 位由 Mn³⁺ 占据，呈现电荷排布的有序性。S 形隧道内部占据四列钠离子，靠近通道边缘的为 Na2 位，而小通道中的 Na^+ 为 Na1 位，另一个位点（Na3）位于较小的隧道中。在这种隧道结构中，Na^+ 主要沿 c 轴方向扩散。

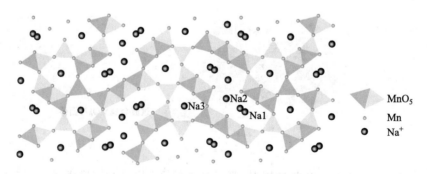

图 3-23   隧道型 $Na_{0.44}MnO_2$ 垂直于 a，b 轴方向的示意图

3. 磷酸盐类化合物

（1）$NaFePO_4$正极材料的晶体结构　$NaFePO_4$具有橄榄石型和磷铁钠矿型。橄榄石型只能在 480 ℃以下稳定存在,温度高于 480 ℃后其热力学稳定相属于磷铁钠矿型。图 3-24 为两者的晶体结构示意图。

晶胞参数:橄榄石型结构的 $NaFePO_4$ 属于正交晶系,$Pnma$ 空间群,空间群号 62,$a=1.041$ nm,$b=0.622$ nm,$c=0.496$ nm,$\alpha=\beta=\gamma=90°$,单位晶胞内分子数 $Z=4$,晶胞体积 $V=0.320\ 13$ nm^3,晶体结构如图 3-24(b)所示。

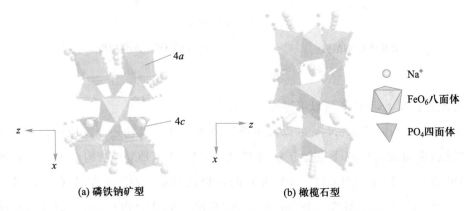

图 3-24　磷铁钠矿型和橄榄石型 $NaFePO_4$ 的晶体结构

结构描述:$NaFePO_4$空间骨架由 FeO_6 八面体和 PO_4 四面体共同构成,其中 1 个 FeO_6 八面体与 2 个 NaO_6 八面体和 1 个 PO_4 四面体共边,PO_4 四面体则与 1 个 FeO_6 八面体和 2 个 NaO_6 八面体共边。Na^+ 占据共边的八面体位并形成沿 b 轴方向的长链。在充/放电过程中 Na^+ 能够在一维通道中可逆嵌入/脱出,并且不易破坏材料空间结构。在橄榄石型 $NaFePO_4$ 中,可以实现接近一个 Na^+ 的可逆嵌入/脱出,放电电压平台在 2.75 V 左右。

在磷铁钠矿型结构中,Na^+ 和 Fe^{2+} 的位置与橄榄石型的正好相反,磷酸根的位置保持不变,这样的转变使得结构中缺少 Na^+ 传输通道,从而不具有电化学活性。

（2）$Na_3V_2(PO_4)_3$正极材料的晶体结构　$Na_3V_2(PO_4)_3$型磷酸盐具有 NASICON 三维框架结构。

晶胞参数:$Na_3V_2(PO_4)_3$ 属于六方晶系,$R\bar{3}c$ 空间群,空间群号 167,$a=b=0.873$ nm,$c=2.180$ nm,$\alpha=\beta=90°$,$\gamma=120°$,单位晶胞内分子数 $Z=6$,晶胞体积 $V=1.438\ 73$ nm^3,晶体结构如图 3-25 所示。

结构描述:每个原胞由六个 $Na_3V_2(PO_4)_3$ 单胞组成,单胞由 2 个 VO_6 八面体和 3 个 PO_4 四面体共角连接组成$[V_2(PO_4)_3]^{3-}$ 阴离子骨架单元。Na^+ 位于阴离子骨架的空隙中,且有两种不同的配位情况,分别为六配位的 Na1（$6b$ 位,占有率 1)和八配位的 Na2（$18e$ 位,占有率 2/3)。八配位的 Na2 位于$[V_2(PO_4)_3]_\infty$ 带之间,Na^+ 可以可逆嵌入/脱出;而八配位的 Na1 位于同一个$[V_2(PO_4)_3]_\infty$ 带的两个近邻的$[V_2(PO_4)_3]$单元之

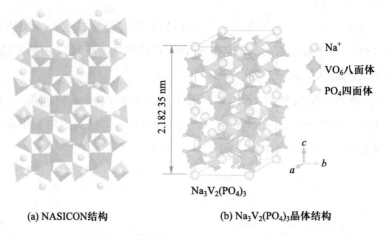

(a) NASICON结构　　　　　　　　**(b) Na₃V₂(PO₄)₃晶体结构**

图 3-25　NASICON 结构和 $Na_3V_2(PO_4)_3$ 晶体结构示意图

间,这种配位情况下,Na^+ 不可以可逆嵌入/脱出。

$Na_3V_2(PO_4)_3$ 因其在 3.4 V 可以发生可逆的 V^{4+}/V^{3+} 氧化还原反应和提供三维钠离子扩散通道而成为钠离子电池正极材料之一。$Na_3V_2(PO_4)_3$ 结构中可以实现两个 Na^+ 的可逆嵌入/脱出,对应 117 mA·h/g 的理论比容量。在 1.6 V 左右存在另一个 V^{3+}/V^{2+} 氧化还原反应,对应一个 Na^+ 的嵌入/脱出。$Na_3V_2(PO_4)_3$ 也可以作为负极材料使用,但循环性能较差。

（3）$Na_2MP_2O_7$ 正极材料的晶体结构　　磷酸盐在高温下很容易分解脱氧形成高温稳定基团焦磷酸根（$PO_4^{3-} \rightarrow P_2O_7^{4-}$）,因此,形成的焦磷酸盐具有较高的热稳定性。在焦磷酸盐中首先要提的就是 $Na_2MP_2O_7$（M＝Fe,Mn,Co）系列,包括三斜晶型、四方晶型、正交晶型和单斜晶型几种晶体结构。金属元素的不同可以导致该类化合物具有一种或多种不同的晶体结构。

$Na_2FeP_2O_7$ 晶胞参数：三斜晶系,$P\bar{1}$ 空间群,晶胞参数 $a=0.643$ nm,$b=0.942$ nm,$c=1.101$ nm,$\alpha=64.409°,\beta=85.419°,\gamma=72.807°$,其晶体结构如图 3-26 所示。

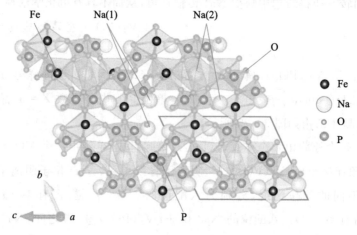

图 3-26　$Na_2FeP_2O_7$ 的晶体结构示意图

$Na_2FeP_2O_7$ 结构描述：$Na_2FeP_2O_7$ 晶体结构中，2 个 FeO_6 八面体通过共角连接形成 Fe_2O_{11} 二聚体，Fe_2O_{11} 二聚体与 2 个 PO_4 四面体共角连接，与 P_2O_7 焦磷酸基团共边或共角桥接，沿着 Na^+ 的[011]方向形成隧道。Na^+ 占据 6 个不同的结晶位置；其中 3 个被完全占据($Na1$，$Na2$，$Na3$)，而另外三个位点($Na4$，$Na5$，$Na6$)只占据一部分。

$Na_2MnP_2O_7$ 晶胞参数：三斜晶系，$P\bar{1}$ 空间群，$a = 0.992$ nm，$b = 1.108$ nm，$c = 1.247$ nm，$\alpha = 148.39°$，$\beta = 121.95°$，$\gamma = 68.42°$，其晶体结构如图 3 - 27 所示。

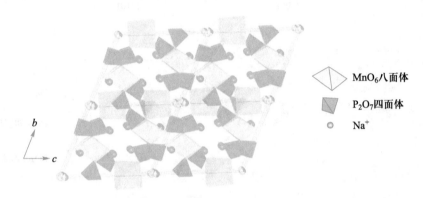

图 3 - 27　$Na_2MnP_2O_7$ 的晶体结构示意图

$Na_2MnP_2O_7$ 结构描述：$Na_2MnP_2O_7$ 由扭曲的 MnO_6 八面体和 P_2O_7 四面体组成，它们以交错的方式连接，沿[001]方向形成隧道。该结构具有共用角顶点的 Mn_2O_{11} 二聚体，它们由 P_2O_7 单元以共用边和共用角的方式连接。Na^+ 位于八个不等价的位置。

研究发现，$Na_2MnP_2O_7$ 在 3.8 V 具有 Mn^{3+}/Mn^{2+} 氧化还原反应所产生的电压平台。该材料在室温下的放电比容量约为 90 mA·h/g，以 0.2 C 倍率循环 30 周后比容量保持率约为 96%，电流速率从 0.05 C 升至 1 C，比容量保持率为 70%。

$Na_2CoP_2O_7$ 结构中，钴既可以处于四面体配位的位置也可以处于八面体配位的位置，因此，它存在三种不同的晶型，即正交晶型($Pna2_1$)、四方晶型($P42/mnm$)和三斜晶型($P\bar{1}$)。其中，三斜晶型在热力学上最不稳定，四方晶型和正交晶型结构相似且在热力学上都是稳定的晶型，但一般只能合成出正交晶型($Pna2_1$)的 $Na_2CoP_2O_7$，晶体结构如图 3 - 28 所示。

$Na_2CoP_2O_7$ 晶胞参数：正交晶系，$Pna2_1$ 空间群，空间群号 33，$a = 1.541$ nm，$b = 1.020$ nm，$c = 0.770$ nm，$V = 1.221\,00$ nm^3。

$Na_2CoP_2O_7$ 结构描述：正交晶型的 $Na_2CoP_2O_7$ 层状结构由 CoO_4 和 PO_4 四面体混合排列形成平行于(001)平面的$[Co(P_2O_7)]^{2-}$ 层，$[Co(P_2O_7)]^{2-}$ 层与 Na^+ 层交替堆积，其中 Co 以四面体配位的方式与 4 个氧原子相连，每个氧原子来自周围的 4 个 PO_4 单元，Co—O 键平均键长为 0.198 nm。当沿(010)晶面方向观察时，Na 和 Co 通道很明显不同，每个 Co 通道被 4 个 Na 通道包围。这种层状化合物为 Na^+ 的扩散提供了通道。

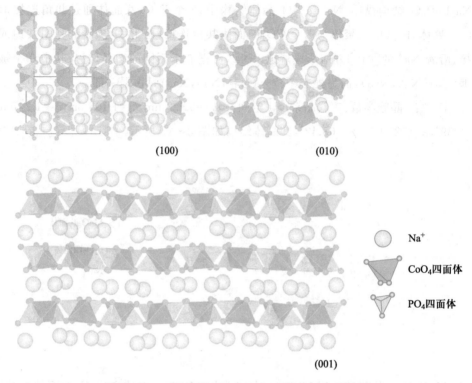

(100)　　　　　　　　(010)

(001)

Na$^+$

CoO$_4$四面体

PO$_4$四面体

图3-28　正交晶系 Na$_2$CoP$_2$O$_7$ 的晶体结构示意图

4. 硫酸盐类化合物

硫酸盐类材料大部分来源于矿物,其通式可以写成 Na$_2$M(SO$_4$)$_2$·2H$_2$O(M 为过渡金属元素)。与其他聚阴离子化合物(PO$_4^{3-}$,BO$_3^{3-}$,SiO$_4^{4-}$)不同的是,SO$_4^{2-}$基团热力学稳定性非常差,其分解温度低于 400 ℃(生成 SO$_2$ 气体),一般采用低温固相法合成,下面主要介绍 Na$_2$Fe(SO$_4$)$_2$·2H$_2$O 和 Na$_2$Fe$_2$(SO$_4$)$_3$ 的晶体结构。

(1) Na$_2$Fe(SO$_4$)$_2$·2H$_2$O　　晶胞参数:Na$_2$Fe(SO$_4$)$_2$·2H$_2$O 属于单斜晶系,P2$_1$/c 空间群,晶体参数 $a=0.577$ nm,$b=1.298$ nm,$c=0.545$ nm,$\alpha=\gamma=90°$,$\beta=105.962\ 3°$,晶体结构如图 3-29 所示。

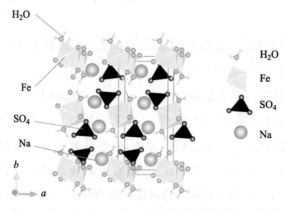

H$_2$O

Fe

SO$_4$

Na

H$_2$O

Fe

SO$_4$

Na

图3-29　Na$_2$Fe(SO$_4$)$_2$·2H$_2$O 的晶体结构示意图

　　结构描述：$Na_2Fe(SO_4)_2\cdot2H_2O$ 基本框架是由 $Fe(SO_4)_2\cdot2H_2O$ 单元组成的。FeO_6 八面体通过和 SO_4 四面体交替的桥接，形成平行于 c 轴的长链。对于每一个 FeO_6 八面体，其中 4 个氧原子是与邻近的 SO_4 单元共享，而剩余 2 个氧原子（在 c 轴方向上）组成水分子的部分。H_2O 与邻近的 SO_4 基团以氢键键合，不仅能固定水分子的取向，而且可以获得化学稳定的结构。Na^+ 沿着 a 轴占据长链之间的间隙位置，形成交替的层状 $Fe(SO_4)_2\cdot2H_2O$ 单元。这些 $Fe(SO_4)_2\cdot2H_2O$ 长链通过 Na^+（Na—O 键）和 H^+（氢键）连接形成一个类层状结构框架。对称的 SO_4 四面体和 FeO_6 八面体单元构建了 $Na_2Fe(SO_4)_2\cdot2H_2O$ 单斜晶型结构。并且 SO_4 四面体单元充当多配体的配合基，而沿着 b 轴的通道为 Na^+ 的嵌入/脱出提供了扩散通道。Na—Fe—S—O—H 体系成本低而且具有相对较高的 Fe^{3+}/Fe^{2+} 氧化还原电势，但该材料的放电比容量较低，约为 70 mA·h/g。

　　（2）$Na_2Fe_2(SO_4)_3$　　$Na_2Fe_2(SO_4)_3$ 作为一种独特的磷锰钠铁石结构，具有 $AA'BM_2(XO_4)_3$ 晶型结构，其中 A = Na2，A′ = Na3，B = Na1，M = Fe，X = S，其与 NASICON 晶体构型的 $A_xM_2(XO_4)_3$ 型化合物晶体结构有所不同，$Na_2Fe_2(SO_4)_3$ 具有磷锰钠石骨架，其中不包含 $[M_2(XO_4)_3]$ 单元。

　　晶胞参数：$Na_2Fe_2(SO_4)_3$ 属于单斜晶系，$P2_1/c$ 空间群，空间群号 14，$a = 1.147$ nm，$b = 1.277$ nm，$c = 0.651$ nm，$\alpha = \gamma = 90°$，$\beta = 95.274\,2°$，其晶体结构如图 3 – 30 所示。

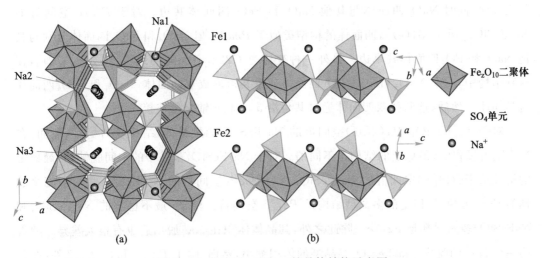

图 3 – 30　$Na_2Fe_2(SO_4)_3$ 的晶体结构示意图

　　结构描述：Fe^{2+} 占据共边八面体位置，形成 Fe_2O_{10} 二聚体单元。这些 Fe^{2+} 占据两个不同的位点 Fe1 和 Fe2。尽管 Fe1 和 Fe2 的局部结构相似，但在晶体学位点上是不同的。每个单独的共边 Fe_2O_{10} 二聚体又与 SO_4 单元按共角的方式桥接在一起，从而形成沿 c 轴具有大隧道的三维框架。Na^+ 占据三个不同的晶体学位置，Na1 被完全占据，Na2 和 Na3 两个位点被部分占用。

　　$Na_2Fe_2(SO_4)_3$ 与 NASICON 结构的正极材料相比，电极电势约高出 0.5 V，甚至高于 $Na_{1-x}FeO_2$ 中的 Fe^{4+}/Fe^{3+} 氧化还原对，其可提供较为合适的工作电位（3.8 V），

$Na_2Fe_2(SO_4)_3$钠化状态为稳定状态(低吉布斯自由能状态),而$Na_{2-x}Fe_2(SO_4)_3$脱钠状态是亚稳态(高吉布斯自由能状态)。$Na_2Fe_2(SO_4)_3$具有沿c轴的一维Na^+迁移通道,Na2和Na3位点的Na^+在此通道中进行扩散,而Na1位点的Na^+则先扩散至Na3位点,然后在一维Na^+迁移通道中扩散。因此,所有的Na^+都可以发生嵌入/脱出反应。

5. 硅酸盐类化合物

过渡金属正硅酸盐Na_2MSiO_4(M=Fe,Mn)中,硅酸根离子具有资源丰富且对环境无污染的优势,如果能实现两个Na^+的嵌入/脱出,则可实现约278 mA·h/g的理论比容量。

(1) Na_2FeSiO_4 Na_2FeSiO_4具有多晶型结构,其结构均可看作由NaO_4,FeO_4和SiO_4四面体组成。Na_2FeSiO_4多晶型的结构可以被视为六方密堆积的氧离子形成扭曲的网络,其中一半的四面体位点被Na,Fe和Si占据。Pn空间群的两个循环结构$Pn(2f.u.)$和$Pn(4f.u.)$可以被视为通过SiO_4与FeO_4四面体连接的三维框架,同时Na^+占据间隙四面体位置。$Pbn2_1$空间群的Na_2FeSiO_4[图3-31(c)]仅由共用角顶点的四面体构成,所有四面体都指向与c轴平行的方向。如果从a轴看,它由交替的NaO_4和MO_4(M=Fe和Si)四面体的平行链组成。$Pna2_1$空间群的Na_2FeSiO_4[图3-31(d)]可以看作由角和边共用的四面体组成,四面体的一半指向c轴的一个方向,另一半指向c轴的相反方向,同时NaO_4四面体与其他NaO_4和FeO_4四面体共边。对于$P2_1/c$空间群的Na_2FeSiO_4[图3-31(e)],四面体的构型类似于$Pna2_1$,但NaO_4和FeO_4四面体分别与其他NaO_4和FO_4四面体共享边。另外一种变体是$C222_1$空间群的结构[图3-31(f)],在这种结构中,一个NaO_4和一个SiO_4四面体通过共边形成双四面体,NaO_4和FeO_4四面体也是如此。然后,这两种双四面体通过共边沿a,b和c轴交替连接。

对于Na_2FeSiO_4,$Pn(2f.u.)$空间群的Na_2FeSiO_4能量最低,结构较为稳定,然而,在Na^+脱出过程中,最稳定的结构是不同的。对于Na_2FeSiO_4多晶型的中间脱钠相,最稳定的构型从$Pn(2f.u.)$空间群的Na_2FeSiO_4变为$Pna2_1$空间群的Na_2FeSiO_4。对于完全脱钠的$FeSiO_4$相,最稳定的多晶型结构是$P2_1/c$空间群。然而,最不稳定的Na_2FeSiO_4和$NaFeSiO_4$多晶型都是$P2_1/c$。除此之外,其晶体体积在Na^+脱出后也有很大差异。随着第一个Na^+的脱出,Na_2FeSiO_4多晶型的体积缩小,然而,除了$P2_1/c$和$C222_1$之外,在脱出第二个Na^+时,晶体体积会增大。对于$P2_1/c$和$C222_1$相,在脱出第二个Na^+期间体积继续缩小。

(2) Na_2MnSiO_4 晶胞参数:单斜晶系,Pn空间群,$a=0.704$ nm,$b=0.558$ nm,$c=0.533$ nm,$\beta=89.82°$,$\alpha=\beta=90°$,晶体结构如图3-32所示。

结构描述:Mn,Si,Na,O四种原子均占据$2a$位,其中Na^+具有两种配位环境,O具有4种配位环境,结构中孤立的MO_4四面体通过SiO_4四面体共角连接在一起,Na^+沿着c轴占据其中的间隙位置。

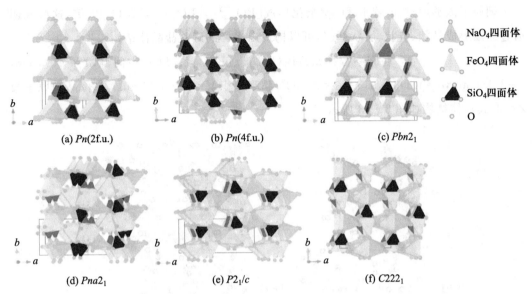

(a) *Pn*(2f.u.)　(b) *Pn*(4f.u.)　(c) *Pbn*2₁

(d) *Pna*2₁　(e) *P*2₁/*c*　(f) *C*222₁

NaO₄四面体
FeO₄四面体
SiO₄四面体
O

图 3 - 31

图 3 - 31　Na_2FeSiO_4 多晶型的晶体结构示意图

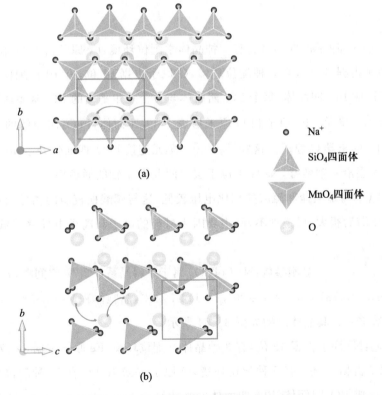

(a)

(b)

Na⁺
SiO₄四面体
MnO₄四面体
O

图 3 - 32

图 3 - 32　Na_2MnSiO_4 的晶体结构示意图

6. 硼酸盐类化合物

硼原子能够通过 sp^2 杂化和 sp^3 杂化形成 $[BO_3]^{3-}$，$[BO_4]^{5-}$，$[B_2O_4]^{4-}$ 等,这些基团通过缩聚形成岛状、链状、层状基团,可以构筑出多样的硼酸盐晶体结构。

(1) $Na_3FeB_5O_{10}$　　晶胞参数: $Na_3FeB_5O_{10}$ 属于正交晶系, $Pbca$ 空间群, $a=0.795$ nm, $b=1.231$ nm, $c=1.803$ nm, $\alpha=\beta=\gamma=90°$,晶胞体积 $V=1.766\ 07$ nm^3,单位晶胞原子数 $Z=8$,其晶体结构如图 3-33 所示。

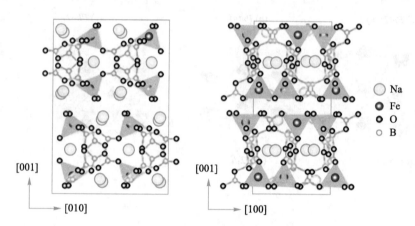

图 3-33　$Na_3FeB_5O_{10}$ 的晶体结构示意图

结构描述: Na 原子占据 $8c$ 位,有 3 种晶体学配位环境,Fe 原子占据 $8c$ 位,有 1 种配位环境,B 原子占据 $8c$ 位,有 5 种配位环境,O 原子占据 $8c$ 位,有 10 种配位环境。B 原子和 O 原子形成 BO_4 四面体,每个 BO_4 四面体与 4 个三角平面的 BO_3 基团通过共用氧顶点形成 $[B_5O_{10}]^{5-}$ 单元。Fe 原子和 O 原子形成 FeO_4 四面体, FeO_4 四面体的 4 个氧配体也是 $[B_5O_{10}]^{5-}$ 的末端 O 原子。这些 $[B_5O_{10}]^{5-}$ 单元连接 FeO_4 四面体并沿 ab 平面形成二维层状。这些层沿 c 轴堆叠,Na 原子位于层之间及沿 a 轴的通道中。

$Na_3FeB_5O_{10}$ 与磷酸盐和硫酸盐相比电压较低,这与硼酸根较弱的诱导效应有关。并且该材料电压滞后很大,可逆性不好,主要因为材料的电子和离子电导率较低、动力学性能较差。

(2) $Na_3CoB_5O_{10}$　　晶胞参数: $Na_3CoB_5O_{10}$ 属于单斜晶系, $P2_1/n$ 空间群, $a=0.665$ nm, $b=1.821$ nm, $c=0.781$ nm, $\alpha=\gamma=90°$, $\beta=114.792\ 3°$,晶胞体积 $V=0.858\ 235$ nm^3,单位晶胞内原子数 $Z=4$,其晶体结构如图 3-34 所示。

结构描述: Na 原子占据 $4e$ 位,有 3 种晶体学配位环境,Fe 原子占据 $4e$ 位,有 1 种配位环境,B 原子占据 $4e$ 位,有 5 种配位环境,O 原子占据 $4e$ 位,有 10 种配位环境。B 原子和 O 原子形成 BO_4 四面体, BO_4 四面体的平均键长为 0.148 nm,每个 BO_4 四面体与 4 个三角平面的 BO_3 基团通过共用氧顶点形成 $[B_5O_{10}]^{5-}$ 单元。Co 原子和 O 原子形成 CoO_4 四面体,四面体 Co—O 键平均键长为 0.198 nm, CoO_4 四面体的 4 个氧配体也是 $[B_5O_{10}]^{5-}$ 的末端 O 原子。这些 $[B_5O_{10}]^{5-}$ 单元连接 CoO_4 四面体并沿 ab 平面形成二维

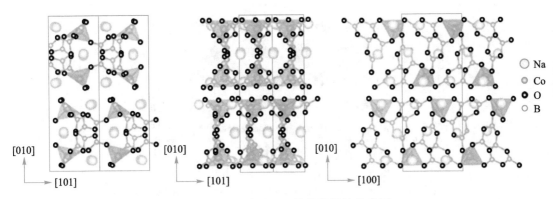

图 3-34　$Na_3CoB_5O_{10}$ 的晶体结构示意图

层状。这些层沿 c 轴堆叠，Na 原子位于层之间及沿 a 轴的通道中。

7. 聚阴离子化合物

（1）$Na_2MPO_4F(M=Fe,Mn)$　在通式为 $Na_2MPO_4F(M=Fe,Mn)$ 的氟化磷酸盐材料中，由于 Fe^{2+} 和 Mn^{2+} 的离子半径不同，Na_2FePO_4F 和 Na_2MnPO_4F 相应的结构也不同。图 3-35(a) 和 (b) 为两者的晶体结构示意图，Na_2FePO_4F 具有一种二维的层状结构（$pbcn$ 空间群），而 Na_2MnPO_4F 是一种三维的隧道结构（$P2_1/n$ 空间群），这使得它们具有不同的电化学性质。Na_2FePO_4F 只能实现单电子的反应，在 3.0 V 附近分布着两个相近的电压平台。这两个平台的交界处存在一个中间相 $Na_{1.5}FePO_4F$。该中间相的晶体学参数介于两端相之间且具有单斜对称性，空间群为 $P2/c$。

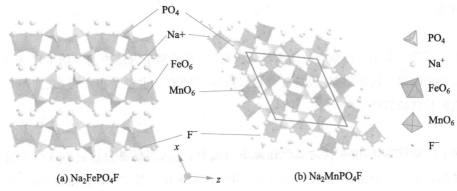

图 3-35

图 3-35　Na_2FePO_4F 和 Na_2MnPO_4F 的晶体结构示意图

（2）磷酸根和焦磷酸根混合聚阴离子化合物　含有磷酸根和焦磷酸根离子的混合框架结构能够在钠离子化合物中稳定存在。其中 $Na_4Fe_3(PO_4)_2P_2O_7$ 是首个含有 Fe^{2+} 的混合磷酸盐化合物，与它结构相似的化合物还有 $Na_4M_3(PO_4)_2P_2O_7$（$M=Co,Mn$ 和 Ni），都属于正交晶系，空间群为 $Pn2_1a$。从图 3-36 中可以看出 FeO_6 八面体之间以共边或共角连接，PO_4 四面体通过连接这些 FeO_6 八面体从而形成沿 $b-c$ 平面方向的一个层状结构单元 $[M_3P_2O_{13}]$，这些层状结构单元在 a 轴方向上通过 P_2O_7 基团连接从而形成了 $Na_4Fe_3(PO_4)_2P_2O_7$ 的立体框架结构，这样所形成的三维网络结构在 a,b,c 三个方向上

图 3-36

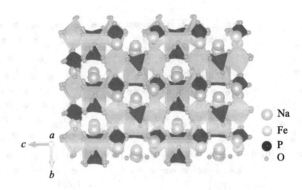

图 3-36　$Na_4Fe_3(PO_4)_2P_2O_7$ 的晶体结构示意图

都存在钠离子扩散通道,在这一结构中存在着三个不同的钠位。

$Na_7V_4(P_2O_7)_4(PO_4)$ 是另一种不同组成形式的混合型磷酸盐化合物,结构上也属于三维框架结构。$[V_4(P_2O_7)_4(PO_4)]_\infty$ 结构中,1 个 PO_4 四面体与相邻的 4 个 VO_6 八面体以共角的方式连接,同时 1 个 P_2O_7 基团也以共角的方式与相邻的 VO_6 八面体相连。

四、典型钠离子电池负极材料的晶体结构

类比锂离子电池体系,如果以金属钠作为负极材料,电池循环过程中在负极材料中同样容易析出钠枝晶从而刺穿隔膜,导致电池内部短路。同时,由于金属钠活泼性较高、熔点较低,在电池制备及充/放电过程中会产生安全隐患。所以寻找合适的钠离子电池负极材料极为重要,目前已报道的钠离子电池负极材料主要包括碳基负极材料和钛基负极材料等。

1. 碳基负极材料

第 3 章第 2 节中已详细介绍的碳基负极材料,在钠离子电池中的储钠机理与其在锂离子电池中的储锂机理相似,碳基材料也可应用于钠离子电池负极材料,在此不再赘述碳基负极材料的晶体结构。

2. 钛基负极材料

除了碳基材料外,由于钛的氧化还原电势较低,嵌入型钛基负极材料在可变价的过渡金属元素中是一个比较合适的选择,+4 价的钛元素在空气中可以稳定存在,在不同晶体结构中 Na^+ 的扩散通道不同从而表现出不同的储钠电位。通过研究晶体结构从而制备不同结构的含钛化合物以获得具有合适电位的负极材料对提高钠离子电池充/放电性能具有重要的意义。

(1) $Na_2Ti_3O_7$　单斜晶系 $Na_2Ti_3O_7$ 晶胞参数:$P2_1/m$ 空间群,空间群号 11,$a=0.857$ nm,$b=0.380$ nm,$c=0.914$ nm,$V=0.291\,786$ nm^3,$\alpha=\gamma=90°$,$\beta=101.57°$,其晶体结构如图 3-37 所示。

结构描述:单斜 $Na_2Ti_3O_7$ 由 TiO_6 八面体组成,在 b 轴方向形成 Zig-Zag 型链状结构,八面体层在 a 轴方向形成层状结构,两个相同的氧原子层间距为 0.857 nm,Na^+ 占据

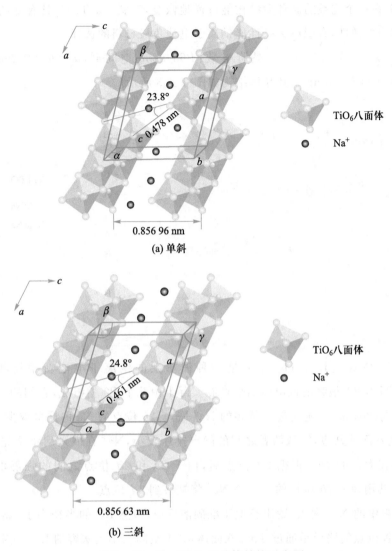

(a) 单斜

(b) 三斜

图 3 - 37　$Na_2Ti_3O_7$ 的晶体结构示意图

层间位置,可以在 Z 字形通道嵌入/脱出。单斜层状 $Na_2Ti_3O_7$ 在充/放电过程中有 2 个 Na^+ 的可逆嵌入/脱出,理论比容量达 $200 \ mA \cdot h/g$。

三斜晶系 $Na_2Ti_3O_7$ 晶胞参数:$P\overline{1}$ 空间群,$a = 0.857 \ nm$,$b = 0.380 \ nm$,$c = 0.913 \ nm$,$\alpha \neq \gamma \neq 90°$,$\beta = 101.60°$。

三斜 $Na_2Ti_3O_7$ 通过温度生长动力学诱导 TiO_6 八面体发生扭曲变形,TiO_6 八面体畸变为"胖矮型",层间的 Na^+ 传输通道排列更加规则。在单斜相 $Na_2Ti_3O_7$ 中,Na^+ 传输通道的层间隙最窄处为 $0.596 \ nm$,最宽处为 $0.672 \ nm$,通道排列不够规则,Na^+ 在层间传输不够通畅,层间间隙较大的差异会引起 Na1 位点层间相互作用力的减弱。而在三斜 $Na_2Ti_3O_7$ 中,Na^+ 传输通道的层间间隙为 $0.601 \sim 0.647 \ nm$,层间间隙较窄使 Na^+ 在通道传输更通畅。相比单斜 $Na_2Ti_3O_7$,三斜 $Na_2Ti_3O_7$ 在保持 0.3 V 低电位平台的同时其结构可逆性更好。常规单斜 $Na_2Ti_3O_7$ 在 Na^+ 的嵌入/脱出过程中会发生不可逆相变,而三

斜 $Na_2Ti_3O_7$ 在一个完整的循环后结构能可逆地恢复,三斜 $Na_2Ti_3O_7$ 具有低的嵌钠电位和良好的结构可逆性,有望成为高性能钠离子电池负极材料的选择。

(2) $Na_{0.66}[Li_{0.22}Ti_{0.78}]O_2$　晶胞参数:$P63/mmc$ 空间群,$a=b=0.296$ nm,$c=1.114$ nm,$V=0.084\,73$ nm³,其晶体结构如图 3-38 所示。

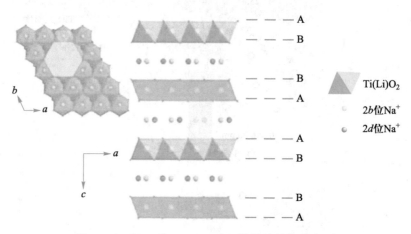

图 3-38　$Na_{0.66}[Li_{0.22}Ti_{0.78}]O_2$ 的晶体结构示意图

结构描述:$Na_{0.66}[Li_{0.22}Ti_{0.78}]O_2$ 是一种锂掺杂的钠离子电池新型层状氧化物,$Na_{0.66}[Li_{0.22}Ti_{0.78}]O_2$ 最终的放电(钠化)产物实际上由几个 P2 相组成,它们的 Na 含量和占位略有不同($2b$,$2d$)。随着越来越多的 Na^+ 嵌入,$2b$ 位点的 Na 占据量减少。因为 $2d$ 位点与 TiO_6 八面体共边,导致两者之间的静电排斥较小,Na^+ 在嵌入后将优先占据层间的 $2d$ 位点,在大量的 Na^+ 占据 $2d$ 位点后,由于 $2b$ 和 $2d$ 位点之间的强静电排斥,与 TiO_6 八面体共用面的 $2b$ 位点的一部分 Na^+ 将被挤到 $2d$ 位点。

这种材料中的 Na^+ 嵌入/脱出类似于准固溶反应,虽然 Li^+ 的半径小于 Na^+ 的半径,但连接两个锂位点的路径是通过 TiO_6 八面体,其中空间太小无法容纳 Li^+。因此,Li^+ 在 $[Li_{0.22}Ti_{0.78}]O_2$ 层内不会发生迁移,在 $Na_{0.66}[Li_{0.22}Ti_{0.78}]O_2$ 材料中 Li^+ 的迁移可以被忽略。在 0.34 个 Na^+ 嵌入后,P2 相仍然可以保持,此时 c 轴减小了 2.03%,而 $a(b)$ 轴扩展了 1.43%,充/放电过程中晶格参数的变化趋势类似于典型的层状锂离子电池正极材料 $LiCoO_2$。嵌入的碱金属离子和过渡金属元素层之间的库仑吸引力将相邻的过渡金属元素层拉得更近,并且过渡金属阳离子较大的离子尺寸会导致 M—O 键的扩展。Na^+ 嵌入前后的晶胞体积变化约为 0.77%,这将有效地确保电极在循环过程中的结构稳定性,从而实现出色的长循环寿命。该材料的可逆比容量约为 110 mA·h/g,平均储钠电位约为 0.75 V,远高于金属钠的沉积电位从而有效避免钠枝晶的生成,在 2 C 倍率下循环 1 200 次后比容量保持率约为 75%。

(3) $Na_{0.6}[Cr_{0.6}Ti_{0.4}]O_2$　通过对钠离子和空位无序规律的研究,选择离子半径相似并且氧化还原电势相差较大的 Cr^{3+} 和 Ti^{4+},可以制备出阳离子无序 P2 相 $Na_{0.6}[Cr_{0.6}Ti_{0.4}]O_2$ 层状材料。$Na_{0.6}[Cr_{0.6}Ti_{0.4}]O_2$ 作为负极时,平均储钠电位为 0.8 V,可逆比容量约为

$102\ \mathrm{mA\cdot h/g}$,对应 0.4 个 $\mathrm{Na^+}$ 的可逆嵌入/脱出。

晶胞参数:$\mathrm{Na_{0.6}[Cr_{0.6}Ti_{0.4}]O_2}$ 空间群为 $P6_3/mmc$,空间群号 194,$a\approx0.3\ \mathrm{nm}$,$c\approx$
$1.1\ \mathrm{nm}$,其晶体结构如图 $3-39$ 所示。

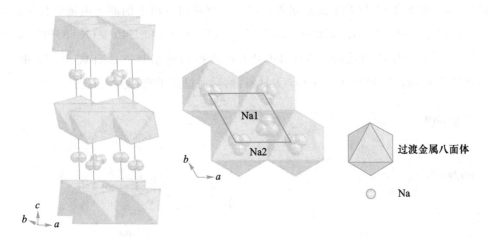

图 $3-39$　$\mathrm{Na_{0.6}[Cr_{0.6}Ti_{0.4}]O_2}$ 的晶体结构示意图

结构描述:$\mathrm{Na_{0.6}[Cr_{0.6}Ti_{0.4}]O_2}$ 的晶体结构由过渡金属的水镁石型共边八面体层和含有 $\mathrm{Na^+}$ 的三角棱柱层状空间构成。$\mathrm{Na^+}$ 有两个不等价的三角棱柱位置:与过渡金属八面体共面的 $2c$ 位(Na1 位)和与过渡金属八面体共边的 $2b$ 位(Na2 位)。Cr 和 Ti 的离子半径非常接近,这导致 Cr 和 Ti 在八面体层中无序排布。

在 $\mathrm{Na_{0.6}[Cr_{0.6}Ti_{0.4}]O_2}$ 中,过渡金属层中 Cr 和 Ti 的无序排布导致其充电和放电曲线没有明显平台,证明 $\mathrm{Na_{0.6}[Cr_{0.6}Ti_{0.4}]O_2}$ 中 $\mathrm{Na^+}$ 的嵌入和脱出过程是单相反应,$\mathrm{Cr^{3+}/Cr^{4+}}$ 负责 $\mathrm{Na^+}$ 脱出过程中的电荷补偿,而 $\mathrm{Ti^{4+}/Ti^{3+}}$ 负责 $\mathrm{Na^+}$ 嵌入过程中的电荷补偿。这种储钠机理与其他一些层状 P2 型材料(如 $\mathrm{NaCoO_2}$,$\mathrm{Na_xVO_2}$)明显不同,P2 层状材料在 $\mathrm{Na^+}$ 嵌入/脱出过程中观察到多个平台,这与 Na 空位和电荷有序结构的形成有关。

在 $\mathrm{Na^+}$ 脱出时,由于 $\mathrm{Cr^{4+}}$ 的离子半径较小,并且将过渡金属层连接在一起的 $\mathrm{Na^+}$ 的数量减少,导致 ab 平面收缩,同时钠层的空间拓展导致 c 轴方向延长。ab 轴收缩和 c 轴膨胀的组合导致随着 $\mathrm{Na^+}$ 脱出时晶胞体积变化较为轻微(在 0.5% 以内),晶胞体积变化可以忽略。当钠含量降低时,层间距离的增长和钠空位的数量会进一步增加 $\mathrm{Na^+}$ 迁移率和整体 $\mathrm{Na^+}$ 的无序性,这导致 Na1 和 Na2 位点的占据趋向于平均化,钠含量降低与温度升高同样使 $\mathrm{Na^+}$ 更容易扩散。

除此之外,其他很多 P2/O3 相钛基层状氧化物作为钠离子电池负极材料时,也表现出优异的储钠性能。大部分 P2/O3 相钛基层状氧化物材料的平均工作电压在 1 V 以下,可逆比容量在 $100\ \mathrm{mA\cdot h/g}$ 以上,且具有较好的循环稳定性。但是,这些钛基嵌入型氧化物负极材料存在首次库仑效率低、可逆比容量相对较低、电子电导率差等共同缺点,这必然造成全电池体系的能量密度降低。

(4) $\mathrm{NaTiOPO_4}$　　$\mathrm{NaTiOPO_4}$ 属于正交结构,空间群为 $Pna2_1$,其晶体结构如

图 3-40 所示，NaTiOPO$_4$ 和 NH$_4$TiOPO$_4$ 具有与 KTiOPO$_4$ 相同的正交结构。在 NaTiOPO$_4$ 晶体结构中，磷氧四面体（PO$_4$）和钛氧八面体（TiO$_6$）通过共顶点方式相间排列成隧道结构，在 a 轴方向，Na$^+$ 占据 Na1 和 Na2 两个不同位置，其中 Na1 位于隧道中心附近，Na2 位于 TiO$_6$ 与 PO$_4$ 交点附近。这三种材料均可用于钠离子电池负极材料，储钠电位分别为 1.45 V（NH$_4$TiOPO$_4$），1.50 V（NaTiOPO$_4$）和 1.40 V（KTiOPO$_4$），对应 Ti^{4+}/Ti^{3+} 氧化还原电对反应。NH$_4$TiOPO$_4$ 可直接通过水热方法合成，NaTiOPO$_4$ 和 KTiOPO$_4$ 则可通过先制备 NH$_4$TiOPO$_4$ 材料，然后通过离子交换方法制备。

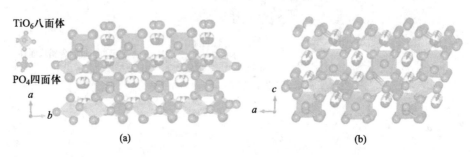

图 3-40　NaTiOPO$_4$ 的晶体结构示意图

（5）NaTi$_2$(PO$_4$)$_3$　NaTi$_2$(PO$_4$)$_3$ 为 NASICON 型三维骨架结构，Na$^+$ 能在内部的三维通道中快速扩散。

晶胞参数：NaTi$_2$(PO$_4$)$_3$ 空间群为 $R\bar{3}c$，空间群号 167，$a=b=0.848$ nm，$c=2.181$ nm，$V=1.359\,809$ nm^3，单位晶胞内原子数 $Z=6$，其晶体结构如图 3-41 所示。

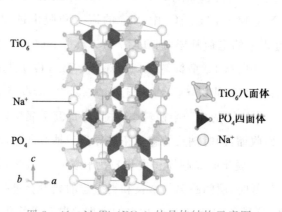

图 3-41　NaTi$_2$(PO$_4$)$_3$ 的晶体结构示意图

结构描述：O 原子占据 36f 位置，Ti 原子占据 12c 位置，P 原子占据 18e 位置，P 原子与 O 原子形成 PO$_4$ 四面体，Ti 原子与 O 原子形成 TiO$_6$ 八面体，PO$_4$ 四面体与 TiO$_6$ 八面体通过共用角顶点的方式连接在一起，每个 PO$_4$ 四面体与 4 个 TiO$_6$ 八面体连接，每个 TiO$_6$ 八面体与 6 个 PO$_4$ 四面体连接，TiO$_6$ 八面体与 PO$_4$ 四面体组成了三维隧道的骨架。Na$^+$ 分布在这种三维隧道中，但 Na$^+$ 存在两种不同的配位环境，Na$^+$ 不进行嵌入/脱出时，占据 6b 位置（A1），当 Na$^+$ 发生嵌入/脱出时，Na$^+$ 占据 18e 位置（A2）。

在充/放电过程中,Na$^+$在NaTi$_2$(PO$_4$)$_3$中的A2位进行可逆的嵌入/脱出,理论比容量为132.8 mA·h/g,对应2个Na$^+$的嵌入/脱出,同时伴随着Ti^{4+}/Ti^{3+}的氧化还原反应。

第 3 节 储能材料晶体结构缺陷特征

■ **本节导读**

根据热力学第二定律,理想晶体在实际情况中一般是不存在的,因此,缺陷总是存在于晶体中的,可分为点缺陷、线缺陷、面缺陷和体缺陷。

在储能材料中,晶体缺陷对材料的储能性能有着非常重要的影响,如电极材料的内部电子结构和组成可以决定反应速率和电子转移过程,掌握储能材料中的晶体缺陷特征,可以通过调控储能材料缺陷对储能性能进行调控。点缺陷是储能材料缺陷特征的主要研究对象。本节通过介绍晶体缺陷基础知识,并结合缺陷调控储能材料性能的实例,为读者提供储能材料改性的思路。

■ **学习目标**

1. 掌握常见的缺陷形态和分类;
2. 掌握电极材料中的缺陷特征;
3. 掌握实际储能材料的晶体缺陷。

■ **知识要点**

1. 晶体缺陷包括点缺陷、线缺陷、面缺陷和体缺陷;
2. 点缺陷可以分为本征缺陷和非本征缺陷两类;
3. 利用晶体缺陷调控储能材料性能的手段有掺杂、包覆、调控界面等。

一、缺陷基础知识

晶体中缺陷按照几何形状和涉及范围可分为点缺陷、线缺陷、面缺陷和体缺陷,图3-42为晶体缺陷的分类示意图。

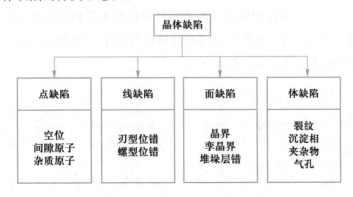

图 3-42 晶体缺陷的分类示意图

1. 点缺陷

点缺陷原子尺度的缺陷,主要包括空位、间隙原子和杂质原子。空位是指没有被原子占据的晶格位置。间隙原子是占据晶格间隙位置的原子。杂质原子主要是指杂原子进入晶格,取代原本的原子进入固有的晶格位置,或者占据没有原子的晶格位点。点缺陷的存在,可以使周围的原子受到某种程度的干扰,造成晶格畸变。

2. 线缺陷

线缺陷即位错,是指晶体中的某处有一列或若干列原子发生了某种有规律的错排现象,位错可以分为刃型位错和螺型位错。

3. 面缺陷

面缺陷为二维尺寸很大而第三维尺寸很小的缺陷,包括晶界、孪晶界、堆垛层错等。

4. 体缺陷

体缺陷可以分为裂纹、沉淀相、夹杂物、气孔等宏观缺陷。

二、点缺陷的分类

点缺陷是储能材料缺陷化学的主要研究内容,可以分为本征缺陷和非本征缺陷。其中,本征缺陷是由晶格原子的热振动引起的,本征缺陷的存在不会影响整个晶体的组成。非本征缺陷是由嵌入晶格的杂质原子所引起的,通常认为少量杂质原子或离子的存在不会引起新相的形成,即少量的非本征缺陷体系仍可认为没有发生相变。

1. 本征缺陷

本征缺陷是由晶格原子的热振动引起的,本征缺陷包括肖特基缺陷和弗仑克尔缺陷两大类。

(1) 肖特基缺陷　晶格中原子或离子由于热振动脱离原本的晶格位置,在原本的晶格位置留下空位而形成的点缺陷称为肖特基缺陷(图 3-43)。

肖特基缺陷可以看作晶格内部原子迁移到晶体表面,在晶格内部留下空位。在离子晶体中,正、负离子形成的肖特基缺陷数量应该符合电荷比例来保持电中性。NaCl 晶体由于四面体间隙位置较小,且 Na^+ 的极化作用较弱,一般形成的是肖特基缺陷。

(2) 弗仑克尔缺陷　晶体中原子或离子离开晶格的正常格点位置,挤入晶格中的间隙位置成为间隙原子或离子,在其原先占据的格点处留下一个晶格空位,这样的晶格空位－间隙缺陷称为弗仑克尔缺陷(图 3-44)。

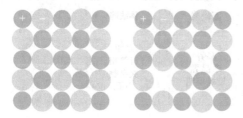

图 3-43　肖特基缺陷示意图

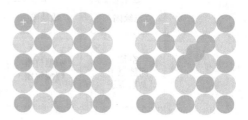

图 3-44　弗仑克尔缺陷示意图

AgBr 和 AgCl 晶体的体积较小,且 Ag^+ 的极化作用较强,Ag^+ 离开八面体位置进入四面体间隙位置,一般形成的是弗仑克尔缺陷。

2.非本征缺陷(杂质缺陷)

非本征缺陷不是由组成晶体的原子或离子引起的,而是由异质原子或离子进入晶格结构中引起的。其中异质原子可以置换原本晶格中的原子形成置换固溶体,也可以进入晶格中的间隙位置形成间隙固溶体,上述两种情况都会诱发原本的晶格产生晶格畸变。若异质原子的价态和固有原子的价态不同,则晶体还需发生电荷补偿来保证电中性。

例如,在 ZrO_2 晶体中掺入 CaO,将导致等量氧空位的产生。非本征缺陷将改变晶体的组成。在许多材料体系中,掺杂原子的浓度可以在很大范围内变化,可以用于调控材料的性能。非本征缺陷一般都是通过外部手段引入的,其缺陷浓度一般较低,但是其对材料的电子与离子电导及电化学性能有着十分重要的影响。

三、储能材料常见的缺陷特征

储能材料的实际性能较理论性能仍然相差较大。因此,需要通过合理的设计使储能材料具有更多的活性位点和更快的离子扩散速率,进一步提高储能材料的能量和功率密度。

在金属离子电池材料中,离子的扩散通常需要通过空位、间隙、晶界、表面介质和通道来实现。例如,在锂离子电池中,Li^+ 可以通过空位、晶界来实现可逆扩散。因此,可以通过构建材料的缺陷特征与电化学储能特性的关系,来调控储能材料的储能特性。

通常来讲,储能材料可以通过表 3-7 中的手段进行改性,来提高其实际比容量。

表 3-7　储能材料改性手段

改性手段	方式	作用
包覆	导电介质(C、导电聚合物、金属)	增强导电性
	惰性介质(Al_2O_3,MgO,ZrO_2,ZnO)	提高界面稳定性
	离子导体($LiLaTiO_3$,Li_2CO_3等)	提高离子界面传输速率
掺杂	物理混合或外来原子在晶格中引起非本征点缺陷	提高离子扩散速率
降低晶粒尺寸	使电解液充分浸润每个晶粒	缩短离子输运的路径,增大电化学反应面积

材料的最大掺杂量或形成固溶体的范围,与主体材料晶体结构、晶粒尺寸,掺杂原子的价态、离子半径等因素有关。小尺寸材料易于形成更大的掺杂量。判断材料是否形成晶格掺杂或固溶体,以及外来原子在晶格中的占位、占有率,需要通过严格的结构分析。

1. 杂原子掺杂 LiFePO$_4$ 正极材料

碳包覆 LiFePO$_4$ 可以有效改善颗粒之间的导电性,进而提高 LiFePO$_4$ 的电化学活性,使其可逆比容量接近理论比容量。在 LiFePO$_4$ 中掺杂少量金属离子(如 Mg^{2+},Al^{3+},Ti^{4+},Zr^{4+},Nb^{5+} 和 W^{6+})后 LiFePO$_4$ 中异质金属离子形成的非本征缺陷导致晶格产生晶格畸变,由于电荷补偿作用使 Fe^{2+} 转变为 Fe^{3+}/Fe^{2+} 的混合态。LiFePO$_4$ 中在 Fe^{2+} 位置掺杂一价碱金属元素可以形成氧空位,或者导致 Fe^{2+} 氧化为 Fe^{3+}。含有氧空位的材料通过相应的电荷补偿机制,材料的性质会发生显著变化,如 LiNi$_{0.5}$Mn$_{1.5}$O$_4$ 中氧空位的存在改变了材料的晶体结构,从 Ni,Mn 有序占位的 $P4332$ 转变为无序占位的 $Fd\bar{3}m$ 结构材料。

LiFePO$_4$ 为一维离子导体,在锂位掺杂 Cr 有可能阻塞 Li$^+$ 的扩散,如图 3−45 所示。

图 3−45

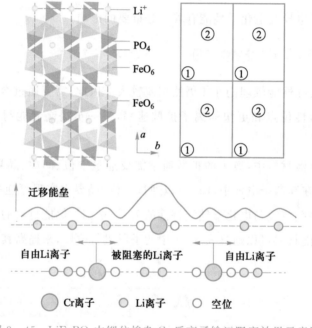

图 3−45   LiFePO$_4$ 中锂位掺杂 Cr 后离子输运阻塞效果示意图

掺杂 Cr 可能使 LiFePO$_4$ 电子电导率提升但同时降低了离子电导率,因此,在对储能材料进行掺杂时需要考虑其电子与离子的输运特性。

2. 杂原子掺杂碳负极材料

在纳米材料中引入缺陷可以存储更多外来的离子,并增强材料的储能性能。缺陷的存在会暴露更多的活性位点对外来离子进行锚定,而且缺陷的存在会增加系统的表面能,这可以促进电化学反应动力学,特别是采用 N,B,S,P 等元素掺杂石墨烯作为锂离子电池负极材料可以显著提升其实际比容量,以下举例说明。

（1）N 掺杂   在石墨烯蜂窝状晶格中掺杂 N 原子使石墨烯产生了非本征缺陷。这种缺陷的形成可以产生大量的纳米级孔道,孔道内表面被吡啶和吡咯提供的 N 原子修饰,孔道的形成为 Li^+ 的存储提供了更多的活性位点,同时可以促进 Li^+ 和电子的传输(图 3-46)。

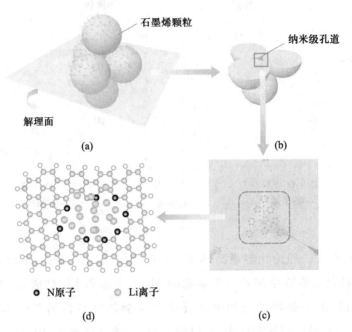

图 3-46

图 3-46　N 掺杂石墨烯提供额外 Li^+ 存储的示意图

(2) S 掺杂　S 掺杂多孔碳并与石墨烯进行杂化(图 3-47),S 会优先与多孔碳通过 S—C 共价键结合,导致多孔碳的层间距 d_{002} 增加到 0.376 nm,并且形成了更多的纳米级孔道。此外,石墨烯的引入增加了多孔碳的比表面积和孔体积,这种分层的多孔结构提供了更多的活性位点供 Li^+ 进行存储。同时,增加的层间距不仅提高了材料的导电性,而且优化了材料的电化学活性。

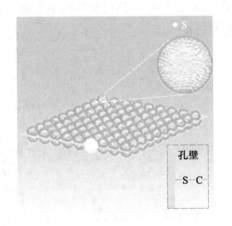

图 3-47

图 3-47　S 掺杂多孔碳与石墨烯杂化的示意图

(3) B/N 掺杂　B 和 N 可以在石墨烯平面的边缘取代 C 原子形成点缺陷(图 3-48)。研究表明,在石墨烯中掺杂 0.88% 的 B 后,石墨烯的氧原子百分比从 8.55% 降低至 6.06%,掺杂 3.06% 的 N 后,石墨烯的氧原子百分比降低至 3.13%。这表明,在掺杂过程中会去除一些含氧官能团,掺杂后产生的点缺陷会使石墨烯产生晶格畸变,增加片层距离,产生更多的活性位点,从而有利于 Li^+ 的脱嵌。因此,掺杂 B 元素可以使石墨烯负极材料同时提高功率和能量密度。

3. 其他缺陷提高储能性能实例

(1) 氧空位改性 MoO_{3-x}　斜方晶系的 α-MoO_3 是一种层状结构氧化物,结构如图

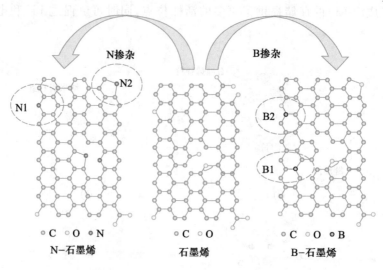

图 3-48　B/N 掺杂石墨烯的示意图

3-49 所示。其对 Li^+ 理论比容量高达 279 $mA\cdot h/g$，但 Li^+ 嵌入/脱出的过程会导致 α-MoO_3 相变转化为单斜的 MoO_2，单斜相的 MoO_2 会阻碍 Li^+ 的嵌入/脱出，将氧空位引入 MoO_3 晶格，由于晶格畸变和电荷补偿效应会使氧空位附近的 Mo^{6+} 被还原为 Mo^{5+}，MoO_{3-x} 沿 b 轴的层间距增大，可以使 MoO_{3-x} 在 Li^+ 嵌入/脱出时保持 α-MoO_3 结构，使 α-MoO_3 的层状结构不易坍塌，氧空位的引入显著提高了 MoO_{3-x} 的循环寿命和比容量。

图 3-49

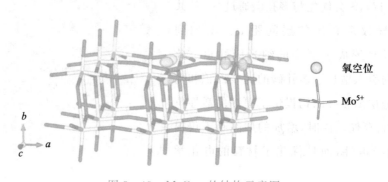

图 3-49　MoO_{3-x} 的结构示意图

（2）SnS_2/SnO 异质结构缺陷调控　　异质结构被证明具有快速的表面反应动力学，并且在异质界面处可以提供额外的电荷传输驱动力。利用 Ar 等离子体在 n 型 SnS_2 纳米片上原位形成 p 型 SnO 薄层会产生富含缺陷和反应活性的表面。在 SnS_2/SnO 的异质结构中（图 3-50），p 型 SnO 和 n 型 SnS_2 形成了 p-n 结界面，可有效促进电子转移和 Li^+ 扩散动力学，经分析其放电比容量可达到 1 496 $mA\cdot h/g$。

（3）氧空位调控 $K_{0.8}Mn_8O_{16}$　　在 $K_{0.8}Mn_8O_{16}$ 锌离子电池正极材料中引入氧空位，其中 K^+ 嵌入在 MnO_6 八面体搭建的隧道中，氧空位的引入会打开 MnO_6 八面体壁，如图 3-51 所示。氧空位的存在有利于 H^+ 在 ab 面上的扩散，从而极大地提高了电化学反应活性和反应动力学,具有氧空位的 $K_{0.8}Mn_8O_{16}$ 锌离子电池正极材料可达到 300 mA·h/g 的比容量。

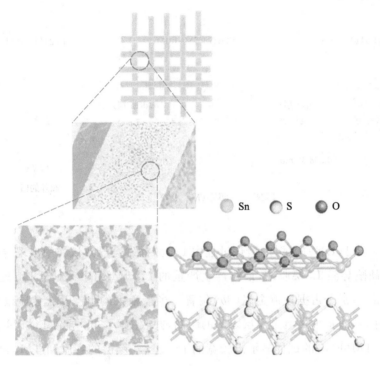

图 3-50 SnS_2/SnO 的结构示意图

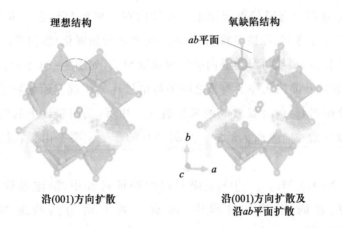

图 3-51 H^+ 在理想 $K_{0.8}Mn_8O_{16}$ 和氧缺陷 $K_{0.8}Mn_8O_{16}$ 中扩散示意图

(4) 富镍 NCM 三元正极材料 在富镍 NCM 三元锂离子电池正极材料中存在阳离子无序现象,阳离子无序也称为 Li/过渡金属(transition metals,TM)离子混排。在富镍正极中的基本阳离子有 Ni^{2+},Co^{3+},Mn^{3+} 等,由于 Ni^{2+} 半径(0.069 nm)和 Li^+ 半径(0.076 nm)相近,Ni^{2+} 显示出与 Li^+ 混合的高倾向。这种混排导致晶体从层状结构转变为尖晶石相,Li^+ 迁移将受到阻碍,从而降低倍率性能。Li/TM 的值为 1.00,1.06 和 1.12

的试样分别用 E00，E06 和 E12 表示，图 3-52 显示，晶格中的锂层在 Li^+ 不足（E00）和 Li^+ 过量（E12）条件下都会发生收缩，从而导致 NiO_6 八面体中 $Ni-O$ 键的轨道对称破坏，进而引起电压衰减。

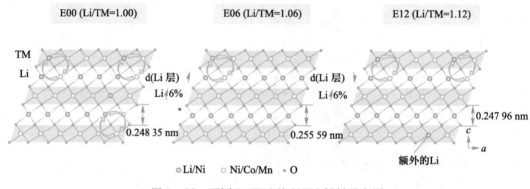

图 3-52　不同 Li/TM 的 NCM 材料示意图

对于 Li^+ 不足（E00）的试样，煅烧过程中 Li^+ 的挥发会导致试样中出现空位缺陷。晶格中的大量缺陷导致 Li 层收缩，最终产生严重的 Li/TM 无序。对于 Li^+ 过量（E12）试样，过量的 Li^+ 将部分占据过渡金属（3b）位置。半径稍大的 Li^+ 引入会导致形成更大的 TMO_6 八面体，从而扩大过渡金属层之间的距离，并收缩 Li^+ 层，导致 Li/TM 无序。只有具有最佳 Li/TM（E06）的试样显示出较宽的 Li^+ 层。Li^+ 层的膨胀和 TMO_6 的收缩将保证更好的锂离子扩散。

（5）晶内裂纹和晶间裂纹　裂纹的产生和发展引起的富镍锂离子电池正极颗粒的机械失效是影响电池容量衰减的重要因素。裂纹的存在可能与许多原因有关，如晶格坍塌、相变、阳离子无序排列、晶格氧缺陷、表面重构和非均相锂化/脱锂等。

根据它们的位置，裂纹可分为晶内裂纹或晶间裂纹，如图 3-53 所示。晶内裂纹通常由 Ni-Li 反位缺陷和晶格无序及离子之间的静电排斥所引起。原始粒子中的晶格缺陷在循环过程中不断增长，最终发展成纳米级裂纹。相反，晶间裂纹中的机械失效是从内部中心颗粒区域开始并向表面扩散的。晶间裂纹的产生主要是由颗粒的晶胞参数收缩或膨胀导致的。

在富镍 $Li[Ni_xCo_yMn_{1-x-y}]O_2$ 正极材料的脱锂过程中，晶胞参数会发生各向异性的收缩，在反复的充/放电过程中，晶胞参数不均匀的收缩和膨胀会导致 $Li[Ni_xCo_yMn_{1-x-y}]O_2$ 发生相变，同时会在颗粒内部产生微裂纹，这些微裂纹不断生长传递至颗粒表面，会导致电解液渗入颗粒内部，电解液侵蚀颗粒内部会加剧容量衰减，衰减机制如图 3-54 所示，这种现象在镍含量大于 0.8 时更为严重。

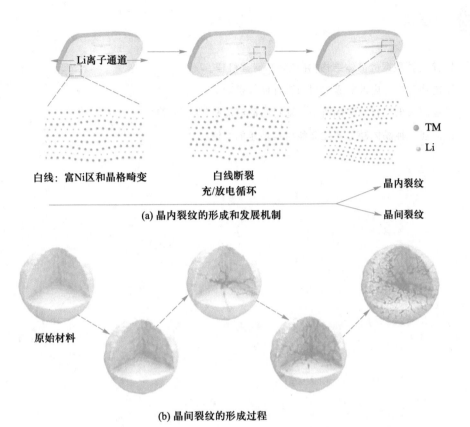

图 3 - 53

(a) 晶内裂纹的形成和发展机制

(b) 晶间裂纹的形成过程

图 3 - 53　NCM811 正极晶内裂纹和晶间裂纹的微观结构特征示意图

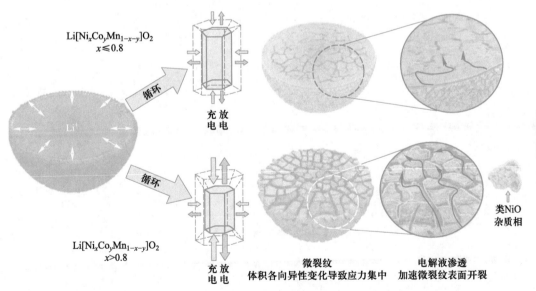

图 3 - 54

图 3 - 54　$Li[Ni_xCo_yMn_{1-x-y}]O_2$ 裂纹引起容量衰减的机制

思考题

1. 简述钴酸锂的晶体结构,并说明其储锂机理。
2. 简述锂离子电池负极材料的三种储锂机理。
3. 锂离子电池材料与钠离子电池材料的储能机理有何异同?
4. 简述一种晶体缺陷调控储能材料性能的案例。

参考文献

第 4 章　锂离子电池

■ 本章导读

　　锂离子电池与其他蓄电池相比,具有工作电压高、自放电小、无记忆效应及循环寿命长等优势。锂离子电池发展至今已有几十年的历史,在发展初期,锂离子电池仅能为小型数码产品提供电源。随着科学技术的进步,锂离子电池的应用领域逐渐拓宽并细化,同时其容量和循环寿命也得到了大幅度提升。从结构组成上看,锂离子电池主要由正极材料、负极材料、集流体、电解液及隔膜等部分组成。从外观形态上看,锂离子电池主要有圆柱形、方块形及刀片形等。锂离子电池的工作温度一般为 $-30 \sim 70$ ℃。本章通过介绍锂离子电池的负极材料、正极材料、电解液和隔膜的类型、结构、电化学性能及改性方法,使读者充分了解和学习锂离子电池的关键电极材料。

第 1 节　锂离子电池概述

■ 本节导读

本节将介绍锂离子电池的基础知识、工作原理及结构组成,并从基本原理和发展历程出发,向读者揭示为何锂离子电池会成为行业龙头,使读者对锂离子电池有初步的了解。

■ 学习目标

1. 掌握锂离子电池的发展历程;

2. 掌握锂离子电池的工作原理;

3. 掌握锂离子电池的结构组成。

■ 知识要点

1. 锂离子电池的发展背景及趋势;

2. 锂离子电池的优缺点;

3. 锂离子电池的工作原理及结构组成。

一、锂离子电池的发展历程

　　锂离子电池的研究起源于金属锂电池。1970 年 Whittingham 等采用硫化钛作为正极材料,以金属锂作为负极材料,制成了首个金属锂电池。但这种电池的循环性能较差,且存在着严重的安全隐患。Goodenough 尝试使用钴酸锂代替硫化钛,提高了工作电压,但循环寿命仍不尽如人意。1982 年 Agarwal 和 Selman 发现锂离子可以快速、可逆地嵌入石墨。受到他们工作的启发,Yoshino 使用石油焦作为负极材料,以钴酸锂作为正极材料,这次改进带来了革命性的发现:其安全性和循环寿命均得到了大幅提高,所组装的电池即为锂离子电池。1983 年 Thackeray 和 Goodenough 等发现尖晶石型锰酸锂是优良的正极材料,具有低价的优点和稳定、优良的导电性能,进一步提高了锂离子电池的电化学性能。1992 年日本索尼公司以钴酸锂为正极材料,石墨为负极材料,开发了具有商业应用意义的锂离子电池,由此锂离子电池开始走进千家万户。1996 年 Padhi 和 Goodenough 发现具有橄榄石结构的磷酸盐,如磷酸铁锂($LiFePO_4$),比传统的正极材料更具安全性,尤其是其耐高温性能、耐过充性能远超过传统锂离子电池材料,这一发现将锂离子电池推向了新的高峰。锂离子电池的主要发展历程如图 4-1 所示。

图 4-1　锂离子电池的主要发展历程

化学电源的核心在于氧化还原反应,即电子的得失或转移。由于原子核外可供转移的电子的数量有限,因此,为提高电子转移比例(转移电子数/原子量),要尽可能选择质量低的元素作为电子转移的载体。在轻质元素中,锂具有很强的优势。锂是原子质量最轻的金属,其原子量为 6.94,因此其电子转移比例较高。此外,从电压的角度看,Li^+/Li 电对具有最低的氧化还原电势(-3.04 V vs. SHE),因此,当正极固定时,以金属锂为负极的电池(即金属锂电池)具有最高的工作电压。然而,锂金属非常活泼,与水会发生剧烈反应,产生大量的热,因而金属锂电池存在一定危险性。此外,金属锂电池经过多次循环后,可能会产生形状尖锐的锂枝晶,刺破隔膜,从而导致电池短路。由此可见,金属锂电池依然存在一定不足。为降低金属锂电池的危险性,并提高其循环性能,研究人员抛弃了锂单质,转而以富锂化合物为正极和锂源提供方,以具有大量可逆储锂位点的石墨为负极,组装成了锂离子电池。这种电池不仅具有较高的电压,而且体系内不存在单质锂,因此,具有较高的安全性。开发一种电池需要考虑能量密度、电压和安全性等指标。锂离子电池兼具这几个方面的优势,因而成了最受关注的电池。

二、锂离子电池的特点

锂离子电池优点众多,所以得到普遍使用,表 4-1 为锂离子电池的主要优缺点。

表 4-1　锂离子电池的主要优缺点

优点	缺点
高能量密度(质量能量密度 150 W·h/kg)	需要特殊的保护电路,以防止过充或过放
平均输出电压高,约 3.6 V	与普通电池相比,相容性差
输出功率大,自放电小	成本较高
无记忆效应,循环性能优越,使用寿命长	金属锂活泼,易使电解液分解
充/放电速度快、效率高	易形成锂枝晶
较宽的工作温度范围	安全性较差
对环境较为友好,称为绿色电池	

　　锂离子电池、铅酸电池、镍氢电池和镍镉电池是常见的四种二次电池,表 4-2 为这几种常见二次电池的分类比较。其中,锂离子电池存在生产成本较高及安全性较差等问题。因此,降低锂离子电池的成本,改善其安全性成为当前锂离子电池材料的主要研究方向。

表 4-2　常见二次电池的分类比较

二次电池名称	锂离子电池	铅酸电池	镍氢电池	镍镉电池
负极材料体系	石墨等层状物质	海绵铅	储氢合金	氧化镉
正极材料体系	锂过渡金属氧化物	二氧化铅	氢氧化亚镍	氢氧化亚镍
隔膜体系	PP-PE,PP,PE	玻璃纤维棉	PP	尼龙
电解液体系	有机锂盐电解液	稀硫酸	KOH 水溶液	KOH 水溶液
标称电压/V	3.0~3.7	2.0	1.2	1.2
体积能量密度/(W·h·L^{-1})	350~400	65~80	320~350	160~180
质量能量密度/(W·h·kg^{-1})	180~200	25~30	60~65	40~45
电池原理	离子迁移	氧化还原	氧化还原	氧化还原
充/放电方法	恒流恒压充电	恒流充电	恒流充电	恒流充电
安全性	有一定隐患	安全	安全	安全
环保性	环保	铅污染	环保	镉污染
最佳工作温度/℃	0~45	-40~70	-20~45	-20~60

　　锂离子电池在提高容量和功率等电化学性能及降低成本方面进步迅速。但是,锂离子电池的安全性仍然是业界的一大担忧,隔膜技术的研究发展有效提高了锂离子电池的安全性。随着新材料的最新发展,锂离子电池有望继续改善其物理和电化学性能,发展成为低成本、高性能、易推广的绿色电池体系。

三、锂离子电池工作原理

　　锂离子电池的工作原理为锂离子在正、负极间的可逆脱嵌。锂离子电池的工作原理如图 4-2 所示。以层状 $LiCoO_2$ 正极、石墨负极为例。充电时,锂离子从 $LiCoO_2$ 中脱出,进入电解液,穿过隔膜,嵌入石墨,形成 Li_xC_6,同时,为维持电荷守恒,电子由正极经外电路

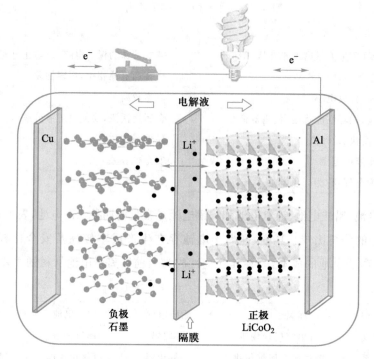

图 4-2　锂离子电池工作原理图

进入负极,即完成一次充电过程,在这一过程中,Co^{3+} 被氧化为 Co^{4+}。放电过程则与此相反,锂离子由负极脱出,进入电解液,穿过隔膜,嵌入正极,使 $Li_{1-x}CoO_2$ 转变为 $LiCoO_2$,Co^{4+} 被还原为 Co^{3+},电子由负极经外电路进入正极。电化学反应式如下:

正极反应　　$LiCoO_2 \rightleftharpoons Li_{1-x}CoO_2 + xLi^+ + xe^-$　　$(0<x\leqslant0.5)$

负极反应　　$6C + xLi^+ + xe^- \rightleftharpoons Li_xC_6$　　$(0<x\leqslant0.5)$

总反应　　　$6C + LiCoO_2 \rightleftharpoons Li_xC_6 + Li_{1-x}CoO_2$　　$(0<x\leqslant0.5)$

四、锂离子电池组成与结构

锂离子电池主要包括以下组件:正极材料、负极材料、集流体、电解液、隔膜等。

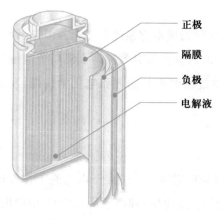

正极
隔膜
负极
电解液

图 4-3　圆柱形锂离子电池结构

活性材料决定着电池的实际容量,正极材料通常为富锂态,负极材料为贫锂态,即锂离子由正极材料提供。集流体的作用为收集和传递电子。通常正极集流体为铝箔,负极集流体为铜箔。电解液的作用为传递锂离子。隔膜处于正、负极之间,以防止发生短路。这些组件经堆叠或缠绕后,装入电池壳(常用的外壳有金属壳、层压铝袋或塑料壳等)。最后,添加安全装置,密封后组装成电池。如图 4-3 所示。

1. 正极材料

正极材料在锂离子电池中,既参加电化学反应,同时也提供锂离子,锂离子电池综合性能与正极材料的物理性质和电化学性质息息相关。理想的正极材料应该具备如下特征:

① 高氧化还原电极电势;

② 较高的含锂量;

③ 高化学稳定性;

④ 高热稳定性;

⑤ 高电化学可逆性;

⑥ 高离子电导率。

2. 负极材料

负极材料作为锂离子电池中的核心组成部分,在电池中起着能量的储存与释放的作用。理想负极材料应满足以下条件:

① 低电极电势氧化还原电对;

② 较多的可逆储锂位点;

③ 高化学稳定性;

④ 高热稳定性。

3. 电解液

电解液的作用是输送锂离子。锂离子电池电解液应具有以下特性:

① 良好的化学稳定性;

② 较宽的电化学窗口;

③ 高离子电导率。

4. 隔膜

隔膜是保证电池安全的重要材料。隔膜在离子传递中起着关键作用,如影响倍率特性、电池寿命和稳定性。锂离子电池隔膜应该符合下列要求:

① 具有一定的拉伸、穿刺强度,不易撕裂;

② 具有较高的孔隙率,且孔隙分布均匀。

第 2 节　锂离子电池正极材料

■ 本节导读

锂离子电池正极材料在很大程度上决定着锂离子电池的性能。本节将以钴酸锂正极材料、三元正极材料、(尖晶石相)锰酸锂正极材料、磷酸铁锂正极材料四种典型的锂离子电池正极材料为例,通过介绍其基本性能、合成方法、改性手段等内容,使读者掌握锂离子电池正极材料的基础知识。

■ 学习目标

1. 掌握锂离子电池正极材料的基本概念；

2. 掌握四种锂离子电池正极材料的基础知识。

■ 知识要点

1. 锂离子电池正极材料的基本概念；

2. 四种锂离子电池正极材料的基本性能、合成方法、改性手段。

一、锂离子电池正极材料概述

目前具有代表性的锂离子电池正极材料，可以按结构分为三大类：层状正极材料，如钴酸锂（$LiCoO_2$）、三元正极材料（$LiNi_{1-y-z}Co_yMn_zO_2$，$0<y<1$，$0<z<1$）；尖晶石型正极材料，如尖晶石相锰酸锂（$LiMn_2O_4$）；橄榄石型正极材料，如磷酸铁锂（$LiFePO_4$）。上述几种典型的正极材料的基本信息和性能如表 4-3 所示。

表 4-3　几种典型的正极材料的基本信息和性能

材料	$LiCoO_2$	$LiNi_{1-y-z}Co_yMn_zO_2$	$LiMn_2O_4$	$LiFePO_4$
晶体结构	层状	层状	尖晶石型	橄榄石型
空间点群	$R\overline{3}m$	$R\overline{3}m$	$Fd\overline{3}m$	$Pnma$
晶胞参数	$a=0.281$ nm $c=1.405$ nm		$a=b=c=0.825$ nm	$a=1.033$ nm $b=0.601$ nm $c=0.469$ nm
成本	较高	适中	较低	较低
环保性	低毒	低毒	无毒	无毒

二、钴酸锂正极材料

1. 钴酸锂简介

钴酸锂（$LiCoO_2$）是目前应用最为广泛的锂离子电池的正极材料之一，其发展历程可分为 4 个阶段，如图 4-4 所示。

图 4-4　钴酸锂正极材料的发展历程

钴酸锂是一种非常成熟的正极材料产品，具有放电平台高、比容量适中、循环性能好、合成工艺简单等优点，目前占据锂离子电池正极材料市场的主导地位。但其成本较高、过充后结构塌陷、高脱锂态下安全性能差等问题也制约着钴酸锂材料的发展。表 4-4

为钴酸锂的主要优缺点对比。

表 4 - 4　钴酸锂的主要优缺点对比

优点	缺点
放电平台高	成本较高
比容量适中	不耐过充
循环性能好	安全性能差
合成工艺简单	对环境有一定危害

钴酸锂具有典型的层状结构,其内部原子按照锂层—氧层—钴层—氧层次序,以六方密堆方式堆垛形成钴酸锂晶体。充/放电时,锂离子从锂层中嵌入或脱出,其充/放电反应方程如下:

充电反应　　$LiCoO_2 \longrightarrow Li_{1-x}CoO_2 + xLi^+ + xe^-$　　$(0 < x \leqslant 0.5)$

放电反应　　$Li_{1-x}CoO_2 + xLi^+ + xe^- \longrightarrow LiCoO_2$　　$(0 < x \leqslant 0.5)$

钴酸锂的理论比容量为 274 mA·h/g,但其实际比容量一般约为 140 mA·h/g。这是由于锂离子过量脱出后,钴酸锂的晶体结构稳定性大幅下降,易发生塌陷,从而造成循环性能大幅下降。因此,为保证钴酸锂的循环性能,在充电时一般控制钴酸锂的脱锂量不超过 50%,故其实际比容量约为理论比容量的一半。

此外,钴酸锂具有较高的放电平台,其放电电压平台可达 3.7 V。在适当的充/放电制度下,钴酸锂的循环寿命可达 500~1 000 次。同时,钴酸锂的合成工艺也较为成熟简单,这些优点为钴酸锂提供了良好的应用基础。

2. 钴酸锂的合成工艺

(1) 高温固相法　高温固相法是目前应用最广泛的钴酸锂合成工艺之一,仅需将锂源(如碳酸锂、氢氧化锂)与钴源(如四氧化三钴)混合后,在 600 ℃ 以上空气氛围或氧气氛围中高温烧结即可,其典型的合成反应为

$$6Li_2CO_3 + 4Co_3O_4 + O_2 \xrightarrow{\triangle} 12LiCoO_2 + 6CO_2$$

$$12LiOH + 4Co_3O_4 + O_2 \xrightarrow{\triangle} 12LiCoO_2 + 6H_2O$$

这一方法具有选择性高、产率高、工艺简单等特点。但此方法也有其不足之处,如反应温度较高、反应时间较长、产品粒径较大、需进行后续处理等。

(2) 溶胶-凝胶法　溶胶-凝胶法是将锂源(如一水合硝酸锂)与钴源(如六水合硝酸钴)及溶剂(如乙二醇)混合后,进行水解、缩合反应,生成溶胶,溶胶经过陈化后,在胶体之间慢慢聚合,固化成凝胶,然后干燥、烧结,最终得到目标产物。示例反应方程如下:

$$LiNO_3 \cdot H_2O + C_2H_6O_2 \Longrightarrow LiC_2H_5O_2 + HNO_3 + H_2O$$

$$Co(NO_3)_2 \cdot 6H_2O + 2C_2H_6O_2 \Longrightarrow Co(C_2H_5O_2)_2 + 2HNO_3 + 6H_2O$$

$$4LiC_2H_5O_2 + 4Co(C_2H_5O_2)_2 + 23O_2 \Longrightarrow 4LiCoO_2 + 30H_2O + 16CO_2$$

采用溶胶–凝胶法制备的材料均匀性好、温度低,能够得到优良的性能。但其制备工艺较为烦琐,不适宜于大量生产。

（3）水热法　水热法以水溶液为反应体系,在高压釜中,通过加热、加压（或自压）,建立相对高温高压的反应体系,以使锂源（如氢氧化锂）与钴源（如羟基氧化钴）发生反应生成钴酸锂。示例反应方程如下:

$$LiOH + CoOOH \xrightarrow{\triangle} LiCoO_2 + H_2O$$

水热法具有产品纯度高、分散性好、粒度可控等特点。但是,该法的产率很低,不适宜于工业化生产。

3. 钴酸锂的改性

钴酸锂虽然具有生产工艺成熟、电化学性能优异等优点,但其不耐过充、安全性能差等缺点制约着钴酸锂的发展。而其原因除了高脱锂态下晶体结构不稳定外,充电时产生的强氧化性 Co^{4+} 易与电解液发生副反应,也会导致循环性能变差、可逆比容量下降。

基于此,目前针对钴酸锂常用的改性手段包括掺杂改性、表面包覆改性、掺杂与包覆复合改性等,均能在一定程度上提升钴酸锂的结构稳定性,减少副反应发生,从而提高钴酸锂材料在高脱锂态下的性能。

（1）掺杂改性　掺杂改性主要包括阳离子掺杂、阴离子掺杂及复合掺杂等方法,如表 4–5 所示。掺杂改性能够有效提高钴酸锂正极材料的晶体结构稳定性,并改善其电化学性能。

表 4 – 5　三种掺杂方法

掺杂方法	掺杂元素
阳离子掺杂	Mg,Al,Cr,Ti,Zr,Ni,Mn 和稀土元素等
阴离子掺杂	B,F,Cl 和 P 等
复合掺杂	两种或者两种以上的离子

（2）表面包覆改性　表面包覆改性可以有效提升钴酸锂材料界面稳定性,避免离子溶出、发生副反应造成结构稳定性下降。碳材料、氧化物、氟化物、磷酸盐等是目前常用的包覆化合物。

（3）掺杂与包覆复合改性　这种改性方法将以上两种改性方式相结合,并在已掺杂的基底上加以包覆。这一改性手段既能够隔绝正极材料与电解液,抑制离子溶出与副反应发生,又能够改善高脱锂态下晶体结构稳定性,是提高材料循环性能的有效手段。

4. 钴酸锂的改性实例分析

图 4–5 为试样的比容量–循环曲线,图中可见,未掺杂的钴酸锂试样第 50 次循环时比容量保持率仅为 72.4%；而镁掺杂量为 1% 的钴酸锂试样,在第 50 次循环时比容量保持率为 82.8%,相比未掺杂的钴酸锂试样提升了 10.4%；镁掺杂量为 3% 和 5% 的钴酸锂

试样,在第 50 次循环时比容量保持率分别为 90.4% 与 90.7%,相比未掺杂的钴酸锂试样分别提升了 18.0% 与 18.3%。以上结果表明,镁掺杂能够改善钴酸锂的结构稳定性,提高钴酸锂材料的循环性能。

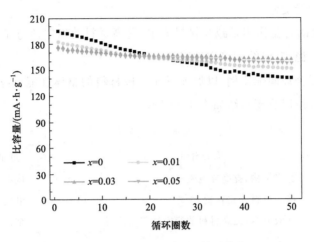

图 4-5　试样的比容量-循环曲线

表 4-6 为不同镁掺杂量钴酸锂试样的循环性能数据。由表可知,在放电比容量方面,未掺杂试样的首次放电比容量最大,而随着掺杂量的增大,其放电比容量逐渐降低,50 次循环后,未掺杂试样的比容量保持率仅有 72.4%,而 1%,3%,5% 的镁掺杂试样比容量保持率分别为 82.8%,90.4%,90.7%。比容量保持率的显著提高,意味着材料的循环稳定性大大提高。以上数据表明镁掺杂能够提高钴酸锂材料的循环稳定性。其中,镁掺杂量为 3% 的试样具有最适中的比容量与循环性能。

表 4-6　不同镁掺杂量钴酸锂试样的循环性能数据

$LiCo_{1-x}Mg_xO_2$	首次放电比容量/($mA \cdot h \cdot g^{-1}$)	50 次循环后放电比容量/($mA \cdot h \cdot g^{-1}$)	50 次循环后比容量保持率/%
$x=0$	195.9	141.9	72.4
$x=0.01$	183.9	152.2	82.8
$x=0.03$	178.6	161.5	90.4
$x=0.05$	174.9	158.6	90.7

三、三元正极材料

1. 三元正极材料简介

三元正极材料,是镍钴锰酸锂材料($LiNi_{1-y-z}Co_yMn_zO_2$,$0<y<1$,$0<z<1$,缩写为 NCM)的简称,因其含有三种过渡金属元素,而被称为三元正极材料。

三元正极材料是由钴酸锂等材料发展而来的一种正极材料,其过渡金属元素除钴元素外,还包括锰元素与镍元素。三种元素协同发挥作用,赋予了三元正极材料更好的综合性能。三种元素的有益与过量有害作用如下:

① 钴，钴元素的有益作用是维持材料的层状结构，抑制阳离子的混排，提高材料导电性，但过量的钴将导致材料成本升高。

② 镍，镍元素的有益作用是增加材料的可逆脱嵌锂容量，提高材料的比容量，但过量的镍易使电化学性能变差。

③ 锰，锰元素的有益作用是减少材料成本，提高材料的稳定性与安全性，但过量的锰也会使材料结构失稳，造成结构稳定性降低。

三种元素需要合理调配比例，以保证三元正极材料的整体性能。三种过渡金属元素的有益与过量有害作用简要总结如表 4-7 所示。

表 4-7　三种过渡金属元素的有益与过量有害作用

元素	有益作用	过量有害作用
钴	稳定结构，提高导电性	成本升高
镍	提高材料的比容量	电化学性能变差
锰	降低成本，提高材料的稳定性与安全性	结构失稳

成分比例可进行调控是三元正极材料的重要特征，在合理的元素含量范围内可以得到具有不同过渡金属元素比例、不同性能的三元正极材料，基于此，诸如 $LiNi_{1/3}Co_{1/3}Mn_{1/3}O_2$（NCM111），$LiNi_{0.8}Co_{0.1}Mn_{0.1}O_2$（NCM811），$LiNi_{0.5}Co_{0.2}Mn_{0.3}O_2$（NCM523）等不同三元正极材料相继被开发出来。

三元正极材料化学式中，过渡金属元素的原子数并非整数。以典型三元正极材料 $LiNi_{0.5}Co_{0.2}Mn_{0.3}O_2$（NCM523）为例，其中镍元素的原子数为 0.5，代表镍原子占所有过渡金属原子总数的 50%，钴、锰类似。因此，三种过渡金属元素在化学式中的原子数均为 0~1，三种过渡金属元素的原子数加和恒为 1。图 4-6 显示了三元正极材料中典型的 Ni，Co，Mn 三种元素配比图。

三元正极材料同样具有典型层状结构，其内部原子按照锂层—氧层—镍钴锰层—氧层次序，以六方密堆方式堆垛形成三元正极材料晶体。其充/放电反应方程如下：

充电反应　　$LiNi_{1-y-z}Co_yMn_zO_2 \longrightarrow Li_{1-x}Ni_{1-y-z}Co_yMn_zO_2 + xLi^+ + xe^-$

$$(0 < x \leqslant 0.7)$$

放电反应　　$Li_{1-x}Ni_{1-y-z}Co_yMn_zO_2 + xLi^+ + xe^- \longrightarrow LiNi_{1-y-z}Co_yMn_zO_2$

$$(0 < x \leqslant 0.7)$$

各类三元正极材料组成比例不定，因此拥有不同的理论比容量，但一般位于 270~280 mA·h/g 范围。三元正极材料具有更佳的结构稳定性，在保证循环性能的前提下，其脱锂量最高可达 70%~80%，因此实际比容量最高可达 220 mA·h/g 以上。

三元正极材料与钴酸锂的主要性能类似，放电电压平台可达 3.7 V，良好充/放电制度下循环寿命可达 500~1 000 次。相比于钴酸锂，三元正极材料还因镍、锰的加入而具有更低的成本，综合性能也更加优异。这些优点使其被广泛应用于新能源汽车等领域中。但三元正极材料也具有安全性能稍差、高温性能较弱等问题，仍然需要进一步改性优化。

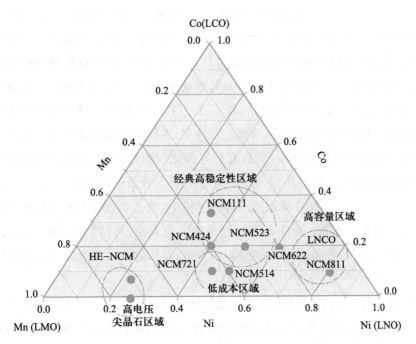

图 4-6　三元正极材料中典型的 Ni,Co,Mn 三种元素配比图

2. 三元正极材料的合成工艺

对于三元正极材料,目前使用最广泛的合成工艺是高温固相法。该法将前驱体[如氢氧化镍钴锰 $Ni_{1-y-z}Co_yMn_z(OH)_2$ 等]与锂源(如氢氧化锂、碳酸锂等)混合后,在 700 ℃ 以上空气氛围或氧气氛围中高温烧结即可。以 $LiNi_{0.8}Co_{0.1}Mn_{0.1}O_2$(NCM811)为例,其典型的合成反应为

$$4LiOH + O_2 + 4Ni_{0.8}Co_{0.1}Mn_{0.1}(OH)_2 \xrightarrow{\triangle} 4LiNi_{0.8}Co_{0.1}Mn_{0.1}O_2 + 6H_2O$$

$$2Li_2CO_3 + O_2 + 4Ni_{0.8}Co_{0.1}Mn_{0.1}(OH)_2 \xrightarrow{\triangle} 4LiNi_{0.8}Co_{0.1}Mn_{0.1}O_2 + 4H_2O + 2CO_2$$

对于不同过渡金属元素比例的三元正极材料,需要选择不同的合成工艺参数以获得其最佳的电化学性能。一般认为,随着镍含量的升高,其烧结温度需要适当降低,烧结气氛中氧分压需要适当升高。

由于三元正极材料与钴酸锂的结构类似,两者的合成方法也较为类似。除高温固相法外,可应用于钴酸锂合成的溶胶-凝胶法、水热法,以及较为新颖的喷雾热解法等方法都可用于合成三元正极材料。

3. 三元正极材料的改性方法

三元正极材料因其比容量较大、循环稳定性较好、成本较低、制备工艺较为简单等优点得到了广泛的应用。但三元正极材料也具有若干缺陷:如因镍浓度过高引起的比容量保持率及热稳定性降低;高倍率下的循环特性劣化;充/放电截止电压升高时循环性能变差等。因此,针对上述问题,除使用正极材料常规的掺杂改性方法之外,还可以采用表面包覆改性、优化制备工艺等方法,提高三元正极材料的综合性能。

(1) 表面包覆改性 在充/放电过程中，三元正极材料会与电解液发生副反应，造成材料电导率下降、过渡金属溶出、循环稳定性变差等问题。因此，可以通过表面包覆减少副反应的发生，促进材料的电子转移、抑制过渡金属溶解、提升材料循环稳定性。基于此，对于包覆材料而言，一般要求其具有良好的化学稳定性，能有效地阻止电解液与正极材料表面的接触，同时必须具有较好的离子通过性，不会对正极材料的离子传输和扩散产生负面影响。如使用氧化铝作为表面包覆涂层，在循环中氧化铝将与三元正极材料表面形成一层较薄的含铝固溶体相，其具有较好的化学稳定性，能够隔离电解液与正极材料表面，抑制副反应的发生，同时不会影响电子转移与锂离子的传输。

(2) 优化制备工艺 在合成正极材料的过程中，工艺参数会在很大程度上影响材料的微观结构与电化学性能。对于高温固相法的工艺调控，目前集中于对烧结温度、烧结时长、烧结步骤等工艺的调控，通过调整以上参数，使所制备材料的晶型趋于完善。

4. 三元正极材料的工艺优化实例分析

下面通过一例三元正极材料的工艺优化实例进行分析。图4-7为$LiNi_{0.6}Co_{0.2}Mn_{0.2}O_2$试样在800 ℃，850 ℃，900 ℃，950 ℃下煅烧后的0.1 C时的初始充/放电曲线。四种试样的初始放电比容量分别为175 mA·h/g，180 mA·h/g，174 mA·h/g，163 mA·h/g。由此可见，随着温度的提高，试样的放电比容量先增加后降低，在850 ℃时达到最高，相比于800 ℃时提高了5 mA·h/g，相比于950 ℃时提高了17 mA·h/g。这是由于煅烧温度较低时，试样未能形成较好的晶体结构，造成初始放电比容量下降；而随着煅烧温度的持续升高，试样颗粒在较高的温度下聚集，发生团聚而形成较大的颗粒，比表面积下降，从而导致了初始放电比容量下降。因此，选取850 ℃作为煅烧温度，能够获得更高的比容量保持率。

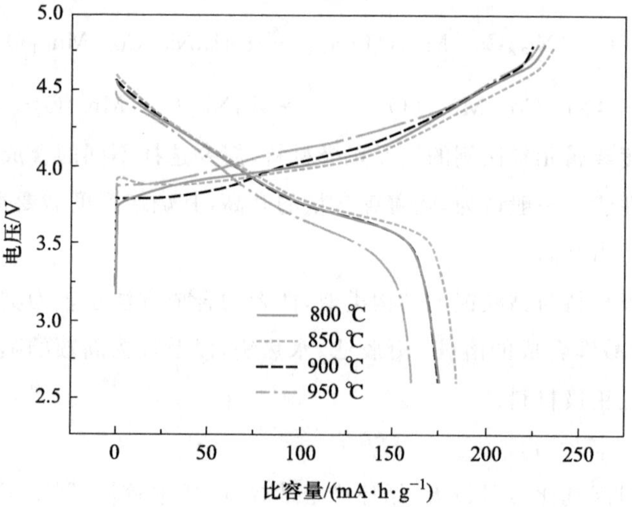

图4-7

图4-7 $LiNi_{0.6}Co_{0.2}Mn_{0.2}O_2$试样在不同煅烧温度下煅烧后的0.1 C时的初始充/放电曲线

图4-8为$LiNi_{0.6}Co_{0.2}Mn_{0.2}O_2$试样在800 ℃，850 ℃，900 ℃，950 ℃下煅烧后的0.1 C时的循环性能曲线。四种试样在30次循环后的比容量保持率分别为84%，86%，78%，76%。由此可见，随着煅烧温度的提高，试样的比容量保持率先增加后降低，在850 ℃时

达到最高,相比于 800 ℃ 时提高了 2%,相比于 950 ℃ 时提高了 10%。这是由于煅烧温度
较低时,试样未能形成较好的晶体结构,多次循环后易发生塌陷,造成比容量保持率下
降;而随着煅烧温度的持续升高,试样颗粒在较高的温度下聚集,发生团聚而形成较大的
颗粒,比表面积下降,使锂离子在充/放电时迁移路径变长,脱嵌阻力与电池内阻增大,并
不断诱发副反应,造成循环性能恶化,表现为试样比容量保持率的显著下降。因此,选取
850 ℃ 作为煅烧温度,能够获得更高的比容量保持率。

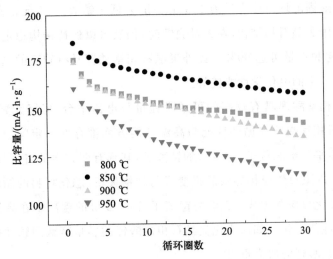

图 4-8　$LiNi_{0.6}Co_{0.2}Mn_{0.2}O_2$ 试样在不同煅烧温度下煅烧后的 0.1 C 时的循环性能曲线

四、锰酸锂正极材料

1. 锰酸锂简介

锰酸锂具有多种组成与晶体结构,本节所述的锰酸锂为其中性能较佳的尖晶石相
锰酸锂($LiMn_2O_4$)。相比于钴酸锂、三元正极材料,尖晶石相锰酸锂拥有更高的电压
平台,可达 3.75~3.80 V,且具有良好的低温性能与安全性能。此外,尖晶石相锰酸锂
也拥有较低的生产成本,其对环境的污染也较小,可使用高温固相法等简单工艺合成。
但尖晶石相锰酸锂的比容量较低,且其循环性能较差,容量衰减较快,导电性也不佳,以
上缺点成了制约尖晶石相锰酸锂大范围应用的关键因素。尖晶石相锰酸锂的优缺点列
于表 4-8 中。

表 4-8　尖晶石相锰酸锂的优缺点

优点	缺点
电压平台高,材料电压平台可达 3.75~3.80 V	比容量较低
低温性能好,安全性佳	循环性能较差,容量衰减较快
成本低廉,材料对环境无污染	导电性较差
制备方法成熟,可使用高温固相法等简单工艺	高温性能有待提高

尖晶石相锰酸锂具有典型的尖晶石晶体结构,隶属 $Fd\bar{3}m$ 空间点群。与钴酸锂、三元正极材料等层状相材料的二维锂离子扩散通道不同,尖晶石相锰酸锂的锂离子扩散通道为三维通道,锂离子从八面体空隙与四面体空隙中交叉移动,最终完成脱嵌。其充/放电反应方程如下:

充电反应 $\quad \mathrm{LiMn_2O_4} \longrightarrow \mathrm{Li_{1-x}Mn_2O_4} + x\mathrm{Li^+} + x\mathrm{e^-} \quad (0 < x \leqslant 0.9)$

放电反应 $\quad \mathrm{Li_{1-x}Mn_2O_4} + x\mathrm{Li^+} + x\mathrm{e^-} \longrightarrow \mathrm{LiMn_2O_4} \quad (0 < x \leqslant 0.9)$

尖晶石相锰酸锂的理论比容量为 148 mA·h/g,低于钴酸锂、三元正极材料。但由于其具有稳定的三维尖晶石相结构,在大量脱锂时,仍然可以保持结构稳定,不易发生结构塌陷,因此其可逆脱锂量可达90%。此外尖晶石相锰酸锂具有较高的电压平台,赋予了尖晶石相锰酸锂一定的电化学性能优势。

尽管尖晶石相锰酸锂具有较高的可逆脱锂量与电压平台,但锰元素本身的电子结构,导致了尖晶石相锰酸锂在循环性能与高温性能方面都存在一定问题。在充/放电过程中,可能会产生平均价态低于+3.5价的锰离子,其具有两方面的有害效应:一方面,其姜-泰勒(Jahn-Teller)效应将导致晶格变形与结构失稳,恶化材料的循环性能;另一方面,其较易发生歧化反应并生成+2价的锰离子,而+2价的锰离子在高温下较易溶出,进一步导致高温性能恶化。如何优化尖晶石相锰酸锂的容量衰减问题并提升高温性能,是当前尖晶石相锰酸锂的研究重点。

2. 锰酸锂的合成工艺

对于尖晶石相锰酸锂,目前使用最广泛的合成工艺是高温固相法。该法将锰源(如二氧化锰)与锂源(如氢氧化锂、碳酸锂等)混合后,在高温下进行烧结,即可得到尖晶石相锰酸锂正极材料。其典型的合成反应为

$$8\mathrm{MnO_2} + 2\mathrm{Li_2CO_3} \xrightarrow{\triangle} 4\mathrm{LiMn_2O_4} + 2\mathrm{CO_2}\uparrow + \mathrm{O_2}\uparrow$$

一般认为,尖晶石相锰酸锂的合成要点,主要在于控制其煅烧温度,较为常用的煅烧温度在 850 ℃左右。在此温度下合成的尖晶石相锰酸锂,具有较好的晶体结构,能够保持良好的电化学性能。

尖晶石相锰酸锂的合成方法也与前述材料类似,除高温固相法外,也可使用溶胶-凝胶法、水热法进行合成。此外,微波加热等新型方法也可用于合成尖晶石相锰酸锂。

3. 锰酸锂的改性方法

如图4-9所示,尖晶石相锰酸锂的主要问题可被深化分解为四个次级问题。基于此,目前对尖晶石相锰酸锂的改性研究方向集中于以下两点:

(1) 包覆改性 一般认为,通过包覆改性,可以在一定程度上抑制锰离子溶出,减少尖晶石相锰酸锂与电解液发生的副反应。如使用无定形碳对尖晶石相锰酸锂进行包覆,可以有效抑制表面副反应的发生。

(2) 掺杂改性 通过晶体内部掺杂改善尖晶石相锰酸锂的方法也被证明是有效的。

图 4-9　锰酸锂材料存在的问题

由于掺杂离子独特的电子结构与掺杂特性,这些离子可以降低反应过程中的+3 价锰离子含量,抑制姜-泰勒效应的发生,同时减少电解过程中的+3 价锰离子歧化。体相掺杂可以从晶体结构方面有效提升尖晶石相锰酸锂的电化学性能。

4. 锰酸锂的元素掺杂实例分析

下面通过一例尖晶石相锰酸锂的元素掺杂实例进行分析。图 4-10 显示了尖晶石相锰酸锂正极材料经 7.5% 的铝离子掺杂后,前 3 次充/放电曲线。图中可见掺杂后尖晶石相锰酸锂的初始放电比容量达到 126.2 mA·h/g,初次库仑效率高达 94.2%,相比于无掺杂尖晶石相锰酸锂,其库仑效率提升了近 30.0%。同时,相比于无掺杂尖晶石相锰酸锂,其初始放电过程中的特征双充/放电平台间距也有所减小,表明铝掺杂有效改变了尖晶石相锰酸锂的晶体结构。

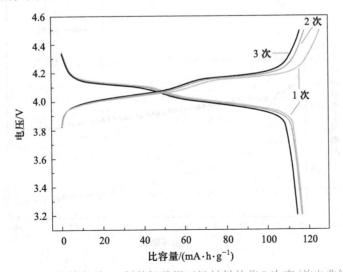

图 4-10

图 4-10　铝掺杂量 7.5% 的锰酸锂正极材料的前 3 次充/放电曲线

　　图 4-11 是铝掺杂量分别为 1.0%，2.5%，5.0% 和 7.5% 试样的放电平台平均电压，由图可以比较清楚地看出，放电平台的平均电压随着掺杂量的增加而逐渐升高，其中掺杂量为 5.0% 时电压最高，可达 4.04 V 左右，而当掺杂量为 7.5% 时，平均电压下降了约 0.02 V，但也高于未掺杂的平均电压。以上结果表明，掺杂铝离子有利于锂离子的嵌入，从而提高了放电平台所对应的电压。铝离子的掺杂量由 5.0% 增加到 7.5% 后，放电平台的平均电压反而下降，是因为掺杂过多的铝离子使尖晶石结构的晶胞参数变小，反而不利于锂离子的嵌入。

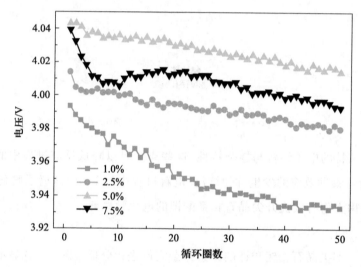

图 4-11　铝掺杂量分别为 1.0%，2.5%，5.0% 和 7.5% 试样的放电平台平均电压

　　图 4-12 是铝掺杂量分别为 1.0%，2.5%，5.0% 和 7.5% 对应材料的循环性能。铝离子掺杂量为 1.0% 时得到的材料的循环性能基本上与未掺杂的一致。这是由于掺杂量过少时，掺杂效果会不均匀，加之在材料烧结等过程中的损失，使得实际进入材料的铝离子

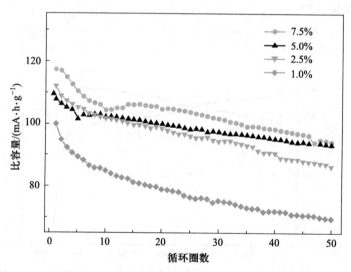

图 4-12　铝掺杂量 1.0%，2.5%，5.0% 和 7.5% 对应材料的循环性能

低于理论量,从而基本影响不到材料的循环性能。随着掺杂量提高,材料的循环性能改善比较明显。

五、磷酸铁锂正极材料

1. 磷酸铁锂简介

磷酸铁锂($LiFePO_4$,LFP)正极材料于 1996 年被首次报道。与钴酸锂相比,LFP 的优势在于其具有较高的循环稳定性和安全性。目前已在新能源汽车等领域广泛应用。但是它的理论比容量($170\ mA\cdot h/g$)和电子电导率($10^{-10}\sim10^{-9}\ S\cdot cm^{-1}$)偏低,制约着 LFP 的发展。LFP 的优缺点如表 4-9 所示。

表 4-9　LFP 的优缺点

优点	缺点
循环寿命长(可循环 2 000 次以上)	电压平台低
安全性能好	比容量较低
环保且成本低	导电性较差

LFP 的电压平台约为 3.5 V(vs. Li^+/Li)。在充电时,LFP 发生如下反应,部分锂离子从 LFP 晶格中脱出,形成 $FePO_4$ 脱锂相,其余部分仍为 $LiFePO_4$ 富锂相,放电过程则与此相反。反应方程如下:

充电反应　$LiFePO_4 \longrightarrow xFePO_4 + (1-x)LiFePO_4 + xLi^+ + xe^-$　$(0 < x \leqslant 0.7)$

放电反应　$xFePO_4 + (1-x)LiFePO_4 + xLi^+ + xe^- \longrightarrow LiFePO_4$　$(0 < x \leqslant 0.7)$

脱锂相 $FePO_4$ 本质上和富锂相 $LiFePO_4$ 的结构相同,但其结构相对于对称的正交晶系来说略微有所变形,充电时,LFP 晶格参数 a,b 减小,c 增大;放电过程则相反。

2. 磷酸铁锂的合成工艺

(1) 高温固相法　高温固相法是合成 LFP 最常见的工艺之一。锂源、铁源和磷源经混合后,再经高温煅烧(通常为 500~800 ℃)即可获得 LFP 产品。这一方法具有工艺流程简单、易于工业化等优势。但此方法亦存在不足之处,如煅烧温度较高、煅烧时间较长、产品粒径较大等。

(2) 溶胶–凝胶法　溶胶–凝胶法是将锂源、铁源、磷源及溶剂混合后,进行水解、缩合反应,得到溶胶,所得溶胶经陈化后,固化成湿凝胶,经干燥后,得到干凝胶粉末,最后经煅烧,得到目标产品。溶胶–凝胶法可以实现各物种在分子级别的混合。因此该方法具有煅烧温度低、煅烧时间短、产品粒径小等优势。但其工艺烦琐,难以工业化。

(3) 水热法　水热法以水溶液为反应体系,在封闭的反应釜内,通过高温、高压,使难溶或不溶物溶解,并重结晶,获得最终产品。水热法具有产品纯度高、分散性好、粒度可控等特点。但是,该方法的产率较低,不易工业化。

(4) 共沉淀法　共沉淀法的优势在于可以实现体系中各组分的同时沉淀、各组分分散均匀。经煅烧后其产品具有粒径均一、颗粒尺寸小等优势。因此,该方法兼具高性能和易于工业化的优势。

(5)其他方法 除上述方法外,一些新兴方法也见诸报道,如微波加热法、乳液干燥法等。微波加热法的主要优势在于受热均匀、加热速度较快、煅烧温度较低、煅烧时间较短、产品结晶度较高且粒径均一。乳液干燥法是先将煤油与乳化剂混合,然后与锂盐、铁盐的水溶液混合,得到油/水混合物。该方法易于控制 LFP 的粒径。

3. 磷酸铁锂材料的改性

由于 LFP 的电子电导率较低,且 Fe^{2+} 在高温下不稳定,极易被氧化为 Fe^{3+},因此,LFP 一般需要经过改性,才能展现出实际应用性能。目前,LFP 的主流改性手段包括碳包覆和掺杂等方法。

(1)碳包覆 碳包覆是提高 LFP 电化学性能最常用的方法。常见的碳源有柠檬酸、葡萄糖、蔗糖、聚苯胺等。该方法操作简便、成本低。碳包覆方法可以分为原位碳包覆和非原位碳包覆。原位碳包覆,即在 LFP 的前驱体中加入碳源,生成 LFP 的同时在颗粒表面原位形成碳包覆层;非原位碳包覆,即在制备出 LFP 产品后,将其与碳源进行混合、煅烧。原位碳包覆法在碳化过程中会产生气体,因此,有一定造孔作用,有助于增大材料的比表面积。非原位碳包覆法的效果取决于 LFP 颗粒的分散状态和粒径大小,一般来说,粒径较小,分散均匀,碳包覆效果较好。相比之下,原位碳包覆优势明显,是目前最为有效的包覆方法。原位碳包覆可以抑制 LFP 晶体颗粒的长大,缩短锂离子的传输距离,降低电化学极化效应。且可以在煅烧时将 Fe^{3+} 还原为 Fe^{2+}。

(2)掺杂 掺杂是提升 LFP 电化学性能的另一重要方法。主要包括阳离子掺杂、阴离子掺杂及复合掺杂等方法,如表 4-10 所示。掺杂改性能够有效提高 LFP 正极材料的晶体结构稳定性,并改善其电化学性能。

表 4-10 三种掺杂方法

掺杂方法	掺杂元素
阳离子掺杂	Mg,Al,Zr,Ti,V,Nb 和 Mn 等
阴离子掺杂	F,Cl 等
复合掺杂	两种或者两种以上的离子

4. 磷酸铁锂的改性实例分析

图 4-13 为 $LiMn_yFe_{1-y}PO_4$(y=0.2、0.4、0.6、0.8)在 0.1 C 倍率下的首次充/放电曲线。从图中可以看出,未掺杂 $LiFePO_4$ 材料的放电曲线只有一个倾斜的电压平台,而掺杂 Mn 的 $LiMn_yFe_{1-y}PO_4$ 材料在放电过程中出现了两个放电电压平台,这两个电压平台分别位于 3.5 V 和 4.0 V 附近,它们与鲤离子的嵌入和脱出过程中 Fe^{3+}/Fe^{2+} 电对和 Mn^{3+}/Mn^{2+} 电对的反应相对应。同时从图中可以看出,随着 Mn 掺杂量的增加,曲线在 4.0 V 附近的平台逐渐增长,而在 3.5 V 附近的平台则逐渐缩短,两平台的长度之比与材料中 Mn、Fe 含量之比 $y/(1-y)$ 是相对应的。在以 0.1 C 倍率放电条件下,Mn 掺杂量为

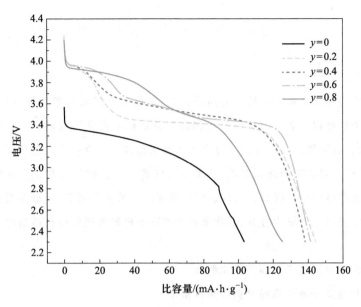

图 4 - 13　$LiMn_y Fe_{1-y} PO_4$ 在 0.1 C 倍率下的首次充/放电曲线

$y=0.2$ 的 $LiMn_{0.2} Fe_{0.8} PO_4$ 材料首次放电比容量最大,达到了 144 $mA\cdot h/g$,而未掺杂的 $LiFePO_4$ 材料的首次放电比容量仅为 103 $mA\cdot h/g$。

　　图 4 - 14 为不同镁掺杂量 $LiFe_{1-x} Mg_x PO_4/C$($x=0.01,0.02,0.03,0.05,0.1$)复合材料的放电循环曲线图,可对比不同镁掺杂量对 LFP 复合材料循环性能的影响。在 1 C 倍率下充/放电,$LiFe_{1-x} Mg_x PO_4/C$ 复合材料在循环过程中比容量无明显起伏,较为稳定。在 $x=0.02$ 时,其初始放电能力最强,循环 50 次后,其比容量保持率达到 98.6%。这是因为掺入 Mg^{2+} 后,可以提高金属材料的导电性,进而提高其循环特性。

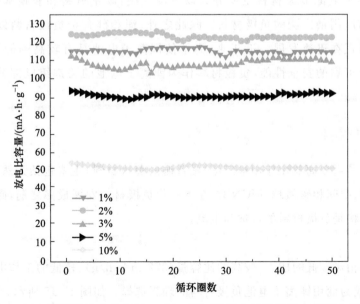

图 4 - 14　不同镁掺杂量 $LiFe_{1-x} Mg_x PO_4/C$ 复合材料的放电循环曲线图

第 3 节　锂离子电池负极材料

■ **本节导读**

负极材料作为锂离子电池中的核心组成部分，在电池中起着能量的储存与释放的作用。锂离子电池的负极材料主要分为碳基材料和非碳基材料。常见的碳基材料有石墨及无定形碳等，非碳基材料有锡基、硅基、钛基及过渡金属氧化物等。当今社会对锂离子电池的要求越来越高，随着正极材料研究的逐渐完善，开发具有快速离子扩散能力和快速反应动力学等优异电化学性能的负极材料已经成为时代迫切的需求。本节将介绍石墨、硅基及钛酸锂三种锂离子电池负极材料的性质与改性方法，使读者对锂离子电池负极材料有详细的了解。

■ **学习目标**

1. 掌握锂离子电池负极材料的基本概念；

2. 掌握几种锂离子电池负极材料的储锂机理；

3. 掌握几种锂离子电池负极材料的优缺点及改性方法。

■ **知识要点**

1. 负极材料的基本概念；

2. 石墨负极储锂机理及改性方法；

3. 硅基负极储锂机理及改性方法；

4. 钛酸锂负极储锂机理及改性方法。

一、锂离子电池负极材料概述

商用锂离子电池负极材料主要分为以下两大类：碳基材料和非碳基材料，其中碳基材料是当前应用最广泛的负极材料。除此之外，锂和硅合金负极材料以及钛基等非碳基负极材料正在迅速发展。近年来，为了使锂离子电池具有较高的能量密度、较好的循环性能及可靠的安全性能，负极材料作为锂离子电池的关键组成部分受到了广泛关注。

二、碳基材料

碳基材料是当今商业化应用最广泛、最普遍的负极材料，主要包括天然石墨、人造石墨、硬碳、软碳、中间相碳微球（MCNB），在下一代负极材料发展成熟之前，碳基材料特别是石墨材料仍将是负极材料的首选和主流。

1. 石墨

石墨因其相对较低的成本、较高的比容量（372 mA·h/g）、较低的工作电压和优异的循环稳定性，成为商用锂离子电池负极材料的理想选择。如图 4-15 所示，石墨负极材料发展至今已有约 40 年的历史。

石墨图片

1983年
发现Li在石墨中
的可逆脱嵌

20世纪80年代
碳负极材料开始
被广泛研究

1993年后
商品化的锂离子电池
开始采用性能稳定的
人造石墨作为负极材料

图 4-15　石墨负极材料发展史

石墨负极材料通常分为天然石墨和人造石墨。石墨为灰黑色固体,是一种具有稳定层状结构的碳同素异形体。层内以 σ 键、大 π 键相连,原子间距为 0.142 nm;层间则以范德华力相连,层间距为 0.335 nm,Li^+ 能够在其中进行可逆的嵌入/脱出,其充/放电反应方程如下:

充电反应　　$6C + xLi^+ + xe^- \longrightarrow Li_xC_6$　　$(0 \leqslant x \leqslant 1)$

放电反应　　$Li_xC_6 \longrightarrow 6C + xLi^+ + xe^-$　　$(0 \leqslant x \leqslant 1)$

如图 4-16 所示,天然石墨生产的主要步骤包括破碎、造粒、石墨化、筛分等。由于天然石墨存在缺陷,所以必须进行球形化处理、除磁性物质、包覆等步骤。

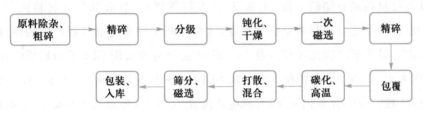

原料除杂、粗碎 → 精碎 → 分级 → 钝化、干燥 → 一次磁选 → 精碎

包装、入库 ← 筛分、磁选 ← 打散、混合 ← 碳化、高温 ← 包覆

图 4-16　石墨合成流程图

石墨负极材料在使用中存在着诸多的缺陷,如对电解液的成分敏感、耐过充能力差及充/放电过程中结构易遭破坏等。为了解决这些问题,对石墨进行改性是非常必要的。近年来,石墨作为锂离子电池负极材料的改性研究取得了很多进展,主要的改性方法有以下几种:

(1) 包覆改性　石墨的包覆改性分为碳包覆和无机材料包覆。碳包覆使用酚醛树脂作为碳源,利用液相合成的方法来包覆无定形碳,通过碳包覆可提高石墨的循环稳定性。无机材料包覆改性是将马来酸钠(maleic acid disodium salt hydrate,MS)涂覆到石墨的表面上,起促进 SEI 膜生成的作用。电化学阻抗谱(EIS)研究和扫描电子显微镜(SEM)观察表明,在长期电化学循环过程中,由于 SEI 不稳定而导致的锂在石墨表面的连续沉积得到了有效抑制,进而改善了石墨负极材料的电化学性能。

(2) 表面处理　表面处理即在不退火的条件下,用 KOH 在温和条件下蚀刻得到了用于锂离子电池负极材料的表面改性石墨。石墨经表面处理,能够综合提高石墨负极材料的电化学性能。

(3) 复合处理　将石墨烯薄片、碳纳米管、商业用多层石墨微粒进行复合处理后可直接用作锂离子电池负极材料,而不需要黏合剂。复合材料具有较高的可逆比容量、良好的循环性能和优良的倍率性能。

2. 其他碳基材料

除石墨外,其他碳基材料包括无序碳(软碳、硬碳和纳米碳)等,作为锂离子电池的负极材料,具有显著的快速充电能力和更长的循环寿命。硬碳和软碳均由随机分布的弯曲石墨片组成,然而,前者可以在高温下石墨化,而后者即使在 3 000 ℃乃至更高的温度下也不能石墨化,只能形成短程有序、长程无序的石墨微晶结构。硬碳是一种较为优异的锂离子电池负极材料,具有扩展的石墨层间距(0.37～0.42 nm)、丰富的纳米孔洞、较多的晶界和缺陷等特点。由于其独特的结构,硬碳负极在 Li$^+$ 嵌入/脱出期间的体积膨胀比石墨小。然而,硬碳中存在的大量晶界位点影响了 SEI 膜的形成,导致锂离子电池容量损失。但是,硬碳具有大量的纳米孔洞、晶界等缺陷,可以有效地缩短锂离子的传输距离,为电荷快速转移提供丰富的活性中心,这有利于电池快速充电和提高其倍率性能。

三、硅基负极材料

硅基负极材料具有储量丰富、无毒、环境友好等优点,且硅基负极材料比容量较高,能够减少电极的厚度且不影响总能量密度,这可以减少快速充电过程产生的浓度差和电位梯度效应。晶体硅的锂化过程涉及 Li - Si 合金反应及表面 SEI 膜的形成。在锂化过程中,电压大于 0.5 V 时,硅颗粒表面形成 SEI 膜;在电压下降到 0.1 V 时,Li$^+$ 开始嵌入硅粒子,以实现完全的合金化反应;直到电压降至 0.01 V,导致每个硅原子与 4.4 个 Li$^+$ 结合,体积膨胀约 420%。体积膨胀在内部形成巨大的应力,导致硅颗粒破裂和粉碎。

以硅作负极的电极反应式如下:

充电反应　　　$x\text{Li}^+ + \text{Si} + x e^- \longrightarrow \text{Li}_x\text{Si}(\text{无定形}) \quad (0 \leqslant x \leqslant 4.4)$

放电反应　　　$\text{Li}_x\text{Si}(\text{无定形}) \rightleftharpoons \text{Li}_y\text{Si}(\text{无定形}) + (x-y)\text{Li}^+ + (x-y)e^-$

$$(0 \leqslant x \leqslant 4.4, 0 \leqslant y \leqslant x)$$

在放电时,锂从负极材料中脱出,由于硅的内部结构中仍然保留了无定形构造,无法再还原到晶态构造,所以并非每个嵌入硅基负极材料的锂都能可逆地脱出,尤其是在高倍率下,这种不可逆现象更加严重,因此硅基负极材料的稳定性与倍率性能较差。

针对硅基负极材料的较低循环稳定性和倍率性能,目前主要采用以下方法对其进行改性:

① 纳米化。通过将微米级硅粉的粒径缩小至纳米级,可以有效降低锂化过程硅基负极材料的体积膨胀,同时缩短 Li$^+$ 的扩散路径,有利于提高倍率性能。

② 硅碳材料复合化。硅碳复合材料是采用商业上可获得的微型 SiO$_2$ 作为硅源,加热后形成一种 Si/SiO$_2$ 复合材料。通过刻蚀方法去除 SiO$_2$,将 Si/SiO$_2$ 复合材料转化为多孔硅颗粒。通过乙炔的热分解将原始孔隙的大部分用碳填满,形成了一种微尺度的硅碳复合材料,其中硅和碳在纳米尺度上实现了三维互联。硅碳复合材料比硅材料表现出更好的电化学性能。

四、钛酸锂负极材料

钛酸锂($Li_4Ti_5O_{12}$,LTO)由于其稳定的结构成为目前潜在的商用锂离子电池负极材料,其发展历程如图 4-17 所示。$Li_4Ti_5O_{12}$ 具有立方空间群 $Fd\bar{3}m$ 的尖晶石结构,其中锂离子占据四面体 $8a$ 位和六分之一的八面体 $16d$ 位。剩下的 $16d$ 位点被 Ti^{4+} 占据。其理论比容量为 175 mA·h/g,充/放电过程中所发生的电极反应如下:

充电反应 $Li_4Ti_5O_{12}+3Li^++3e^- \longrightarrow Li_7Ti_5O_{12}$

放电反应 $Li_7Ti_5O_{12} \longrightarrow Li_4Ti_5O_{12}+3Li^++3e^-$

图 4-17 钛酸锂负极材料的发展历程

LTO 具有强 Ti—O 键赋予的稳定结构,在两相转变期间只有 0.77% 的晶格收缩,因此也被称为"零应变"材料。LTO 的高电压平台(≈ 1.55 V vs. Li^+/Li)可以避免因电解质的还原而导致的 SEI 薄膜形成,因此减少了部分锂的消耗,这有助于提高初始库仑效率,并促进 Li^+ 在界面处的扩散。同时,LTO 不易产生锂枝晶,大大提升了安全性能。

LTO 的制备方法主要有两种,分别为高温固相法和溶胶-凝胶法:

① 高温固相法。TiO_2 与锂盐采用球磨的方法,进行混料,得到更均匀的混合物,放入马弗炉在 800~1 000 ℃高温下煅烧 3~24 h,可以获得 $Li_4Ti_5O_{12}$ 试样。使用球磨的方法不仅可以混合得更均匀,还可以降低热处理温度,得到的产物粒径较小,粒径尺寸分布较窄。

② 溶胶-凝胶法。含钛溶液与含锂溶液混合反应,得到溶胶-凝胶,水浴干燥后进行充分研磨,放入马弗炉进行高温煅烧,得到 $Li_4Ti_5O_{12}$ 粉末。

然而,目前 LTO 还存在如下几个缺陷:LTO 理论比容量较小,仅为 175 mA·h/g;导电性较差,高倍率下的电化学性能不佳;振实密度偏小,体积能量密度有待提升。LTO 通常采用两种改性方式,一是掺杂改性,二是纳米化。

① 掺杂改性。掺杂是电极材料常见的改性方法,以 LTO 的氟掺杂为例,通常采用简单的水热法或煅烧法合成氟掺杂 LTO 纳米片,F 成功进入 LTO 的晶格中,使体系中部分 +4 价钛离子转化为 +3 价钛离子。经氟掺杂后,LTO 纳米片在保持了原来的形状和结构完整性的同时,显示出良好的倍率性能和循环稳定性,即使在循环 1 000 次后仍具有 86.2% 的比容量保持率。

② 纳米化。通过环己烷/水的双相界面反应路线,经过煅烧合成纳米 LTO。经过纳米化,LTO 放电容量更高,循环性能更好。

第4节　锂离子电池电解质

■ 本节导读

电解质作为锂离子电池的主要组成部分之一,起着传导离子的作用。锂离子电池电解液由溶剂、添加剂和电解质溶质组成。锂离子电池通常使用液态、固态聚合物或熔融盐电解质。其中液态电解质是最常用的电解质,基于锂盐在一种或多种有机液体溶剂中的溶液。固态电解质主要有无机固态电解质和聚合物固态电解质两类。由金属阳离子与非金属阴离子所构成的熔融体,就是熔融盐电解质。本节将介绍锂离子电池液态电解质、固态电解质、熔融盐电解质,使读者对锂离子电池电解液有详细的了解。

■ 学习目标

1. 掌握锂离子电池电解液的作用、组成及分类;

2. 掌握液态电解质、固态电解质和熔融盐电解质的基本分类和基本特点。

■ 知识要点

1. 液态电解质的基本分类和基本特点;

2. 固态电解质的基本分类和基本特点;

3. 熔融盐电解质的基本分类和基本特点。

一、锂离子电池电解质概述

电解质的基本功能是作为一种介质,在正极和负极之间传输锂离子,从而确保内部电路的有效性。因此,电解质和两个电极之间的界面对电池的循环性能至关重要。锂离子电池电解质按其存在状态的分类如图4-18所示。

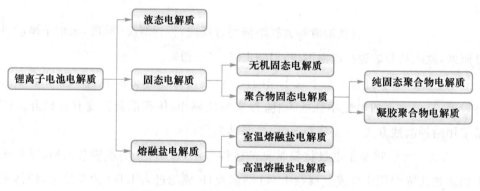

图4-18　锂离子电池电解质的分类

二、液态电解质

液态电解质,即锂离子电池电解液,由有机溶剂和锂盐共同组成,下面将对液态电解质溶剂和锂盐分别做详细的介绍。

1. 液态电解质溶剂

电解液的性能由溶剂的物理、化学性质共同决定。溶剂的主要作用是将作为溶质的锂盐溶解并分解成自由离子。因此,选择合适的有机溶剂是获得良好电解质、提高电池各方面性能的先决条件。理想的溶剂应满足以下几个特性:良好的安全性;较高的离子电导率;较高的介电常数(起加速锂盐的阴、阳离子的分离,从而增加锂盐的溶解度的作用);良好的成膜性能;较高的化学和电化学稳定性(氧化还原电势差应大于 4.5 V);溶剂应满足绿色制造、无毒环保的要求。当前,液态电解质溶剂主要包括碳酸酯类溶剂、其他酯类溶剂、砜基有机溶剂和腈基有机溶剂等,下面将逐一介绍。

(1) 碳酸酯类溶剂　碳酸酯类溶剂分为环状碳酸酯类溶剂和链状碳酸酯类溶剂。碳酸丙烯酯(propylene carbonate,PC)是一种极性非质子溶剂,工作温度范围较宽(−49～242 ℃)。由于 PC 的熔点和黏度比碳酸乙烯酯(EC)高,取代部分或全部 EC 可以提高低温下的导电性,并显著降低结晶倾向。几种环状碳酸酯类溶剂如表 4-11 所示。

表 4-11　几种环状碳酸酯类溶剂

名称	碳酸丙烯酯(PC)	碳酸乙烯酯(EC)	碳酸丁烯酯(BC)
性状	无色有香味液体	无色固体	无色透明液体
相对介电常数	66.1	89.6	55.9
优点	低温性能和吸湿性较好	提升锂盐溶解度及解离度;提高锂离子电池电导率;热稳定性良好	提升锂离子电池循环效率;低温性能较好
缺点	不能在石墨负极形成 SEI 膜,电池循环性能不佳	熔点高(36.4 ℃)、黏度较高,抑制锂离子的迁移	成膜性差

常见的链状碳酸酯类溶剂有碳酸二甲酯(dimethyl carbonate,DMC)、碳酸二乙酯(diethyl carbonate,DEC)、碳酸甲乙酯(ethyl methyl carbonate,EMC)和苯氨基甲酸甲酯(methyl *n* - phenyl carbamate,MPC),其基本性质见表 4-12。由于碳链的黏度和熔点低,常与环状碳酸酯类结合形成二元或三元溶剂,组成锂离子电池电解液的溶剂体系。

表 4-12　几种链状碳酸酯类溶剂的基本性质

名称	碳酸二甲酯(DMC)	碳酸二乙酯(DEC)	碳酸甲乙酯(EMC)	苯氨基甲酸甲酯(MPC)
存在形态	无色液体	无色液体	无色液体	无色液体
熔点/℃	0.5	−74.3	−14.5	
沸点/℃	90～91		109.2	113.9
溶解性	不溶于水,可混溶于多数有机溶剂、酸类、碱类	能溶于常见有机溶剂,难溶于水	不溶于水,溶于醚和醇	易溶于水和醇

(2) 其他酯类溶剂　除了碳酸盐,其他酯类有机溶剂作为锂离子电池的电解质溶剂

受到了最多的关注。线性脂肪族酯具有低黏度、低熔点和中等极性的优点,能够促使锂离子在宽温度范围内快速传输。但与碳酸酯类相比,它们有几个关键缺点,包括高挥发性、易燃性和电化学窗口窄。

亚硫酸乙烯酯(ethylene sulfite,ES)、亚硫酸丙烯酯(1,3 - propylene sulfite,PS)、亚硫酸二甲酯(dimethyl sulfite,DMS)等亚硫酸酯类有机溶剂的分子结构与碳酸酯类的相似,但是其熔点更低,Li^+ 可以与 S 原子上的孤对电子螯合,能够大大促进锂盐分解。环状亚硫酸酯类成膜性较差,但黏度低,能够提高电解液的低温性能和安全性。

有机链状羧酸酯溶剂,如乙酸甲酯(methyl acetate,MA)、甲酸甲酯(methyl formate,MF)、丁酸甲酯(methyl butyrate,MB)等溶剂的熔点和黏度都非常低。在基于 EC 的电解质中添加有机链状羧酸酯溶剂共溶剂是开发极低温电解质的重要研究思路。

(3)砜基有机溶剂　在各种有机溶剂中,砜基电解质因其耐燃性和优异的电化学稳定性而经常被用于锂离子电池的研究。显然,与碳酸盐分子中的羰基相比,更强的吸电子磺酰基可以降低最高占据分子轨道(HOMO)的能级,从而提高电解质/正极界面的稳定性。四甲基亚砜(tetramethylene sulfoxide,TMS)和乙基甲基砜(ethyl methyl sulfone,EMS)的负极电势很高,高于 5.0 V(vs. Li^+/Li),因此,可以与高电压正极材料匹配。然而,砜基有机溶剂存在合成复杂、高熔点(通常高于室温)、高黏度及无法形成稳定和保护性溶剂等缺点,这严重限制了它们的应用。经研究发现,向电解液中加入添加剂或将砜基有机溶剂与高浓度碳酸盐溶剂混合是解决这些问题有效的方法。

(4)腈基有机溶剂　腈基有机溶剂具有优异的物理化学和热力学稳定性。二腈基化合物可用作高压锂离子电池的添加剂或助溶剂,提高正极/电解液表面的稳定性。在碳负极上,采用添加了癸二腈的电解液能够提升 6 V 以上高电压下的电化学稳定性。然而,癸二腈不能在石墨或锂金属负极表面形成有效的 SEI 层。但是,通过添加促进生成 SEI 的化合物,如碳酸乙烯酯(EC)和其他功能添加剂来保护负极和电解液之间的界面,可以避免这种不相容性。

2. 液态电解质锂盐

理想的锂离子电池的锂盐应具有高的离子电导率及良好的耐腐蚀性。并且锂盐需与电解质在相同的电压和温度范围内保持稳定,并且不会与其他电池组件发生反应。同时要求其水解性能低、低温性能好、制造简单、成本低及绿色环保。下面介绍几种常用锂盐:

(1)六氟磷酸锂($LiPF_6$)　六氟磷酸锂是用于锂离子电池非水电解液的典型锂盐,该盐与碳酸酯类溶剂如碳酸乙烯酯(EC)、碳酸二甲酯(DMC)、碳酸二乙酯(DEC)或碳酸甲乙酯(EMC)中的一种或多种混合组成锂离子电池电解液。当碳酸酯类溶剂与六氟磷酸锂联合配成电解液使用时,该盐能够与石墨电极形成稳定的 SEI 界面层。六氟磷酸锂的优点是能够在高电压下与铝集流体形成稳定的界面,可以减少集流体的腐蚀磨损,并具有高导电性和相对良好的安全性能。然而六氟磷酸锂的缺点是具有易燃性、易吸水或发生水解，并且具有相对较低的热稳定性窗口。

（2）硼酸盐　目前正在开发的硼酸电解质盐包括四氟硼酸锂（LiBF$_4$）、双三氟甲烷锂［LiN(CF$_3$SO$_2$)$_2$］、双草酸硼酸锂（LiBOB）和二氟(草酸)硼酸锂（LiDBOB）。尽管 LiBF$_4$ 的锂离子电导率较低，且较难形成 SEI 膜，但 LiBF$_4$ 在零下温度的工作环境下与 LiPF$_6$ 相比，能更好地发挥电池性能。当使用 LiBF$_4$ 时，全电池的 R_{ct} 显著降低。但是，由于 LiBF$_4$ 的电解质溶液中生成的 SEI 不足，导致其循环性能不佳。此外，LiBOB 因其 SEI 形成能力较好而得到广泛的研究，这可能会降低对碳酸乙烯酯（EC）溶剂的需求。LiBOB 和 LiDBOB 都具有改善高温性能和增加上限电压范围的优势，LiBOB 的超过 4.5 V，LiDBOB 的则超过 5.0 V，其中 LiDBOB 比 LiBOB 具有更好的溶解性和离子解离特性，但它们的电导率比六氟磷酸锂低，这限制了它们的应用。

（3）全氟烷基磺酸锂（LiTF）　全氟烷基磺酸锂与六氟磷酸锂相比，其抗氧化性、热力学稳定性等综合性能更好。但在非水溶剂中，较之其他锂盐，全氟烷基磺酸锂的离子电导率更低。这是因为全氟烷基磺酸锂的解离常数、介电常数和离子迁移数均较低。用全氟烷基磺酸锂作电解质锂盐组成的锂离子电池，在 2.7 V 时，铝箔集流体会发生氧化反应，进而导致严重的腐蚀磨损。这一缺点限制了全氟烷基磺酸锂在锂离子电池电解液中的大规模应用。

（4）酰亚氨基锂（LiTFSI，LiFSI 和 LiFTFSI）　酰亚氨基锂作为锂盐，具有较好的电池的长期循环稳定性、离子导电性，能改善电极反应的整体动力学。使用酰亚氨基锂和碳酸酯溶剂作电解液，可以在石墨电极上获得富含 LiF 和碳酸盐的低电阻 SEI 层。电解液中酰亚氨基锂盐的存在不会缩小电化学窗口，但产生的 SEI 的热稳定性略低。含有酰亚氨基锂的电池性能改善的原因与较高量的 LiF 的存在有关，LiF 似乎促进了 Li$^+$ 在 SEI 中的扩散。

三、固态电解质

为了解决有机液态电解质与高分子电解液均存在着的燃点较低和热稳定性的问题，具有高热稳定性的固态电池（ASSB）应运而生。第一，相对于聚合物电解质和有机液态电解质，无机固态电解质有着良好的电化学稳定性及与更高电势正极化材料的兼容性，并提高了能量密度。第二，相比于液态电解质，固态电解质明显减小了电池组的体积，容量密度也因此有所增加。第三，固态电池具有优异的力学性能。固态电解质应该具有以下性质：在室温下，具有 10^{-4} S/cm 以上的高离子电导率，即离子转移数高；电化学窗口宽；电子电导率低。

1. 无机固态电解质

无机固态电解质的种类很多（图 4 - 19），包括钙钛矿型、NASICON 型、Li$_3$N 型、LiPON 型、石榴石型、LISICON 型、硫化物型、反钙钛矿型，等等。其中，LiPON 型和 LISICON 型固态电解质的离子电导率较低，Li$_3$N 型固态电解质的电化学窗口较窄，硫化物型和反钙钛矿型固态电解质在大气环境中不稳定。钙钛矿型、石榴石型和 NASICON 型固态电解质在固态电池中有很好的应用前景。通过选择合适的固态电解质,可以制造出高度安全的电池。下面将分类详细介绍。

(1)钙钛矿型无机固态电解质 钙钛矿型无机固态电解质 $Li_{3x}La_{2/3-x}TiO_3$(LLTO)属立方面心密堆积结构,LLTO 的晶体结构如图 4-20 所示。虽然 LLTO 具有较高的电导率(1×10^{-3} S/cm),但当电势低于 1.8 V(vs. Li^+/Li)时,LLTO 不能与很多低电势的负极材料一起使用,如金属锂。对于 $Li_{0.35}La_{0.55}TiO_3$ 存在两个锂化步骤:1.8~1.1 V 和 0.6~0 V(vs. Li^+/Li),1.8~1.1 V 的步骤为锂嵌入 $Li_{0.35}La_{0.55}TiO_3$ 中。在第一个锂化步骤中,75%~90%的 Li^+ 可以插入 $Li_{0.35}La_{0.55}TiO_3$ 中,但可逆嵌入/脱出的 Li^+ 的量仅有 48%。对于具有 24% Li 插入量的 $Li_{0.35}La_{0.55}TiO_3$,存在从 ABO_3 钙钛矿相到 A_2BO_3 单斜晶相的可能相变。为了改善其电化学稳定性,必须采用其他元素来取代钛。

图 4-20

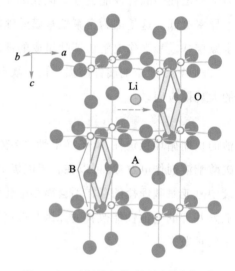

图 4-19 无机固态电解质的主要分类

图 4-20 钙钛矿型无机固态电解质 $Li_{3x}La_{2/3-x}TiO_3$ 的晶体结构

(2)NASICON 型无机固态电解质 NASICON 型无机固态电解质的一般分子式为 $A_xB_y(PO_4)_3$,其中 A 和 B 分别是单价和多价阳离子,其晶体结构如图 4-21 所示。NASICON 型无机固态电解质不仅具有良好的离子电导率,还拥有高电化学稳定性及热稳定性。NASICON 材料的离子导电性取决于锂离子的浓度和 NASICON 骨架的组成,根据移动离子的半径选择合适的骨架离子对促进离子扩散和提高离子导电性至关重要。

(3)Li_3N 型无机固态电解质 以纯锂和氮为原料进行反应,在 650 ℃时采用冷压烧结合成法可制备 Li_3N 型无机固态电解质。Li_3N 可与 TiS_2,PbI_2,PbS 和 AlI_3 等电势高于 1.74 V(vs. Li^+/Li)的正极材料反应,表明其电化学窗口较窄。尽管 Li_3N 的室温离子电导率高,但其分解电压较低(<0.5 V),并且具有各向异性结构。Li_3N 存在在合成时易产生杂相,对空气敏感,尤其是遇水易燃等问题,限制了其在锂离子固态电池中的商业化

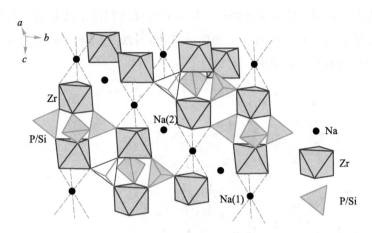

图 4-21 NASICON 型无机固态电解质的晶体结构

应用。通过掺杂可以提高 Li_3N 的分解电压,但距锂离子电池的应用要求还有很大差距。

（4）LiPON 型无机固态电解质 LiPON 是金属锂磷氧化物的简称。与上述电解质所不同的是,LiPON 是非晶态的锂离子固态电解质。图 4-22 显示了基于脂质体的 LiPON 型薄膜固态电池的结构。LiPON 为缺陷型 $\gamma-Li_3PO_4$ 结构,最早是在氮气气氛下采用射频磁控溅射的方法制备得到的,其优点是具有较高的室温离子电导率 $[(2.3\pm0.7)\times 10^{-6} \text{ S/cm}]$,较低的电子电导率($<10^{-14}$ S/cm)及较宽的电化学窗口(5.5 V),缺点对空气中的水蒸气和氧气较敏感。随着 LiPON 中氮的含量增加,该固态电解质的离子电导率也随之增大。在 $0\sim5.5$ V(vs. Li^+/Li)下,LiPON 型无机固态电解质比较稳定,但由于在室温下的离子电导率较低,并不适宜用作大型固态电池。

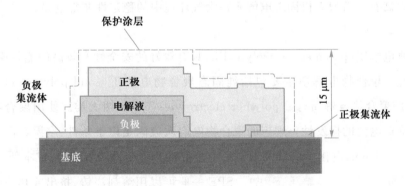

图 4-22 LiPON 型薄膜固态电池的结构

（5）石榴石型无机固态电解质 1968 年首次发现石榴石型无机固态电解质,其成分为 $Li_5Ln_3M_2O_{12}$(M＝Te,W,Ta,Nb;Ln＝Y,La,Pr,Nd,Sm,Eu,Gd,Tb,Dy,Ho,Er,Tm,Yb,Lu)。以立方结构的 $Li_5La_3M_2O_{12}$(M＝Ta,Nb)为例,在 25 ℃下,石榴石型无机固态电解质 $Li_5La_3M_2O_{12}$(M＝Ta,Nb)具有较高的离子电导率,其骨架结构如图 4-23 所示。对于 $Li_5La_3Ta_2O_{12}$,Li^+ 在四面体中占据 $24d$ 位,在八面体中占据 $48g$ 和 $96h$ 位,八面体中的锂离子被置换。八面体通过共边连接,由于锂离子的迁移,相邻八面体中锂离子之间的距离不相同。锂离子之间的最短间隔可提升锂离子迁移效率和离子导电性。$Li_5La_3Nb_2O_{12}$ 显示出与 $Li_5La_3Ta_2O_{12}$ 相似的结构,因此,$Li_5La_3Nb_2O_{12}$ 中的离子传导应与 $Li_5La_3Ta_2O_{12}$ 具有相同的机制。

图 4-23

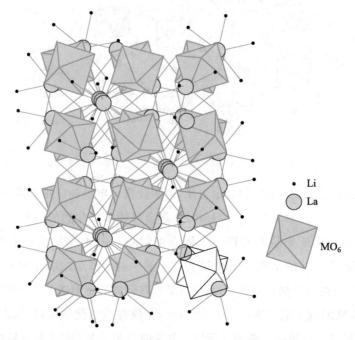

图 4-23   石榴石型无机固态电解质 $Li_5La_3M_2O_{12}(M=Ta,Nb)$ 的骨架结构

石榴石型无机固态电解质在与周围大气中的水分或二氧化碳接触时不稳定。通过材料改性提高石榴石型无机固态电解质在大气环境中的稳定性非常重要。

2. 聚合物电解质

聚合物电解质(polymer electrolyte,PE)具有较好的安全性和较高的能量密度,因此被广泛研究。聚合物电解质主要包括纯固态聚合物电解质(solid polymer electrolyte,SPE)和凝胶聚合物电解质(gel polymer electrolytes,GPE)两大类。使用聚合物电解质可以有效降低电池的挥发性。理想的聚合物电解质应满足以下条件:室温锂离子电导率大于 $1×10^{-6}$ S/cm;电化学窗口大于 4.5 V;良好的热稳定性及安全性;成本低。

(1) 纯固态聚合物电解质(SPE)   SPE 一般可以用溶剂浇铸、挤出或热成型等工艺来制造。聚合物电解质能够溶解锂离子,并在电场作用下输送锂离子,两种不同类型 SPE 中锂离子的传输机制分别如图 4-24(a) 和(b)所示。通常,聚合物链中的极性基团用于溶解锂盐,包括羟基、醚、羧基、胺、酰亚胺和磺酸盐。SPE 具有质轻、易成膜的优点,在二次电池中具有潜在的应用价值。但 SPE 中的离子传输比液态电解质慢得多,所以其应用受到限制。

具有醚官能团的聚氧化乙烯(poly ethylene oxide,PEO)因其表现出良好的尺寸稳定性、良好的安全性被广泛研究。但 PEO 基 SPE 的离子电导率有待提高。这是由于 PEO

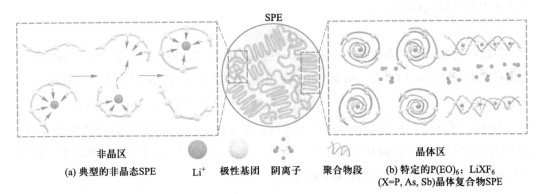

非晶区
(a) 典型的非晶态SPE　　Li⁺　极性基团　阴离子　聚合物段　晶体区
(b) 特定的P(EO)₆：LiXF₆
(X=P, As, Sb)晶体复合物SPE

图 4-24　两种不同类型 SPE 中锂离子的传输机制

的结晶温度高于室温,因此,PEO 基 SPE 的室温锂离子电导率远低于 10^{-4} S/cm。通常引入各种添加剂,如无机填料和增塑剂,以提高 PEO 基 SPE 的锂离子转移数。目前商业化锂离子电池中液态电解质的电化学窗口要求高于 4.5 V。然而,基于 PEO 的 SPE,其醚官能团会在工作电压 4.0 V(vs. Li^+/Li)以上被氧化。因此,改进 SPE 的电化学窗口对于商业化固态锂离子电池也很重要。

(2) 凝胶聚合物电解质(GPE)　GPE 是一种以聚合物为基体、增塑剂和电解质锂盐为主要成分、固相和液相共存的聚合物电解质。GPE 在离子电导率方面比 SPE 更具优势,GPE 的离子电导率通常在 10^{-3} S/cm 左右,但其安全性、电解质的稳定性、机械强度等方面还需进一步提高。

目前,有多种体系的 GPE 得到了开发与研究,根据聚合物基体类型的不同,GPE 主要包括聚环氧乙烷(polyethylene oxide,PEO)基、聚甲基丙烯酸甲酯(polymethyl methacrylate,PMMA)基、聚偏氟乙烯(polyvinylidene difluoride,PVDF)基、含氰基高分子及马来酸酐基凝胶聚合物电解质五种类型。

GPE 被引入聚合物基体中,通过吸收液态电解质来克服 SPE 的缺点。在电场作用下,GPE 中的锂离子主要通过液体电解质移动,而聚合物基体提供了机械稳定性,聚合物基质吸收剂可以缓解传统液态电解质的泄漏问题。

四、熔融盐电解质

熔融盐电解质是由金属阳离子和非金属阴离子所组成的熔融体,有两种类型:室温熔融盐电解质和高温熔融盐电解质。因其具有不挥发、不可燃性,同时具有较好的化学和电化学性能、热稳定性、安全性等优点,因此,被广泛应用于锂离子电池电解质。

1. 室温熔融盐电解质

与传统的有机液体溶剂相比,室温熔融盐的特殊性能使其作为锂离子电池电解质具有很大优势,如氯铝酸盐。其最大的优势是不可燃性、极宽的液体范围和稳定性。由于室温熔融盐电解质容易制造,且具有较好的化学性能和物理性能,因此使得它在传统的电解质中具有很强的竞争力。

2. 高温熔融盐电解质

高温熔融盐电解质有着电导率高、离子迁移速度快、反应阻力小等优点。碘化物的多组分熔融盐体系可用作高温熔融盐电池的电解质,如 LiF–LiBr–LiI,LiF–NaBr–LiI 和 LiF–LiCl–LiBr–LiI。碘基熔融盐具有较高的离子导电性,在 500 ℃时,离子电导率约 3 S/cm。采用碘基熔融盐体系可以有效提高电导率,可用于实际的高温熔融盐电池。在干燥的空气中,碘基熔融盐在高于 280 ℃的温度下表现出不稳定性。从环境中消除氧气即可有效地稳定高温下的碘化物熔融盐。

五、电解质添加剂

电解质添加剂能够显著改善电池的使用寿命、安全性和电化学性能,且添加剂的含量通常不超过电解液的 5%。这些添加剂大多针对电池的特定部分,如负极或正极,然后针对实现一系列特定的性能改进,包括改善 SEI 的形成、保护正极、稳定电解液中的锂盐、提高安全性、改善锂沉积、增强溶剂化、抑制腐蚀和改善润湿性等作用。

在负极侧,含有不饱和碳碳键的添加剂能够提高负极性能,如碳酸亚乙烯酯(vinylene carbonate,VC)、乙酸乙烯酯(vinyl acetate,VAC),这些添加剂可以用于帮助抑制石墨负极发生的分解、改善 SEI 的形成和提高稳定性。其他以负极为目标的添加剂包括使用羧酸酐,草酸盐,含硫、卤素和磷的化合物和含氮化合物。使用乙酸酐和苯甲酸酐添加剂可有效降低大多数锂离子电池中温度驱动的电阻增加。

在正极侧,添加剂通常分为含硫化合物、含硼化合物、苯衍生物和杂环化合物。含硫化合物添加剂如二苯硫醚、二甲氧基二苯硫醚和双(对甲氧基苯硫基)乙烷,这些添加剂用于帮助防止由于水和酸性杂质及由于电解质的不可逆氧化而导致的正极性能劣化。含硼化合物添加剂如双草酸硼酸锂(LiBOB),能够在高压和高温下保护正极材料和电解质,同时还能提高材料的循环性能和倍率性能。苯衍生物和杂环化合物添加剂可以改善正极循环稳定性,如苯基添加剂多巴胺可以作为 LiCoO₂/石墨电池的电解质添加剂。多巴胺形成的 SEI 层可以保护正极表面,改善电池电化学性能。

其他添加剂可通过改善过充电情况来提高安全性,包括联苯、氯噻吩和呋喃等。这些添加剂已被证实可以在过充电期间通过在正极上形成聚合层,从而有效地形成防止过充的绝缘层。另外,添加剂可用来降低电解质的可燃性。这通常来自两种不同方法,一种是在电解液中添加阻燃剂,另一种是使用不易燃的溶剂。目前广泛使用的阻燃添加剂包括磷酸三乙酯、磷酸三(2,2,2-三氟乙基)酯、氟化碳酸亚丙酯和甲基九氟丁基醚。这些类型的添加剂通过在冷凝相和气相之间建立隔离层,或者通过化学自由基清除过程来降低电解质的可燃性,该过程通过消耗原本会成为额外燃料的化合物来终止引起燃烧的链式反应。磷酸三乙酯已被证明具有自熄性,而二氟乙酸甲酯已被证明可改善电池的热稳定性。

最后,当电解质润湿隔膜时,可以使用一些添加剂,如磷酸三(2-乙基己基)酯和磷酸三苯酯来提高其润湿性,而己二腈、LiBOB 和 LiODFB 可以提高电池中铝箔的耐腐蚀性。

第 5 节　锂离子电池隔膜

■ **本节导读**

在锂离子电池的设计中,隔膜是维护电池安全、影响电池稳定性的重要组成部分。隔膜的功能主要有三:首先,隔膜置于正、负极材料之间,以防止正、负极接触,避免短路,为锂离子电池提供安全保障;其次,隔膜可以吸收存储电解液,为锂离子迁移提供微孔通道;再次,隔膜可以阻碍正、负极材料发生氧化还原反应所产生的副产物的扩散。本节将介绍常用的锂离子电池隔膜的类型、物理性能、电化学性能及几种隔膜的特点,使读者对锂离子电池隔膜材料有一个初步的了解。

■ **学习目标**

1. 掌握锂离子电池隔膜的基本概念;

2. 掌握隔膜的物理性能和电化学性能;

3. 掌握几种隔膜的特点及其制备方法。

■ **知识要点**

1. 隔膜的基本概念;

2. 隔膜的物理性能;

3. 隔膜的电化学性能。

一、锂离子电池隔膜概述

隔膜也可称为离子导电膜(ionic conducting membrane,ICM),是保证锂离子电池体系安全、影响电池性能的关键材料。隔膜通常是一种超薄的多孔膜,可实现正、负电极的物理分离,从而防止短路,提高安全性能。其次,隔膜必须具有足够的孔隙率,以吸收存储电解液,便于锂离子在正、负极之间来回迁移,但不允许电子通过,这就意味着它必须是离子导电、电子绝缘的。同时,隔膜还需要具备一定的抗拉强度、抗穿刺性、抗撕裂性,这些性质可以使隔膜在突发高温条件下能够保持尺寸稳定,不会发生大面积收缩和电池热损失。迄今,锂离子电池隔膜已发展至第三代:以传统的聚乙烯(PE)和聚丙烯(PP)聚烯烃类隔膜为代表的第一代隔膜,以陶瓷涂层的聚乙烯和聚丙烯隔膜为代表的第二代隔膜,以最新类型的无纺布类隔膜为代表的第三代隔膜。

隔膜具有稳定性、一致性、安全性三种主要特性,决定着锂离子电池的放电倍率、内阻、循环寿命等。隔膜的稳定性受基体材料的影响较大,主要包括电子绝缘性、化学稳定性、拉伸强度和收缩率等。隔膜的一致性主要取决于孔径、孔隙率、浸润性和厚度等。隔膜的安全性则受基体材料和制作工艺的共同影响,包括穿刺强度、熔化温度和闭孔温度等。

近年来,锂离子电池隔膜的种类和制造工艺呈现多样化发展趋势。目前,商业化最成功的聚烯烃类隔膜主要采用干法工艺和湿法工艺制备。而新兴无纺布类隔膜大多基于静电纺丝、熔喷或纺粘、抄纸和相转移等工艺方法来制造,采用各类新型的聚合物材料与无机陶瓷颗粒复合。不同制造工艺所使用的材料、成本、规模产量和特点差别较大,表 4 - 13 列出了常用隔膜制造工艺的对比情况。

表 4 - 13 常用隔膜制造工艺的对比情况

制造工艺	代表性聚合物	技术成熟度	规模产量	成本	特点
干法工艺	聚丙烯	成熟	较大	中等	工艺控制较复杂,产品热性能差
湿法工艺	聚乙烯	成熟	较大	中等	产品热性能差
静电纺丝工艺	含氟聚合物、聚丙烯腈类、聚酰亚胺	中等	较小	较高	需大量有机溶剂,机械强度差
熔喷或纺粘工艺	尼龙、聚酯类、聚丙烯	较成熟	中等	中等	能耗大,孔径大
抄纸工艺	纤维素、芳纶	较成熟	较大	较低	技术较简单
相转移工艺	含氟聚合物	中等	较小	较高	需大量有机溶剂,机械强度差

1. 隔膜的物理性能

(1) 基本物理性能

① 厚度。厚度是锂离子电池隔膜的最基本特性之一。隔膜越薄,机械强度越差,在组装电池过程中隔膜越易被破坏,造成电池短路,产生安全隐患;隔膜越厚,抵抗穿刺的能力越强,电池的安全性也就越高,但会降低锂离子的通过率、电池的容量和能量密度。对于高能量和高功率密度的锂离子电池来说,在保证一定机械强度的前提下,要求隔膜厚度尽量薄。目前,便携类锂离子电池通常使用 9~20 μm 的隔膜,动力电池通常会使用 25~40 μm 的隔膜,而对于一些对安全性有特殊要求的电池,会使用厚度在 40 μm 以上的隔膜。

② 形貌和组成。从隔膜的化学组成和形貌可初步判定隔膜的熔化温度及电化学稳定性等基本特性。扫描电子显微镜(SEM)可以实现对隔膜表面或截面的孔形貌、孔均匀性、纤维尺寸及形状等信息的直接观测,定性推断材料的制备工艺。

③ 孔径大小及分布。电池隔膜的孔隙尺寸和均匀分布对电池的性能有很大的影响。相同的厚度,若孔径较大,则容易使电池发生微短路;若孔径过小,则会增加内阻。同时,隔膜微孔的不均匀分布,容易产生局部电流,从而对电池的工作性能造成不利的影响。因此,隔膜的孔径必须比电极活性材料、导电材料等其他成分的粒度小,这样才可以有效

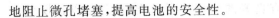

地阻止微孔堵塞,提高电池的安全性。

④ 透气性。隔膜的透气性取决于薄膜的厚度、孔径和孔隙率。隔膜透气性的一个重要的衡量指标是空气透过率,指在一定压力下,一定数量的空气通过每一层隔膜所需的时间。在相同的厚度和孔隙率下,空气的透过率与电阻值呈正相关。空气透过率较低和低电阻值时,其电化学性能也较好。同种材料的情况下,双层、多层隔膜的透气性普遍较单层隔膜的差。

⑤ 孔隙率。隔膜的孔隙率是指微孔体积与隔膜总体积的比值,它直接影响隔膜所容纳的电解液的量、快速充/放电效率及电池的循环寿命。通常隔膜的孔隙率为 40%～60%,孔隙率与电池阻抗呈负相关,与隔膜的离子电导率和吸液率呈正相关,孔隙率较高的隔膜拥有更好的离子电导率和吸液率。但高孔隙率也存在一定的缺点,隔膜的机械强度和闭孔能力很容易因孔隙率过高而降低,进而影响电池的安全性。

⑥ 润湿性。隔膜的润湿性是指电解液对隔膜的渗透程度。隔膜应尽可能吸收足够多的电解液,确保良好的保液能力,同时又不能引起隔膜的溶胀与隔膜尺寸的变化,以保证锂离子正常通过。

(2) 力学性能　电池组装及充/放电过程对隔膜的力学强度要求较高,包括拉伸强度和穿刺强度等。

① 拉伸强度。隔膜的拉伸强度可分为纵向和横向两个方向,采用单轴拉伸工艺制备的聚烯烃隔膜时,横向方向的拉伸强度明显低于纵向方向的拉伸强度。而采用双轴拉伸工艺制备的隔膜时,其强度在两个方向上无明显差异。

② 穿刺强度。电池极片的边缘在制造过程中极易形成金属毛刺,在电池应用过程中负极材料表面也极易形成金属锂枝晶,毛刺和锂枝晶都极易刺穿隔膜,从而导致电池短路,所以隔膜必须具有足够的耐反复穿刺强度,才能保证在制造和应用过程中的稳定性和安全性。

(3) 热稳定性能

① 热收缩率。隔膜的热收缩率是指加热前后隔膜尺寸变化的比值。随着电池在充/放电的过程中大量热能的释放及环境温度的增加,要求隔膜的机械强度能够有一定程度的保持,且不能出现明显的收缩或起皱现象,以避免因电极的接触而引起短路。

② 熔点和自闭孔温度。电池使用过程中容易发生电池温度上升的情况,隔膜熔化会导致电池发生短路。因此,隔膜熔点越高,安全性越高。通常来说,熔点最好大于 150 ℃。另外,电池在短路、过充、热失控等异常情况发生时会产生过多热量,当温度超过 130 ℃时,聚烯烃类隔膜的微孔结构会自动闭合而形成无孔绝缘层,阻抗明显上升,可防止电池在使用过程中发生热失控而引发危险。但是并不是所有的隔膜都具有自闭孔行为,其闭孔能力与聚合物的分子量、结晶度等因素有关。

2. 隔膜的电化学性能

(1) 化学稳定性和电化学稳定窗口　一般电池中的有机电解液具有强极性和腐蚀

性,因此,要求隔膜材料在电解液中需具有良好的抗化学腐蚀能力,并可以长期保持稳定。

（2）界面阻抗　锂离子电池总体的界面阻抗可以通过减去本体阻抗来估算,除了SEI膜以外,隔膜和电极之间的兼容性也能够改变电池的阻抗值。

（3）离子电导率　离子电导率主要反映离子在电解液中的传输能力,也是隔膜厚度、孔隙率、孔径大小、孔径曲折度、电解液浸润程度的综合表征,是隔膜材料的一个重要参数。电解液中的有效离子传导性能会因为隔膜的存在而下降,电池阻抗因此增加。对于锂离子电池所需的隔膜/电解液体系,其在室温下的离子电导率为 10^{-3} S/cm 左右。

二、聚烯烃类隔膜

聚烯烃类聚合物,如聚丙烯（polypropylene,PP）和聚乙烯（polyethylene,PE）,具有良好的机械强度、出色的化学稳定性（耐酸碱腐蚀、耐有机溶剂）和高的电绝缘性能等优点而被广泛地用作隔膜的主体聚合物材料。表 4-14 从高低温性能、密度、熔点、塑性及制备工艺等方面对聚丙烯和聚乙烯两种聚合物材料进行了比较。

表 4-14　聚丙烯和聚乙烯两种聚合物材料比较

名称	聚丙烯	聚乙烯
高低温性能	耐高温	耐低温
密度	小	大
熔点	高	低
塑性	脆	较韧
制备工艺	干法工艺	湿法工艺

然而,随着对电极材料、电解质和制造能力的研究不断深入,聚烯烃的内在局限性已经凸显出来。一方面,聚烯烃类隔膜由于缺乏极性基团而表现出不足的电解质润湿性和界面相容性,导致电池性能受限。另一方面,这些基板的耐热性较差（聚乙烯的熔点仅为136 ℃）,可能会在高温下导致电池严重的内部短路。目前有几种有效的方法可以用来提高聚烯烃类隔膜的性能,如接枝功能单体、涂覆一层陶瓷或聚合物等。

这些聚烯烃类材料除了可以单一使用,聚乙烯和聚丙烯这两种材料还可以组合成"三层"隔膜使用,这种三层隔膜具有明显的优势。聚乙烯（PE）、聚丙烯（PP）组合三层隔膜如图 4-25 所示,该隔膜包括夹在两层聚丙烯之间的聚乙烯层。这利用了两种材料的特性来创建安全关闭功能,其中聚乙烯中间层首先熔化并关闭孔隙以防止任何额外的锂离子通过。如果电池处于故障模式并开始加热,聚乙烯层将首先熔化,从而停止离子流动。如果电池的温度继续升高,聚丙烯层也将熔化,此时负极和正极将相互接触,并且随着电池的热失控,进而发生短路。然而,这些聚烯烃类隔膜可能在 110 ℃时开始收缩,电池可能会在隔膜达到其熔点之前发生内部短路。因此,这些聚烯烃类隔膜只能在一定温度下保持电池的安全性。

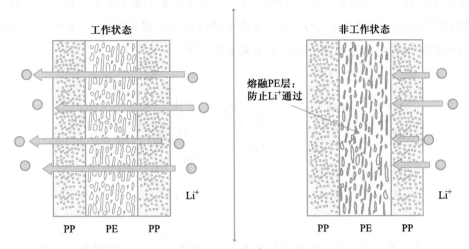

图 4 - 25　聚乙烯(PE)、聚丙烯(PP)组合三层隔膜

三、陶瓷涂层隔膜

传统隔膜技术是通过用无机涂层(如氧化铝、二氧化硅、钛、氧化镁或其他陶瓷颗粒与聚合物材料相结合)涂覆隔膜的过程。现在,许多隔膜制造商提供的标准的聚乙烯、聚丙烯或三层隔膜带有所谓的陶瓷涂层,主要使用氧化铝或前面提到的其他材料之一。陶瓷涂层聚乙烯或聚丙烯隔膜的优点在于,与聚烯烃材料相比,陶瓷的熔点要高得多,从而提高了安全性。这个过程在隔膜上形成了一层保护涂层,但孔却是敞开的。陶瓷涂层隔膜的主要挑战之一是其制造工艺。确保聚合物和陶瓷的正确组合非常重要,这样陶瓷涂层不会变脆,不会在制造过程中断裂、分层和破裂。否则,这种脆性会在电极冲压操作和电池组装过程中导致涂层破裂。

四、无纺布类隔膜

无纺布类隔膜是由液晶聚酯、芳族聚酰胺和纤维素等材料制成的。无纺布类隔膜的优点在于具有高温稳定性,这意味着这类隔膜不会因温度过高产生收缩,从而防止因隔膜收缩而引起的短路。无纺布类隔膜也具有不易燃性,并且其离子电导率高于传统隔膜。

1. 纤维素隔膜

纤维素隔膜是无纺布类隔膜中的一种,其分子结构式如图 4 - 26 所示。纤维素是一种天然高分子材料,是自然界中含量最多、分布最广的链状大分子多糖,具有蕴藏量丰富、成本低、质量轻、物理化学性质稳定、生物相容性和可回收性良好等优点。纤维素不溶于水及一般有机溶剂,分子内具有氢键,可形成三维网络结构,能够增大隔膜的机械强度和电解液吸收率。同时,氢键的存在能使纤维素具有良好的耐热性能、耐化学溶剂性和电化学稳定性。氰乙基纤维素(cyanoethyl cellulose,CNEC)是由碱化纤维素和丙烯腈通过迈克尔加成反应合成的纤维素，被认为有可能补偿聚偏氟乙烯（PVDF）基隔膜的缺陷。同时，其优异的机械和电化学性能、抗微生物侵蚀和酸侵蚀性能，以及优异的热稳定性和低回潮率也有助于隔膜的安全性能和商业化发展。

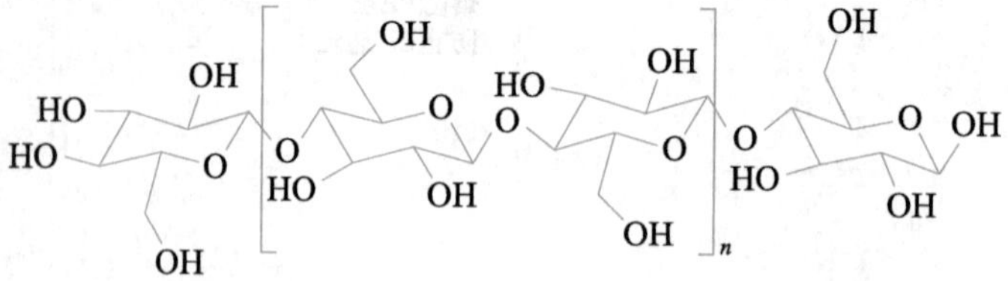

图 4-26   纤维素的分子结构式

2. 聚酯类无纺布隔膜

另一种新兴的无纺布类隔膜使用聚酯类材料，其典型代表有聚对苯二甲酸丁二醇酯（polybutylene terephthalate，PBT）、聚对苯二甲酸乙二醇酯（polyethylene terephthalate，PET）、聚甲基丙烯酸甲酯（polymethyl methacrylate，PMMA）等。PET 和 PMMA 的分子结构式如图 4-27 所示。其中，PBT 隔膜厚度通常为 $30 \sim 55 ~\mu m$，孔隙率约为 75%，而离子电导率仅低于传统 PE 或 PP 的隔膜。从温度角度来看，PBT 隔膜的熔点为 210 ℃，远高于 PE 或 PP 商用隔膜。PET 常通过熔喷或纺粘法制成具有三维结构的无纺布，其熔点高达 220 ℃，耐热性远超过聚烯烃类隔膜，同时具有较高的抗刺穿性、孔隙率和电解液浸润性，在铅酸电池、镍氢电池等领域已有广泛应用。PMMA 俗称有机玻璃，单体中的大分子官能团（O=C—O—CH_3）使 PMMA 支链灵活性高。给电子官能团羰基（—C=O）与碱土金属易形成配合物，并且 PMMA 密度小，其作为隔膜能够进一步提高电池的能量密度，无定形的结构适用于作为锂离子电池电解质的基体材料。当前，无纺布类隔膜面临的主要挑战在于它们的厚度要大于传统隔膜（$25 \sim 50 ~\mu m$），随着对锂离子电池的需求变得更具挑战性及安全限制，隔膜市场正在继续经历新的发展。

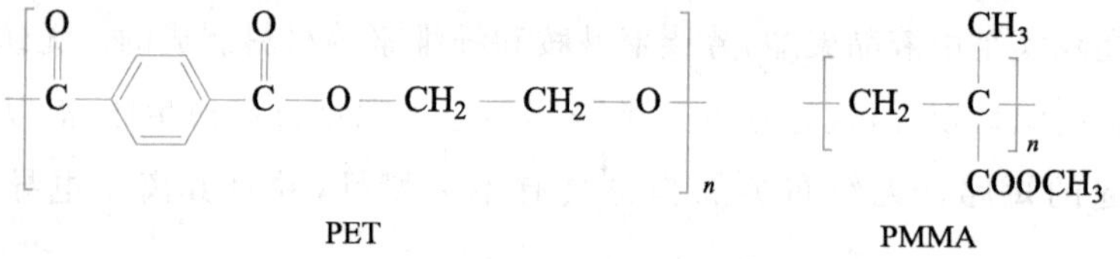

PET

PMMA

图 4-27   PET 和 PMMA 的分子结构式

五、其他聚合物隔膜

1. 含氟聚合物隔膜

含氟聚合物作为隔膜使用时，具有良好的稳定性、机械性能和电气绝缘性，在高倍率充/放电时，能够保持稳定的长循环性能。且在电池内部温度升高时，不会立即熔化分解，提高了电池的安全性能。然而，含氟聚合物稳定的化学性能是一把双刃剑，其常温下难以溶解,因此,加工性能不佳。目前,只有聚偏氟乙烯系列的含氟聚合物能满足锂离子电池隔膜的使用需求。

　　聚偏氟乙烯(polyvinylidene difluoride,PVDF),其分子结构式如图 4-28(a)所示,熔点为 172 ℃,热分解温度≥390 ℃,长期使用温度为 40～150 ℃。从熔化到热分解,PVDF 有 200 ℃左右的温度差,使其具有优异的工业加工性能。然而,纯相的 PVDF 分子链结晶度过高,影响聚合物链段的运动,电解液对其浸润性能不佳,易造成电池内阻较大的问题,因此,需要对 PVDF 膜进行修饰以满足应用要求。另外,当电池温度异常高时,PVDF 不具有 PP/PE/PP 系列膜的高温自闭孔性能,需加入适当聚偏二氟乙烯六氟丙烯,即 PVDF-HFP,分子结构式如图 4-28(b)所示。PVDF-HFP 可以降低整体的结晶度和熔点,提高电池离子电导率,降低内阻,且不会显著影响机械强度。

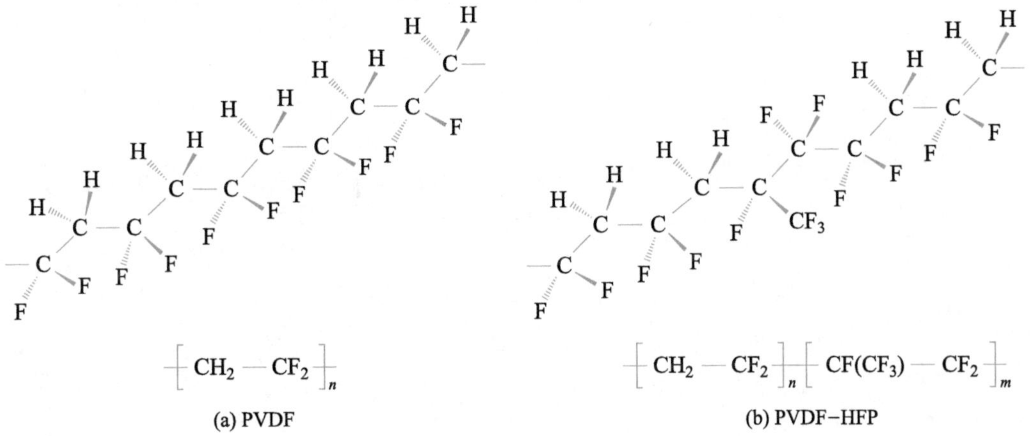

$$\left[CH_2 - CF_2\right]_n \qquad \left[CH_2 - CF_2\right]_n \left[CF(CF_3) - CF_2\right]_m$$

(a) PVDF　　　　　(b) PVDF-HFP

图 4-28　PVDF 和 PVDF-HFP 的分子结构式

2. 芳砜纶隔膜

　　芳砜纶(PSA)是由酰氨基和砜基连接对位及间位苯基构成的一种线性无规共聚物,其学名聚苯砜对苯二甲酰胺纤维,其化学结构式如图 4-29 所示。苯环上带有共轭双键,形成耐热的芳砜纶材料。主链中的砜基(—SO₂—)具有很强的吸电子性。且芳砜纶没有固定熔点,除此之外,PSA 还具有耐化学腐蚀性、电绝缘性、阻燃性等优点,主要应用在高温过滤材料、特种防护服、电绝缘材料和耐高温工程塑料等方面。

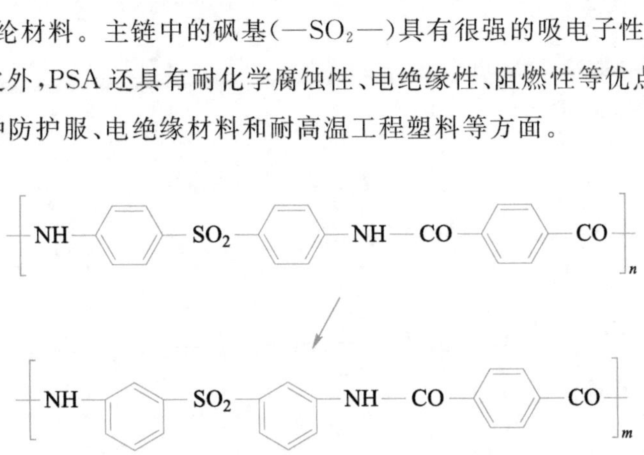

图 4-29　芳砜纶的化学结构式

思考题

1. 简述锂离子电池的优缺点。
2. 锂离子电池在充放电过程中会发生哪些化学反应?
3. 如何延长锂离子电池的使用寿命?
4. 如何处理废旧锂离子电池?
5. 锂离子电池未来的发展趋势是什么?

参考文献

第 5 章　钠离子电池

思政导读

■ **本章导读**

　　钠离子电池是一种常见的可充/放电电池,因其丰富的原料来源和特有的电化学性能,而极具应用前景。本章将从钠离子电池四大组成部分展开,介绍各组成部分的基础知识、工作时的电化学性能及相关的改性方法等。其中,在电极材料的组成上,钠离子电池正极材料的性能对于钠离子电池的稳定性、安全性等起到了关键性的作用。钠离子电池负极材料的性能对首次库仑效率、倍率性能和循环稳定性也起到关键性的作用。在电解质材料方面,固态电解质和液态电解质的性能对离子传输速率和电池安全性有较大的影响。非活性材料如隔膜、添加剂等虽然含量较少,但是对钠离子电池整体性能也有至关重要的作用。通过学习钠离子电池的主要组成部分及其电化学性能,认识钠离子电池的发展及应用,了解钠离子电池相关材料的制备及性能优化,掌握钠离子电池的关键材料及其性能。

第 1 节　钠离子电池概述

■ **本节导读**

　　钠离子电池与锂离子电池有相似的工作原理。钠离子电池与锂离子电池的成长周期相近,但是钠离子电池发展缓慢。如今,随着世界能源结构的转型,面对世界规模化储能设备的短缺,钠离子电池凭借自身优势,取得了一定进展。本节将介绍钠离子电池的发展历程、工作原理及结构组成,使读者对钠离子电池有初步的了解。

■ **学习目标**

1. 掌握钠离子电池的发展历程;

2. 掌握钠离子电池的工作原理;

3. 掌握钠离子电池的结构组成。

■ **知识要点**

1. 钠离子电池的发展背景及趋势;

2. 钠离子电池的优缺点;

3. 钠离子电池四大组成部分及其材料特性。

一、钠离子电池基础知识

钠离子电池是由钠金属电池(即以 Na 负极、S 正极组成的高温钠硫电池)发展而来的。随后,钠/氯化镍高比能电池问世,也称为 Zebra 电池,其结构与钠硫电池相似,正极采用的是熔融的过渡金属氯化物。这两种钠金属电池经过了长期的发展,技术已经相对成熟,并且进入商品化阶段。由于钠资源储量丰富且成本低廉,钠离子电池迎来了发展高潮,其主要发展历程见图 5-1。

| 1978年首次研究钴酸钠脱嵌的电化学性能 | 2000年首次发现高性能硬碳钠离子电池负极材料 | 2011年全球首家钠离子电池公司在英国成立 | 2015年法国首次开发业界标准18650规格的钠离子电池 | 2019年世界首条钠离子电池生产线在我国辽宁省投入运营 |

图 5-1　钠离子电池的主要发展历程

经过多年发展,锂离子电池材料的研究趋于成熟。因此,钠离子电池及其新材料的研发成为现阶段的研究重心。但基于锂资源短缺和大规模储能设施建设的背景,借助锂离子电池丰富的研究经验,钠离子电池进入快速发展时期。

虽然钠离子电池的发展从很多方面借鉴了锂离子电池的研发经验,但是由于钠元素和锂元素性质的差异,两种电池存在不同的特性。钠元素和锂元素的性质对比见表 5-1。在地壳丰度方面,钠占 2.83%,锂仅占 0.006 5%;在全球分布情况方面,约 70% 的锂资源储量存在于南美洲,并且仅仅集中在少数几个国家和地区,而钠资源储量不管是在陆地还是海洋都非常丰富。总的来说,在地壳丰度、全球分布情况和价格方面钠更具有优势,而在离子半径、原子量和理论比容量方面锂的表现更出色。钠离子电池的优缺点见表 5-2。

表 5-1　钠元素和锂元素的性质对比

性质	钠	锂
地壳丰度/%	2.83	0.006 5
离子半径/pm	97	68
原子量	23.0	6.9
氧化还原电势(vs. Li^+/Li)/V	0.3	0
理论比容量/$(A \cdot h \cdot g^{-1})$	1.17	3.83
熔点/℃	97.7	180.5
全球分布	全球	70%储量位于南美洲

二、钠离子电池工作原理

与锂离子电池的工作原理类似,钠离子电池工作原理基于钠离子电池在正、负极的可逆脱嵌。以正极材料为 Na_xMO_2(M:Co,Fe,Mn 等),负极材料为硬碳的钠离子电池为例。电池反应方程式可表示如下,其中正反应为充电过程,逆反应为放电过程。

表 5 - 2　钠离子电池的优缺点

优点	缺点
钠资源在地球上分布广泛且储量丰富	Na^+ 半径大于 Li^+，在离子迁移时阻力大
Na 和 Al 不发生合金化反应，且成本低廉	产生较大的晶格应力，导致稳定性变差
有着较低的溶剂化能，去溶剂化能力更好	原子量较大，理论比容量比储锂电极小
具有较好的倍率性能和温度适应性	质量和体积密度无法和锂离子电池相媲美
安全性能、环保性能好	暂时无法应用于大规模储能领域

正极反应　　$NaMnO_2 \rightleftharpoons Na_{1-x}MnO_2 + xNa^+ + xe^-$　（$0 < x \leqslant 1$）

负极反应　　$C + xNa^+ + xe^- \rightleftharpoons Na_xC$　（$0 < x \leqslant 1$）

电池反应　　$NaMnO_2 + C \rightleftharpoons Na_{1-x}MnO_2 + Na_xC$　（$0 < x \leqslant 1$）

充电时，Na^+ 从正极脱出，经电解液穿过隔膜嵌入负极材料中，使正极处于高电势的贫钠态，负极处于低电势的富钠态。放电过程则与之相反，Na^+ 从负极脱出，经由电解液穿过隔膜嵌入正极材料中，使正极恢复富钠态。

三、钠离子电池组成与结构

钠离子电池的关键组成部分可分为四大类：正极材料、负极材料、电解液和非活性材料。其中，正极材料通常决定了电池的容量；负极材料影响着电池的反应动力学性能；电解液一般决定着电池的倍率性能和安全性；非活性材料可以提高电池体系的整体性能，如隔膜可以降低燃爆风险以提高安全性等。因此，上述四种组成部分的相关研究对制备具有优良性能的钠离子电池至关重要。

1. 正极材料

目前，钠离子电池正极材料常见的是层状结构材料和敞开式结构材料等。层状结构材料具有阴离子密堆或准密堆结构，阴离子簇间的交替层被具有氧化还原性的过渡金属离子占据，钠离子嵌入剩余空位。敞开式材料以聚阴离子型化合物和金属有机框架化合物为主。相比之下，层状结构材料的优势在于能量密度高，敞开式结构材料的优势在于成本较低。通常，应选择具有较高嵌钠电势的富钠化合物作为正极和钠源。良好的正极材料应具备如下特性：

① 嵌入反应有较大的吉布斯自由能变，可使正、负极间维持较大的电势差，为电池提供较高的电压；

② 在一定的电压范围内，钠离子嵌入反应的吉布斯自由能变较小，即嵌入的钠离子的量较大；

③ 在一定的电压范围进行充/放电，电解质与电极间的相容性好；

④ 价格低廉，在空气中储存性好，对环境无污染，质量轻，方便运输。

2. 负极材料

钠离子电池中常见的高性能负极材料有硬碳、软碳、钛基氧化物及合金化合物等。与锂离子电池材料类似,钠离子电池的工作电压主要受嵌入化合物的种类和电极材料中的钠含量影响,故负极材料应选择电势接近标准 Na^+/Na 电极电势的可嵌入钠材料。同时,理想的钠离子负极材料在热力学性能稳定的同时,应与电解液的匹配性较好。

3. 电解液

钠离子电池电解质由三部分构成:电解质盐、溶剂和添加剂。电解质盐主要是钠盐,其溶解度会直接影响电解质中载流子数量。同时,其氧化还原电势的高低对电解质体系的电化学窗口有着重要的作用。电解质材料应具备的特性如下:

① 在较宽的温度范围内有着较高的离子迁移速率;

② 高化学稳定性,即尽量不与电极材料发生反应;

③ 宽电化学窗口,即在充/放电过程中不发生电解液分解等副反应;

④ 易制备、成本低及环境友好。

4. 非活性材料

非活性材料在钠离子电池中用量占比不大但是作用不可忽视,非活性材料主要包括隔膜、导电剂、集流体和黏结剂等。隔膜材料起到物理分隔正、负极,避免电池短路的作用;导电剂在电极中主要起到导电及增强极片浸润性的作用;集流体能够附着活性物质及汇集电流;黏结剂能够将活性材料、导电剂与集流体黏合起来而得到电极片。其中,隔膜是非活性材料中研究的热点,对隔膜材料特性的要求如下:

① 稳定的热力学性能;

② 良好的机械稳定性;

③ 良好的电化学稳定性及耐腐蚀性;

④ 与电解液具有良好的浸润性;

⑤ 孔径小且均匀;

⑥ 生产成本较低。

四、钠离子电池发展前景

钠离子电池在电化学储能方面极具应用前景,通过进行材料结构的设计、形貌调控及电解液改进等改性手段使得部分材料得到了良好的应用。钠离子电池的安全性较高、成本较低和钠资源储量丰富等优势使其在规模化储能领域具有良好的应用前景。

目前,针对钠离子电池的正、负极材料,国内外已做了大量的研究。我国逐渐成为钠离子电池技术研发的大国,国内一些钠离子电池企业也为钠离子电池的商业化开辟了新的道路。未来,钠离子电池的研究重点还包括电极-电解液界面问题,通过合理地设计电解液和优化材料界面等改性手段解决钠离子电池工作时存在的体积变化和晶体塌陷等问题,实现循环寿命、安全性和快速充/放电技术的进一步提升。

第 2 节　钠离子电池正极材料

■ 本节导读

正极材料是钠离子电池的重要组成部分,正极材料的性能影响着电池的稳定性、安全性等。钠离子电池正极材料已有大量研究和突破性进展。本节将介绍钠离子电池正极材料的种类、结构、电化学性能及其优缺点;同时,为开发具有优良性能的新型材料,探索较好的改性方法提供理论依据。

■ 学习目标

1. 掌握钠离子电池正极材料的种类;

2. 掌握钠离子电池正极材料的特点;

3. 掌握钠离子电池正极材料的优缺点。

■ 知识要点

1. 钠离子电池正极材料的过渡金属氧化物类、聚阴离子类、普鲁士蓝类等分类;

2. 钠离子电池正极材料的结构、特点、电化学性能及其优缺点;

3. 钠离子电池正极材料的改性与优化。

一、钠离子电池正极材料概述

钠离子电池和锂离子电池的研究几乎是同时进行的,钠离子电池在许多方面的研究可以借鉴锂离子电池的研究经验。然而,Na^+ 的离子半径约为 Li^+ 的 1.5 倍,因此,锂离子电池电极材料的研究经验不能直接套用于钠离子电池体系。开发钠离子电池电极材料过程中必须探寻不同于锂离子电池的新体系,才能发挥钠离子电池的自身优势。

钠离子电池正极材料的特性影响着电池的电化学性能、稳定性、安全性等关键性能指标。早期探索中,通过借鉴锂离子电池中钴酸锂的研究思路发现 Na^+ 在层状氧化物 Na_xCoO_2 中可以嵌入/脱出,但是直接使用 Na_xCoO_2 作为钠离子电池的正极材料会使得电极反应过程中发生复杂的相变反应。如图 5-2 所示,Na_xCoO_2 的充/放电曲线出现多个放电平台,材料的结构可逆性能及循环性能不良。综上所述,将锂离子电池材料应用到钠离子电池的效果不尽人意,因此,需要针对钠离子电池的特点开发相应的正极材料。

为了提高钠离子电池的能量密度、倍率性能及循环稳定性等电化学性能,对所要求的正极材料须满足 Na^+ 高度可逆嵌入/脱出的能力,同时具有良好的电子电导率、离子扩散速率等动力学性能。钠离子电池正极材料主要包括氧化物类(层状氧化物、隧道结构氧化物等)、聚阴离子类(磷酸盐、焦磷酸盐、硫酸盐等)、普鲁士蓝类和有机物类等。各类正极材料及其材料特性见表 5-3,正极材料设计原则通常如下:

① 具有较高的氧化还原电势,且电势受嵌钠量影响较小;

② 具有足够的离子扩散通道,保证钠离子的快速脱嵌;

图 5 - 2

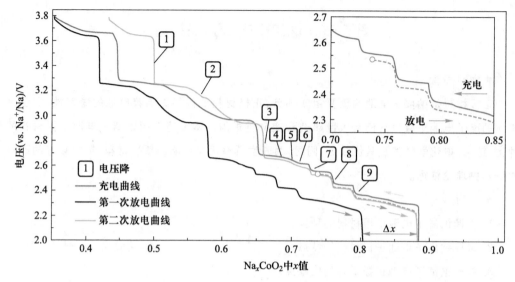

图 5 - 2　Na_xCoO_2 恒流充/放电曲线

表 5 - 3　钠离子电池正极材料及其材料特性

正极材料	正极材料特性
层状氧化物类	具有周期性层状结构、制备方法简单、比容量和电压较高
隧道结构氧化物类	其晶体结构中具有独特的"S"形通道,具有良好的倍率性能和稳定性
聚阴离子类	材料多为三维骨架,具有较好的倍率性能和循环稳定性;但是其电导率较差
普鲁士蓝类	具有开放的三维通道,可使 Na^+ 快速通过,具有良好的倍率性能和稳定性
有机物类	具有较高的比容量;但易溶于有机电解液中,电子电导率较差

③ 具有较高的比容量和电化学反应活性,结构稳定;

④ 制备和使用成本较低,资源丰富。

二、过渡金属氧化物正极材料

1. 概述

过渡金属氧化物是研究较为广泛的正极材料,其种类较多,该类氧化物存在不同的晶体结构。一般是以高活性的过渡金属(从 Ti 到 Ni)的层状氧化物作钠离子电池正极材料,通式为 Na_xMO_2(M:Mn,Co,Ni,Fe,Cu,V 或其中的几种进行二元或三元的组合)。根据 Na^+ 嵌入这类材料中的离子排布差异,主要有层状氧化物和隧道结构氧化物。

过渡金属氧化物用作钠离子电池正极材料,其优点非常明显,如活性元素中心丰富、可逆比容量高及电化学活性良好等。但是过渡金属氧化物也面临较多问题:首先,由于有相变的存在,使得电池的循环稳定性较差;其次,材料的环境敏感性较差,易吸收水分,致使材料发生副反应,从而降低电池的安全性和稳定性;最后,由于 Na^+ 的半径较大,其反应动力学较为迟缓。这些不利因素会影响钠离子电池长期循环稳定性和规模化应用。常见层状过渡金属氧化物的优缺点对比见表 5 - 4。

表 5 - 4　常见层状过渡金属氧化物的优缺点对比

名称	优点	缺点
$NaFeO_2$	Fe 自然丰度高,低电压充/放电平台稳定	高电压下存在不可逆相变,循环稳定性差
$NaMnO_2$	Mn 自然丰度高,理论比容量高	充/放电阶段多阶梯状曲线,结构稳定性差
$NaCoO_2$	低电压下电化学可逆性较好	成本高,充/放电曲线多平台,倍率性能差

如第 3 章所述,过渡金属元素与周围 6 个 O 原子形成 MO_6 八面体结构,组成过渡金属层。Na^+ 介于过渡金属层中,MO_6 多面体层与 NaO_6 碱金属层交替排布形成层状结构。具体分为 O3,P3,P2,O2 等结构。其中,较常见的是 O3 和 P2 结构。其中,O 和 P 代表 Na^+ 在碱金属层中的配位情况:八面体用 O 表示,三棱柱用 P 表示,每个晶胞中由几种堆叠形式的层状结构组成由数字 2 和 3 代表。

Na^+ 在电极材料中的反应动力学与材料的晶体结构紧密相关。层状化合物作为储钠材料有着显著优势,垂直于 c 轴的层间距在钠离子嵌入/脱出过程是可以调节的。不同的过渡金属层状氧化物有着不同的特性,诸如成本较低、可规模化应用的铁基层状氧化物,有着高能量密度的钴基材料,有着良好稳定性的铜基材料等。

对于 O3 和 P2 结构,可以形成同种化学成分、不同配比的层状氧化物;也可以将多种过渡金属氧化物结合在一起形成二元或三元金属氧化物,使得综合电化学性能获得提高;还可以设计出不同构型复合的过渡金属氧化物,兼顾 O3 结构材料的高比容量和 P2 结构材料的高稳定性。

隧道结构的钠离子电池正极材料一般是指晶体结构中只在一个方向上存在连通的一维隧道,而且这些隧道可以供 Na^+ 可逆嵌入/脱出。这类材料和层状材料相比往往在空气中更加稳定,且储钠方式较为简单,不会发生较多的相变过程。但是由于不像层状材料那样具有较宽的 Na^+ 嵌入/脱出通道,所以离子传输速率受到影响,对于电化学性能的影响体现在倍率性能不佳。另外,如果材料因为长时间循环后发生结构的坍塌,则有可能会堵塞隧道,进一步对 Na^+ 的嵌入/脱出产生不利影响。

隧道结构氧化物的结构比层状氧化物的更为复杂,它包含的主要金属元素是 Fe,Mn,V 等。同样的,即使同种元素,由于过渡金属离子和氧原子的比例不同,也可能有不同晶型。在研究这类材料时,主要研究其合成工艺,调控不同元素之间的比例对晶型结构的影响,进而生产出所需晶型的高性能隧道结构氧化物。本节将对典型的过渡金属氧化物 P2 结构、O3 结构和隧道结构氧化物等相关知识进行介绍。

2. O3 结构过渡金属氧化物

O3 结构过渡金属氧化物主要包含一元材料和二元材料等。一元材料主要包含铁基材料、钴基材料和铬基材料;二元材料主要包括铁锰二元材料、镍钛二元材料及镍锰二元材料。

(1) 铁基材料　铁基材料是早期研究的 O3 结构过渡金属氧化物,$\alpha - NaFeO_2$ 是常见的层状结构模型。$\alpha - NaFeO_2$ 的电化学活性来自 Fe^{3+}/Fe^{4+} 氧化还原电对,该材料

中 Fe^{3+} 氧化到 Fe^{4+} 脱出 0.5 个 Na^+，充电比容量为 120 $mA \cdot h/g$，放电比容量可接近 85 $mA \cdot h/g$，如图 5-3 所示。在半电池测试中，电压范围为 2.5～3.4 V 时，该电极材料的可逆比容量为 80 $mA \cdot h/g$。在充/放电过程中的可逆性受截止电压的影响较大，在 3.3 V 可以展现出可逆的电压平台。但达到 3.5 V 后，循环过程中可逆性显著下降，循环稳定性也受到影响。综上所述，设置适宜的电压范围才能保证材料的循环稳定性。

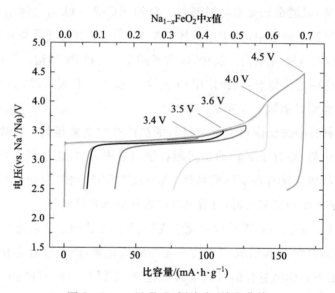

图 5-3　α-$NaFeO_2$ 恒流充/放电曲线

铁基材料 α-$NaFeO_2$ 通常由 Na_2O_2 和铁氧化物（Fe_2O_3 和 Fe_3O_4）在空气中进行煅烧的简单固态反应制备。但是该材料在充电致高压状态时 Fe^{4+} 会增加，其中一部分会自发还原。这部分自发还原的铁离子会迁移到相邻的储钠层，从而阻碍 Na^+ 迁移，同时也会影响放电过程释放的容量，表现在电化学性能上就是容量的部分损失。并且当 $NaFeO_2$ 与水接触时会发生 Na^+/H^+ 离子交换反应，$NaFeO_2$ 会变成 $FeOOH$ 和 $NaOH$，进而吸收 CO_2 生成碳酸盐，该副反应将对整个钠离子电池组造成不利影响。

（2）钴基材料　钴基材料中的 Na_xCoO_2（$0.55 \leqslant x \leqslant 1.0$）几乎和 $LiCoO_2$ 在同一时期被发现，该含 3d 轨道的过渡金属的材料也含有储钠基体的高活性位点。Na_xCoO_2 层状过渡金属材料具有多种晶体结构，在电化学过程中关联着丰富的结构演化信息，且对其电化学性能的发挥有较大的影响。其中 O3-$NaCoO_2$ 充/放电过程中结构演化为：O3—O'3—P'3—P3—P'3 型相变，由于 P'3 和 P3 相具有更快的 Na^+ 扩散途径。使得该相变在一定程度上有利于材料倍率性能的提升，但是相变本身伴随着层间滑移过程将对循环稳定性产生不利影响。钴基层状材料 Na_xCoO_2 在 2.5～4.0 V 的电压范围内的比容量约为 140 $mA \cdot h/g$，由于 CoO_2 层在 Na^+ 嵌入/脱出过程中会发生滑移现象，Na_xCoO_2 在 $x=$ 0.8～1 时会经历 O3$\leftrightarrow$O'3$\leftrightarrow$P'3 的转变，使得其充/放电曲线有多个平台。

Na_xCoO_2 中的 x 的值可以通过控制氧空位的含量来调控，通过控制氧空位，可以合成 O3 结构的 $NaCoO_2$、$O'3$ 结构的 $Na_{0.77}CoO_{1.96}$ 和 $P'3$ 结构的 $Na_{0.60}CoO_{1.92}$。由于少量的氧空位有助于相变发生时减少氧化层之间的阻力,提高材料结构的稳定性,使其工作电压得以提高,因此,这三种材料的电压平台依次升高。

（3）铬基材料　铬基材料 $NaCrO_2$ 也可以作为钠离子电池材料,该材料中约 50% 的 Na^+ 可从 $NaCrO_2$ 材料中可逆地进行嵌入/脱出过程。通过使用 Cr_2O_3 和 Na_2CO_3 作为原料经煅烧制备 O3 结构 $NaCrO_2$ 材料,该材料的电压平台在 3.0 V 左右,当钠含量变高时,电压平台会上升到 3.3 V。同时,该材料的热稳定性良好,在较高的工作温度（80 ℃）下,仍有着良好的循环性能和倍率性能。且与 $NaFeO_2$ 类似的是,$NaCrO_2$ 材料在充电到高电压条件下时将发生不可逆相变,脱出的钠离子大于 50% 后,该材料的相变会导致钠离子电池的可逆性降低。O3 结构 $NaCrO_2$ 材料在 2.5～3.6 V 电压范围内,平均工作电压为 3.02 V 的理论比容量可达 250 mA·h/g。但是由于钠离子的离子半径较大,动力学反应缓慢,实际的可逆比容量为 110 mA·h/g,如图 5-4 所示。同时该材料还存在一些问题,首先是 $NaCrO_2$ 材料在充电到高电压条件下发生不可逆相变,即当脱出的钠离子超过一半（50%）时,$NaCrO_2$ 材料的相变会使得电池的可逆性降低。其次是它易吸收空气中的水,在表面生成绝缘的 NaOH 和 Na_2CO_3,使钠扩散到材料表面,还会在材料内部生成惰性颗粒,造成整个电极材料失活。

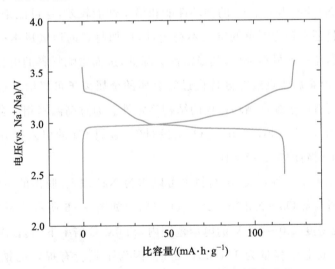

图 5-4　$NaCrO_2$ 在 25 mA/g 下的充/放电曲线

正如上文所述,一元材料电化学性能存在弊端,如 Na_xCoO_2 材料发生相变,使得其充/放电曲线有多个平台;$NaFeO_2$ 材料在高压充电状态下 Fe^{4+} 会增加,从而阻碍 Na^+ 迁移,同时也会造成容量的部分损失。但是,过渡金属也有着诸多的优点,通过多种元素离子的复合改性可以取长补短以提升该类材料的综合性能。

（4）铁锰二元材料　在 $Na[Fe_{0.5}Mn_{0.5}]O_2$ 正极材料中,钠离子位于八面体（O）位点。TMO_2 层有三种类型:"AB","CA" 及 "BC" 属于二维层状过渡金属氧化物 O3 结构。如图 5-5 所示,该材料在烧结温度为 800 ℃,电压范围为 1.5～4.2 V,0.1 C 倍率下充/放电时,有着 164 mA·h/g 的首次放电比容量。表现出较高的比容量,在 0.5 C 倍率下该材料经过 100 次循环后仍有着 65.5% 的比容量保持率,有着较好的循环稳定性。

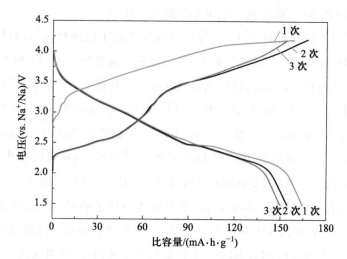

图 5 - 5　O3 - Na[Fe$_{0.5}$Mn$_{0.5}$]O$_2$ 的首次充/放电曲线

　　探索性能优异的无镍、钴等昂贵元素的层状氧化物至关重要,包含 Fe/Mn 的层状正极材料具备元素丰富、环境友好及较高工作电压和比容量的优势。但是也存在一些缺点,如正极材料 Na[Fe$_{0.5}$Mn$_{0.5}$]O$_2$ 的循环性能和倍率性能较差,这可能是姜-泰勒效应带来的问题;该材料还有较为严重的空气不稳定性,增加材料的运输成本;同时,当该材料暴露于空气中时,与一元材料类似,其稳定性会降低,进而影响材料的电化学性能。将金属离子掺杂在过渡金属位点或部分替代过渡金属的金属离子可以增强过渡金属与氧层的相互作用,从而有助于提高循环过程的结构稳定性。通过高温固相法合成了具备空气稳定性的 O3 - Na$_{0.9}$[Cu$_{0.2}$Fe$_{0.3}$Mn$_{0.48}$]O$_2$ 正极材料,金属 Cu 的引入提升了平均放电电压,极大地改善了材料的空气稳定性。

　　(5) 镍钛二元材料　NaTiO$_2$ 类材料也可以作为 Na$^+$ 嵌入/脱出的主体材料,它可与 NaNiO$_2$ 材料共同制备 O3 - Na[Ni$_{0.5}$Ti$_{0.5}$]O$_2$ 材料。如图 5 - 6 所示,Na[Ni$_{0.5}$Ti$_{0.5}$]O$_2$ 在 20 mA/g 的电流密度,2.0～4.7 V 的电压范围内,约 0.2 C 倍率下,其首次充电比容量约为 170 mA·h/g,放电比容量为 121 mA·h/g。因为不是所有提取的钠离子都能插入 NaO$_2$ 层的八面体位置,初始库仑效率约为 70.6%。在 4.7 V 到 2.0 V 之间循环 50 次后,O3 - Na[Ni$_{0.5}$Ti$_{0.5}$]O$_2$ 电池的比容量保持率为 52.8%。

　　当充/放电倍率增加到 1 C 时,经过 300 次循环后,Na[Ni$_{0.5}$Ti$_{0.5}$]O$_2$ 电池的比容量保持率为 75%,并且表现出良好的循环稳定性。电池良好的循环性能主要归功于 Na$^+$ 在其嵌入/脱出过程中的结构稳定性。研究表明,采用固相法合成了三元材料 Na[Ni$_{0.5}$Ti$_{0.5}$]O$_2$,它在 3.1 V 的平均电压下运行,在 20 mA/g 的电流密度下,有着 121 mA·h/g 的可逆比容量。经过 100 次循环后,比容量保持率达到 93.2%,在 5 C 的倍率下也能保持 60% 以上的初始放电比容量。

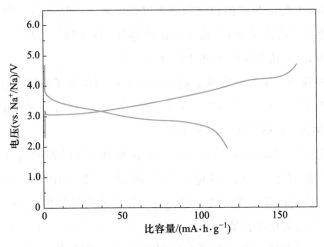

图 5-6　Na[Ni$_{0.5}$Ti$_{0.5}$]O$_2$的首次充/放电曲线

该材料中的 Ti 元素可以显著提升材料的循环稳定性，Ni^{2+}/Ni^{4+} 可以提供较高的比容量。该材料在 1 C 的电流倍率下循环 300 次还有 75% 的比容量保持率，循环稳定性显著提高。可见此二元材料体现出了 Ti^{3+}/Ti^{4+} 对循环稳定性的改善和 Ni^{2+}/Ni^{4+} 对钠离子电池容量的提升。

（6）镍锰二元材料　该材料的晶体结构与 α-NaFeO$_2$ 的相同，该材料中没有 Ni^{2+} 和 Mn^{4+} 的有序排列，是一个非常标准的 O3 结构层状氧化物。该材料制备工艺简单，在全电池中可以提供足够的钠离子，并且具有良好的电化学性能从而受到广泛关注。但是镍锰二元材料也存在复杂的不可逆相变和动力学缓慢的问题，导致其比容量快速下降和倍率性能差。

O3-Na[Ni$_{0.5}$Mn$_{0.5}$]O$_2$ 在首次充电至 4.5 V 时，Na$^+$ 几乎全部脱出，放电至 2.2 V 可以实现 185 mA·h/g 的放电比容量，如图 5-7 所示。研究表明，在充/放电过程中可以观

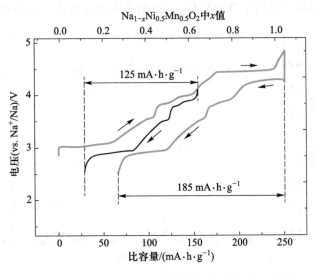

图 5-7　材料在不同电压范围内的首次充/放电曲线

察到多个电压平台,表明在 Na^+ 的脱出和嵌入过程中经历了复杂的结构变化。但是除了 4 V 左右平台的可逆性较差之外,其他平台的可逆性相对较好。在 0.02 C 倍率下,电压范围为 2.2～3.8 V,放电比容量降低到 125 mA·h/g。

尽管在氧化过程中由于电解质成分的电化学分解而包含了不可逆比容量,但材料由于结构畸变会发生 $O3 \leftrightarrow O'3 \leftrightarrow P3 \leftrightarrow P'3 \leftrightarrow O3$ 的复杂转变,这将会降低电池的稳定性,同时其放电比容量也会随着循环次数迅速下降。

针对上述问题,掺杂其他元素的方式是提升材料电化学性能的有效手段。使用适量的 Ti^{4+} 取代 Mn^{4+} 可以起到平滑充/放电曲线、抑制相变及提高循环稳定性的作用,而其中 $O3-Na[Ni_{0.5}Mn_{0.2}Ti_{0.3}]O_2$ 有良好的循环稳定性。Fe^{3+} 取代是降低 $O3-Na[Ni_{0.5}Mn_{0.5}]O_2$ 原材料成本、提升材料电化学性能的有效途径。由于 Fe^{4+}/Fe^{3+} 在钠离子层状氧化物中具有电化学活性,Fe^{3+} 取代并不会降低原始材料的比容量。当 Fe 含量增加,充/放电曲线逐渐平滑,表明复杂的结构变化得到了较好的抑制。

3. P2 结构过渡金属氧化物

P2 结构过渡金属氧化物主要包含一元材料和二元材料。一元材料主要包括锰基材料;二元材料主要包括钴锰二元材料及镍锰二元材料。

目前钠离子电池层状氧化物组成的主要元素集中在 3d 过渡金属元素中(Mn,Co,Ni,Fe,Cu,V 等),可以合成 P2 结构正极材料的仅有 Co,Mn 和 V。其中含 Mn 正极材料有着较好的电化学性能,比容量较高。

(1) 锰基材料　锰基材料 $P2-Na_{0.67}MnO_2$ 因锰资源丰富、较低的成本及较高的电位获得了大量的关注。P2 结构层状结构化合物以其高比容量和长时间的循环稳定性,有着良好的发展前景。

该材料在电流密度为 50 mA/g,电压范围为 1.5～4.3 V 时的首次充/放电曲线见图 5-8。其放电曲线较为平滑,首次放电比容量可以达到 147 mA·h/g,没有明显的电压平台。放电曲线整体呈现出平滑的趋势,在初始几次循环后放电比容量明显下降。并且

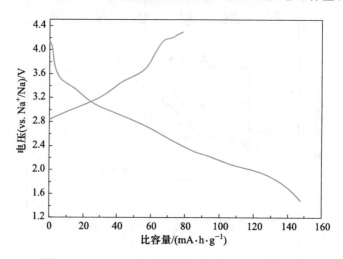

图 5-8　50 mA/g 电流密度下的首次充/放电曲线

该材料在 10 次循环之后的充/放电曲线基本保持平缓,该材料在电流密度为 50 mA/g 时经过 100 次循环后有着 40% 的比容量保持率。这是由于钠离子电池高压下的过度脱出,导致了结构的变化和不可逆的比容量衰减。并且,Mn^{3+} 因为歧化反应而转化为 Mn^{4+} 和 Mn^{2+},Mn^{2+} 的溶解也会导致部分结构发生降解。

利用简单的共沉淀法和固相法结合的方式,使用硫酸锰和碳酸钠为原料合成 P2 - $Na_{0.67}MnO_2$ 材料。该材料形状规则、层次分明,并且能够增大材料的表面积,与电解液能够充分接触,促进离子交换时钠离子的传输,进而提高其电化学性能。

综上所述,$Na_{0.67}MnO_2$ 具有良好的倍率性能,但其可逆比容量和循环性能还有提升空间。后续将以 $Na_{0.67}MnO_2$ 为基体材料进行改性,从而增强其结构稳定性及提高其电化学性能。

通过 Ni - MOF 引入镍元素掺杂是常见的改性方式。结果显示,通过 Ni 掺杂改性的 $Na_{2/3}Ni_{1/3}Mn_{2/3}O_2$ 正极材料,在 2.0~4.5 V 的电压范围内有着 170 mA·h/g 的首次放电比容量。通过镍离子的引入,也替换了层状结构中部分锰离子,抑制了姜-泰勒效应产生的畸变,从而提高材料的循环性能。在大电流密度条件下进行充/放电,能够恢复首次放电比容量的能力,说明经过改性后的材料具有优秀的稳定性和倍率性能。

(2) 钴锰二元材料　P2 结构层状氧化物中二元电极材料融合了不同种元素的优点。Co,Mn 两种过渡元素组成的二元 P2 结构层状氧化物主要以 P2 - $Na_{2/3}[Co_{2/3}Mn_{1/3}]O_2$ 材料为主。将其与材料 P2 - $Na_{0.74}CoO_2$ 进行比较,$Na_x[Co_{2/3}Mn_{1/3}]O_2$ 在 $0.5 \leqslant x \leqslant 0.83$ 的 x 值范围内阶梯状的电压平台消失,如图 5-9 所示。但是电压在 $0.65 \leqslant x \leqslant 0.83$ 时出现骤降,这一现象对电池的能量密度是很不利的。

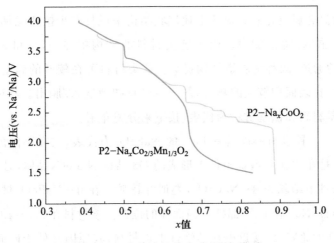

图 5-9　半电池的首次充/放电曲线

为了在结构稳定的同时扩大钠含量,合成出的 P2 结构的 $Na_{2/3}[Co_{1-x}Mn_x]O_2$ 可以将 x 值控制在 0.5 左右,即 P2 - $Na_{2/3}[Co_{0.5}Mn_{0.5}]O_2$。该材料在 1.5~2.1 V 范围内,只有 124.3 mA·h/g 的初始比容量。但是在 5 C 倍率条件下经过 100 次循环后的比容量保持率为 99%。另外,为了提高 P2 - Na$_{2/3}$[Co$_{2/3}$Mn$_{1/3}$]O$_2$ 材料的比容量,在合成温度为 700 ℃以下的条件下,合成出了 P2/P3 结构的 Na$_{0.66}$[Co$_{0.5}$Mn$_{0.5}$]O$_2$ 复合相材料。通过电化学测试,与纯相的材料相比,在 1.5~4.3 V 的电压范围内、0.1 C 倍率的条件下,其首次充/放电比容量达到 180 mA·h/g,且在高倍率条件下具有良好的循环性能。

（3）镍锰二元材料　　P2 - Na$_{2/3}$[Ni$_{1/3}$Mn$_{2/3}$]O$_2$ 材料也是典型的 P2 结构层状氧化物材料。该材料中 Ni 和 Mn 呈蜂窝状有序排列,即每个 Ni^{2+} 被 6 个 Mn^{4+} 所包围,或者每个 Mn^{4+} 被 3 个 Ni^{2+} 和 3 个 Mn^{4+} 包围,周期性排列的 Ni^{2+} 和 Mn^{4+} 的比例为 1:2,也满足化学计量比和电荷守恒。

P2 - Na$_{2/3}$[Ni$_{1/3}$Mn$_{2/3}$]O$_2$ 正极材料在充电过程中几乎可以脱出所有的 Na$^+$,这类材料的理论比容量仅为 173 mA·h/g。但 Ni^{2+}/Ni^{4+} 在高电压范围内的作用可以使该材料有较高的工作电压。首次充电比容量约为 160 mA·h/g,其充/放电曲线在 2.0~4.5 V 有三个显著的电压平台,每个台阶的起点对应的钠含量分别为 0.67,0.5 和 0.33。放电至 2.0 V 以下,在 1.5~2.0 V 存在另外一个平台,对应 Na$^+$ 的额外嵌入。在 2.0~4.0 V 的循环性能最好,而在 2.0~4.5 V 的循环性能最差。在 Ni^{2+}/Ni^{4+} 的作用下,平均工作电压达到 3.5 V。

常见的掺杂改性方法有 Cu^{2+},Al^{3+},Mg^{2+} 和 Ti^{4+} 等元素的掺杂,经过掺杂改性后电池的电化学性能有一定的提升。其中,Al^{3+} 和 Mg^{2+} 掺杂效果最佳,在 2.0~4.5 V 有着优异的循环稳定性。除了元素掺杂的方法,在 P2 - Na$_{2/3}$[Ni$_{1/3}$Mn$_{2/3}$]O$_2$ 表面包覆惰性保护层也可有效降低高电压时电极材料与电解液界面处的副反应。例如,将 Al$_2$O$_3$ 包覆在材料表面,从而形成较为稳定的界面,进一步降低电池的内阻,提高电池的循环稳定性。

4. 隧道结构过渡金属氧化物

隧道结构过渡金属氧化物相对于上述层状结构来说具有少钠或无钠的结构,其同样有着良好的 Na$^+$ 嵌入/脱出能力。由于这类材料的结构中在 x,y 和 z 方向上均有供 Na$^+$ 嵌入/脱出的通道,故称为隧道结构材料。此类材料可在较低的温度下合成,这样容易产生粒径较小、比表面积较大的颗粒,便于 Na$^+$ 的快速嵌入/脱出。隧道结构过渡金属氧化物中,以铁基材料和锰基材料为代表,接下来分类介绍。

（1）铁基材料　　铁基材料以具有 Fe^{3+} 的 NaFeO$_2$ 为代表,它在不同的条件下会生成两种晶体。一种是在 500 ℃煅烧条件下形成的 O3 结构 NaFeO$_2$ 晶体,另一种是 NaFeO$_2$ 在 760 ℃煅烧条件下结晶为 β - NaFeO$_2$,类似纤锌矿。在 β - NaFeO$_2$ 材料中,氧原子按照六方密堆积排布,Na$^+$ 和 Fe^{3+} 都处于四面体的位置。该材料在 2.0~4.0 V 的电压范围内,只有近乎为 0 的比容量,接近电化学惰性电极材料,其原因是处于四面体位置的铁离子很难发生氧化还原反应。

（2）锰基材料　　锰基材料作为钠离子电池正极材料始于 1980 年左右。锰基氧化物中的锰主要有 +2 价、+3 价和 +4 价,如常见的 MnO,Mn$_2$O$_3$,MnO$_2$ 及各类锰酸盐材料。同时,锰基材料因丰富的化学组成、结构形式而表现出多样的电化学活性。以材料

$\alpha-MnO_2$，$\beta-MnO_2$ 为例，这两种材料在锂离子电池中也是常见的研究对象，同时可作为钠离子电池中 Na^+ 嵌入/脱出的主体材料。两种材料的构架都是八面体结构，各个晶胞以共角的形式连接。其中 $\beta-MnO_2$ 具有较小的隧道（沿 c 轴方向），隧道的边缘由 MnO_6 构成。其中，纳米级的 $\beta-MnO_2$ 有着规整的微观孔隙，能够激发材料的电化学活性，使其具有能容纳 Na^+ 嵌入/脱出的能力。

隧道结构材料的比容量比层状氧化物材料的低，电压也不占优势；因此，此类材料更适合作水系钠离子的正极材料。研究表明将其与活性炭负极组装为水系全电池进行测试，在倍率为 4 C、电压范围为 0.4~1.8 V 的条件下，经过 1 000 次循环后，比容量几乎无衰减。

三、聚阴离子类正极材料

聚阴离子类正极材料由过渡金属离子和聚阴离子之间形成强有力的共价键结合在一起，其化学式为 $Na_xM_y(X_aO_b)_zZ_w$（其中，M：Fe，Co，Ni，Mn，Cr，V 等；X：S，P，Si，B，W，Mo 等；Z：F，OH 等），通常具有网状结构。

聚阴离子类正极材料具有开放框架，可以为嵌入/脱出离子提供稳定的通道。这其中碱金属和氧原子之间的共价键可以增强晶格的稳定性。这种 3D 骨架在进行离子的嵌入/脱出时，其共价键的相互作用可在多次循环后使其体积减小，结构稳定性增强。常见的聚阴离子类正极材料主要包括磷酸盐型、焦磷酸盐型、硫酸盐型等。

1. 磷酸盐型聚阴离子化合物

磷酸盐型是最具代表性的一类聚阴离子正极材料，以橄榄石型（NASICON）和钠超离子导体（Na^+ superionic conductor）为主，分别为 $NaMPO_4$（M：Fe，Mn）和 $Na_xM_2(PO_4)_3$（M：V，Ti）。橄榄石型的 $NaMPO_4$ 在聚阴离子正极材料中具有最简单的结构，由于受到 $LiFePO_4$ 在锂离子电池体系中应用的启发，$NaFePO_4$ 也被广泛研究并应用于正极材料中。其性能取决于晶体结构，无定形的 $NaFePO_4$ 在 0.1 C 的倍率下，有着 103 $mA\cdot h/g$ 的充电比容量，100 $mA\cdot h/g$ 的放电比容量，如图 5-10 所示。该材料在首次充/放电过程中，有明显的充/放电平台，其中充电平台在 3.4 V 左右，放电平台在 3.0 V 左右。

橄榄石型的 $NaFePO_4$ 在放电过程中由于形成了钠离子有序相这一中间相，故而具有两个放电平台。该材料在 0.1 C 倍率下及 2.8 V 的工作电压下的放电比容量约 120 $mA\cdot h/g$，循环 100 次能够保持 90% 的比容量。

橄榄石型的 $NaMnPO_4$ 同样具有电化学活性，主要通过离子交换法或者溶胶-凝胶法合成。相较于 Fe 元素，Mn 元素具有更高价态，但可逆比容量仅约为 80 $mA\cdot h/g$。为了进一步改善 $NaMnPO_4$ 材料的电化学性能，将 Fe 和 Mn 结合起来组成二元过渡金属化合物，复合材料 $Na[Fe_{0.5}Mn_{0.5}]PO_4$ 二元磷酸盐，经测试其能在 2.0~4.4 V 的工作电压下最多使 0.6 个 Na^+ 可逆嵌入/脱出。

$Na_3V_2(PO_4)_3$ 正极材料　$Na_xM_2(PO_4)_3$（M：V，Ti；$x=1,2,3$）属于钠超离子导体，

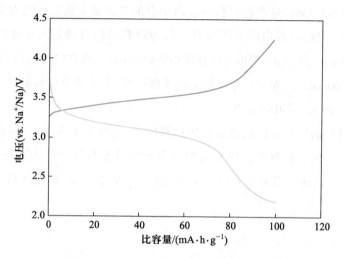

图 5-10   无定形 $NaFePO_4$ 充/放电曲线

是一类具有稳定三维框架、较快离子传输速率和离子电导率的钠离子电池正极材料；橄榄石型的 $Na_3V_2(PO_4)_3$ 材料是广泛研究的磷酸盐聚阴离子化合物。其固有的 3D 钠超离子导体结构，使得钠离子能够自由脱出。较小的体积膨胀，使其保持主体结构框架基本不变，循环稳定性较好。$Na_3V_2(PO_4)_3$ 因在 3.4 V 的电压下可以发生可逆的 V^{4+}/V^{3+} 氧化还原反应和提供三维钠离子扩散通道，对于室温高性能钠离子电池来说是很不错的选择。同时我国的钒矿资源丰富，有着较好的资源优势和成本优势。$Na_3V_2(PO_4)_3$ 正极材料的制备方法有模板法、溶胶-凝胶法、水热法，以及新开创的浸渍法、溶剂热法等。溶胶-凝胶法合成 $Na_3V_2(PO_4)_3$ 材料时具有成本低、合成条件易于控制等优点。但 $Na_3V_2(PO_4)_3$ 材料存在电子导电性较差、颗粒易团聚、晶体结构不稳定等问题，制约着该材料的进一步应用。在这类材料的改性研究中，通常使用碳包覆的方法来提高材料的电子导电性能，经球磨后进行固相法合成 $Na_3V_2(PO_4)_3$ 碳包覆材料。其中最关键的是合适的含碳量，如果含碳量较低就不能有效地增加材料的电化学性能。反之，如果含碳量过高就会使离子迁移困难而损害材料性能。经改性合成的 $Na_3Fe_2(PO_4)_3$/C 电极材料可以在 1.5～4.2 V 条件下实现 109 mA·h/g 的比容量，经过 200 次循环后有着 96% 的比容量保持率。

    2. 焦磷酸盐型聚阴离子化合物

    钠基焦磷酸盐主要为 $Na_2MP_2O_7$（M＝Fe，Co，Mn），该材料的结构有着良好的稳定性。每一种材料可能同时具有多种晶体结构，如 $NaMP_2O_7$ 就包含三斜、单斜、四方等晶型，并且都能够提供 Na^+ 迁移通道。金属元素不同可以导致该类化合物具有一种或多种不同的晶体结构。磷酸盐（PO_4^{3-}）在高温下很容易分解脱氧形成高温稳定基团焦磷酸根（$P_2O_7^{4-}$），因此，形成的焦磷酸盐具有较好的热稳定性。

    钠基焦磷酸盐材料中的 $NaFeP_2O_7$ 存在两种晶体结构类型，Ⅰ-$NaFeP_2O_7$ 和 Ⅱ-$NaFeP_2O_7$。低温时以 Ⅰ-$NaFeP_2O_7$ 结构形式存在，在 750 ℃ 高温时会转变为 Ⅱ-$NaFeP_2O_7$，Ⅱ-$NaFeP_2O_7$ 由共角的 P_2O_4 和 FeO_3 组成八面体单元。基于 Fe^{2+}/Fe^{3+} 氧化

还原电对，$Na_2FeP_2O_7$ 有着 97 mA·h/g 的理论比容量。由于 Fe^{3+}/Fe^{2+} 氧化还原电对可以在高达 5 V 的电压发生转化，超过了一般的电解液最高 4.5 V 左右的电压窗口，可以作为高电压电极材料。

$Na_2FeP_2O_7$ 材料的结构中，FeO_6 八面体和 FeO_5 方形金字塔结构组成的框架被焦磷酸盐完全隔离开。但是由于焦磷酸盐阴离子形成了良好的开放通道，使得该材料整体的倍率性能相比磷酸盐有较大的提升，倍率性能较好。钠基焦磷酸盐材料中的 $NaVP_2O_7$ 也存在两种晶型。在钠离子电池中作为高电压的正极材料，放电电压约为 3.4 V，有着 108 mA·h/g 的理论比容量。但材料有着较大的阻抗，会抑制从 $NaVP_2O_7$ 到 $Na_{1-x}VP_2O_7$ 的转变。

3. 硫酸盐型聚阴离子化合物

硫酸根比磷酸根有着更强的电负性，故使用硫酸根对磷酸根进行取代可以提高材料作为钠离子电极材料的工作电压。$Na_2Fe_2(SO_4)_3$ 是一种独特的磷锰钠铁石结构，其结构是共边的 FeO_6 八面体，通过 SO_4 单元相连，形成 3D 结构，在 c 轴方向形成了 Na^+ 传输通道。$Na_2Fe_2(SO_4)_3$ 是目前基于 Fe^{2+}/Fe^{3+} 氧化还原电对中最高的工作电压，约为 3.8 V。该材料作为钠离子电池正极时有着 102 mA·h/g 的可逆比容量，在 20 C 倍率条件下经过 30 次循环后，材料的比容量还能够保持在约 60 mA·h/g，有着良好的倍率性能。

四、普鲁士蓝类正极材料

1. 普鲁士蓝正极材料

普鲁士蓝（Prussian blue，PB，$Na_xFe[Fe(CN)_6]$）是一种历史悠久的染料，后发现其具有良好的电化学性能，可作为钠离子电池正极材料，并合成出了许多有着良好电化学性能的普鲁士蓝类似物（Prussian blue analogs，PBAs，$Na_xM[Fe(CN)_6]$）正极材料。它是在不改变 PB 整体框架结构的前提下，采用其他金属元素代替其中的 Fe 元素所得到的新一类化合物。该类材料在三维框架中具有大量的钠离子嵌入位点和三维扩散通道，有利于钠离子的快速迁移，结构稳定，充/放电时晶格变化小，进而有着良好的理论比容量。

PB 及 PBAs 具有开放的骨架结构、丰富的氧化还原活性位点、较好的结构稳定性及较短的离子扩散路径，Na^+ 可以从其中高效、可逆地嵌入/脱出。因此，PB，PBAs 非常适合作为钠离子半/全电池正极材料。除了原始形态的 PB，PBAs 用于钠离子电池正极材料外，PB，PBAs 还广泛用作制备各种纳米结构金属化合物及其复合材料的前驱体，如 M_xY_y（M：金属；Y：O，S，P 等），见图 5-11。

普鲁士蓝正极材料的主要特点如下：

① 具有开放的三维离子通道，有利于钠离子的快速嵌入/脱出；

② Fe-CN 有较高的配位稳定常数，可以维持三维框架结构的稳定，缓解离子脱出时的应力变化；

③ 污染小、成本较低、易合成；

④ 具有较低的溶度积常数，可以有效地避免在水溶液中溶解流失。

图 5 – 11　PB,PBAs 的相关材料及应用

同时,PBAs 晶格的结构是不规则的,它有着较快的沉积合成速率,会造成晶体结构中产生很多的空位和结晶水。大量的空位容易导致 Na^+ 嵌入/脱出过程中晶体结构的坍塌,极大地影响了 PB 类材料的电化学性能。

2. 普鲁士蓝正极材料性质

富钠型 PB 正极材料 $Na_4Fe(CN)_6$ 有着良好的电化学性能,其比容量约为 170 mA·h/g,库仑效率接近 100%,循环 150 次后没有明显的衰减。以碳材料为负极进行全电池的研究,测得首次充/放电比容量为 140 mA·h/g,控制 PB 材料的水含量能够有效地提升钠离子电池的电化学性能。PB 材料的首次充/放电性能较好,其常见的电压范围在 2.0~4.0 V,有着 95% 的比容量保持率,说明该材料和电解液有着良好的兼容性。

普鲁士蓝正极材料中,锰基材料 MnHCF 有着较高的充/放电电压平台,是被广泛研究的材料之一。并且该材料中的金属 Mn 为活性位点,原料充足具有成本优势。通过共沉淀法制备 MnHCF 材料,具有流程简单且容易达到工业生产规模的优点,有望实现产业化。选用 70 ℃(经过对比有着良好的电化学性能)下合成的 MnHCF 材料进行电化学性能测试。首先是通过首次恒流充/放电测试(测试条件为 0.1 C,15 mA/g),如图 5 – 12 所示,图中呈现出两个充/放电平台,分别对应 Mn^{2+},Mn^{3+} 和铁离子两个转换反应(氧化还原)。对比发现低温(20 ℃)制备的材料过电势大,在 3.6 V 的工作电压下环境温度上升过程中过电势逐渐降低。同时两个充/放电平台间的电压也在靠近,且工作电压提升到 3.7 V。

PB 材料有着独特的分子特性,在使用的过程中存在分解释放氰根的可能,这样会造成环境污染及生物危害。该材料在不同的 pH 环境下存储,发现仅在中性环境下才有较好的稳定性。并且不同过渡金属与氰根配位时产生毒物,当铁、钴和金等元素与氰根配位时产生的毒物毒性较弱,但在锌、银、镍和铜等元素与氰根配位时,产生毒物毒性会上升。故该材料的稳定性与环境温度、pH 和配位金属元素种类有关。所以在使用过程中应该注意对以上条件的控制。

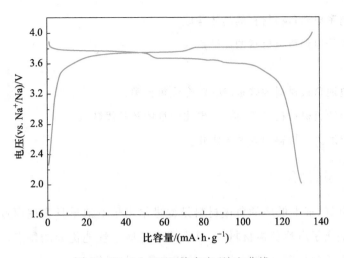

图 5-12 MnHCF 首次充/放电曲线

PB 材料的改性方法主要为掺杂和包覆。

首先是掺杂。由于 Na^+ 的离子半径大于 Li^+, 故在离子嵌入/脱出时产生体积变化致使材料基体结构发生坍塌, 对于钠离子而言, 更加严重的晶格变形会造成其结构不稳定。在 PBAs 材料中, 为了缓解晶格的体积变化, 将具有电化学惰性的金属元素通过掺杂引入晶格中, 能够有效地减轻晶格中的应力而保持其结构稳定性。基于单位点反应的普鲁士蓝类化合物是利用电化学惰性金属元素代替其中的 Fe 元素, 较为典型的主要有 Ni, Zn 和 Cu 元素。Ni^{2+} 取代 Fe^{2+}, 合成 $Na_{0.84}Ni[Fe(CN)_6]_{0.71}$, 在 Na^+ 嵌入/脱出循环过程中体积变化小于 1%, 可近似认为是"零应变"。其循环稳定性表现较好, 经 200 次循环后有着 99.7% 的比容量保持率, 以及接近 100% 的库仑效率。还有着稳定的电极/电解质界面, 避免固态电解质中间相破裂和重建的不稳定, 从而显著提高充/放电效率。

其次是包覆。对 PB 材料进行包覆可以提升材料表面的导电性, 根据包覆材料的不同, 主要以碳材料包覆为主, 碳材料是一种常用、价格低廉、导电性高的包覆材料。例如, 以葡萄糖为碳源实现包覆来改善材料表面的导电性和倍率性能。经过石墨烯包覆, PB 材料内部的结合水得到有效控制, 结合水的去除为 Na^+ 的脱出打开了通道。

第 3 节　钠离子电池负极材料

■ 本节导读

负极材料也是钠离子电池极为重要的组成部分, 为了有更好的电化学性能, 负极材料的选择标准较为严苛。目前研究的钠离子电池负极材料主要分为碳基负极材料、钛基负极材料、合金负极材料等。掌握这些负极材料的特点、电化学性能及改性方法可以对钠离子电池负极材料有更深的认识。

■ 学习目标

1. 掌握钠离子电池负极材料的种类;

2. 掌握钠离子电池负极材料的晶体构成；

3. 掌握钠离子电池负极材料的优缺点。

■ 知识要点

1. 钠离子电池负极材料的碳基、钛基、合金等分类；

2. 钠离子电池负极材料结构、特点、电化学性能及其优缺点；

3. 钠离子电池负极材料的改性与优化。

一、钠离子电池负极材料概述

开发性能良好、成本低廉的负极材料是促进钠离子电池早日实现商业化的关键。石墨也可以作为钠离子电池负极材料，并具有成本低廉且性能优异的特点。近些年负极材料的研究热点主要包括碳基、钛基、合金及其他负极材料等。

钠离子电池负极材料的设计原则如下：

① 具有良好的化学稳定性和热稳定性；

② 钠可逆嵌入量高，保证电池的能量密度；

③ 钠脱出对结构影响较小，保证循环性能；

④ 较高的电子电导率和离子迁移率。

二、碳基负极材料

如第 4 章所述，碳基负极材料由于其易制备、来源广泛、成本较低等优点，在早期广泛应用于锂离子电池中。由于钠离子电池原理与锂离子电池相似，因此也成了钠离子电池负极材料的首选。

碳基材料主要有两大类：石墨化碳和非石墨化碳。最具代表性的石墨化碳是石墨，石墨材料具有较高的体积比容量和良好的循环性能，成功应用于锂离子电池。但是由于 Na^+ 的半径较大致使其很难嵌入石墨中，因此，石墨也难以成为理想的钠离子电池的负极材料。非石墨化碳以石墨烯材料为代表，该材料有着表面缺陷较多及比表面积较大等特点，可以为钠离子提供丰富的储钠位点。但是石墨烯的价格昂贵、制备较难、反应电势较高等问题限制了其进一步应用。

天然石墨作为钠离子电池负极材料存在很多问题，诸如无序化程度较大、层间距较大等。由石墨化难易程度可以将这种无定形碳材料分为软碳和硬碳，硬碳是目前较为理想的负极材料，它的工作电压较低且比容量较高。另外还有诸如石墨炔、碳纳米管及生物质材料等其他碳材料。

1. 石墨

石墨由于具有长程有序的堆叠结构与良好的电导率，电化学性能表现优异，应用范围广。石墨材料结构见图 5-13。在实际的应用过程中，虽然钠和锂性质相近，但是由于石墨层间距过小，Na^+ 嵌入石墨层间所需的能量更大，故而储钠比容量十分有限。因此，无法在有效的电压窗口内进行可逆嵌入/脱出。但是,半径比钠离子更大的同主族碱金属元素在石墨中有较高的可逆比容量,也就是说石墨储钠比容量较低不是离子半径大造成的。石墨储钠比容量低的原因是 Na^+ 与石墨层的相互作用弱,进而不易形成稳定的插层化合物。

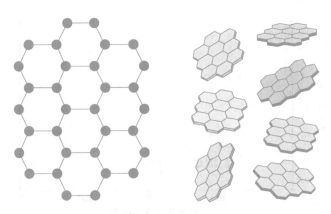

图 5-13　石墨材料结构

为了提高石墨的储钠性能,可通过溶剂化钠离子和增大石墨层间距来促进钠离子嵌入石墨。绝大部分溶剂化扩大层间距的方法主要是使用醚基电解液,它可以防止电解质的分解。当以二甘醇二甲醚(diethylene glycol dimethyl ether,DEGDME)作为溶剂时,可以显著地增大石墨层间距,促进 Na^+ 在石墨层间的嵌入/脱出,其反应机制如下:

$$Na^+(DEGDME)_n + xC + e^- \rightleftharpoons Na(DEGDME)_n xC \quad (n=1 \text{ 或 } 2, x=16\sim22)$$

当 $x=20$ 时,基于石墨负极的钠离子电池的理论比容量为 111.7 $mA \cdot h/g$,平均工作电压为 0.75 V 且有着优异的循环性能和倍率性能。这也为石墨负极在钠离子电池中的应用带来了契机。由此可见,醚基电解液中的共嵌入反应使得石墨成为潜在的钠离子电池负极材料,将有望应用到快充型钠离子电池器件中。

2. 无定形碳材料

无定形结构是指石墨层状结构排列凌乱且不规则,存在缺陷,而且晶粒微小,含有少量杂原子。无定形碳材料主要包括软碳和硬碳材料。

软碳是指在 2 800 ℃以上可以石墨化的碳材料,其微晶排列有序,微晶片层有着较大的厚度和宽度,无序结构很容易被消除。常见的软碳材料有碳微球、石油焦炭及针状焦炭等。短程有序的石墨化微晶结构有利于插层储钠,可以提高低电流密度下的比容量。软碳的碳层排列规整度高于硬碳,具有更高的导电性。因此,也有着更好的倍率性能。软碳的比表面积及表面缺陷程度较低,能够减少对酯类电解液的消耗。

软碳的储钠机制:Na^+ 在首次嵌入软碳的石墨微晶层间时,在电压约为 0.5 V 处形成一个不可逆的准平台,见图 5-14。此外,第一次钠化的过程中,软碳在准平台上下表现出较长的斜坡区域,在斜坡区域表现出高度可逆行为。但是软碳材料的储钠比容量较低,充电电压较高。为了提升软碳的可逆储钠比容量,可以对软碳的微观结构进行修饰。

例如,扩大石墨微晶层间距或者构造微孔结构,从而有效抑制其体积变化,还可以为 Na^+ 扩散提供路径,使得钠离子电池在电流密度为 20 mA/g 时具有 197 mA·h/g 的可逆比容量。

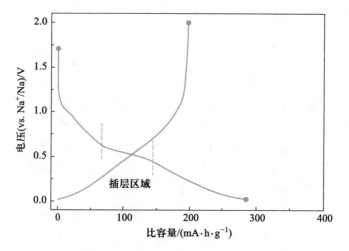

图 5-14　软碳的恒流充/放电曲线

硬碳通常是指在 2 800 ℃ 以上难以完全石墨化的碳材料,常见的有树脂碳、炭黑和生物质碳等。其内部石墨微晶是无序杂乱排列的,一直保持无定形结构,难以消除其在高温范围内的无序结构。但是它的氧化还原电势不高、有着稳定的空间结构。硬碳材料一般是在含碳前驱体高温下(惰性气体环境)煅烧制备而来的,它具有较大的层间距和无序的微孔,储钠位点较多。硬碳材料的应用可以显著提高钠离子电池的电化学性能。

通过对硬碳结构进行调控,如扩大石墨微晶层间距、调控孔结构(孔类型、孔径、孔隙率)、控制缺陷构造(数量、类型、位置)及控制材料表面积,以提升其电化学性能。

针对硬碳材料的储钠机理主要存在两种观点,硬碳储钠放电曲线两个区域,见图 5-15,高电压斜坡区(0.1~2 V)和低电压平台区(0~0.1 V)。

①"嵌入-吸附"机理:Na^+ 在类石墨层间的脱出主要体现在斜坡区比容量,Na^+ 在微孔中的填充或沉积主要体现在平台区比容量。

②"吸附-嵌入"机理:Na^+ 在碳表面及边缘缺陷上的吸附体现在斜坡区比容量,Na^+ 在类石墨间的嵌入/脱出体现在平台区比容量。

目前,硬碳嵌钠机理仍存在争议,想要进一步认识和理解硬碳储钠机理仍需要进一步的理论和实验来支撑。同时,硬碳负极在实际的应用中还面临许多挑战,选择合适的碳源和制造工艺可以显著提高硬碳材料的储钠能力,改善其循环性能和倍率性能。研究表明,以蔗糖水热法制备的碳球为前驱体,在 1 300 ℃ 这一较高的碳化温度成功制备了低缺陷、低孔隙率的硬碳负极材料,该材料有着 360 mA·h/g 的高比容量和 86.1% 的库仑效率,并且在循环 100 次后有着 93.4% 的高比容量保持率。

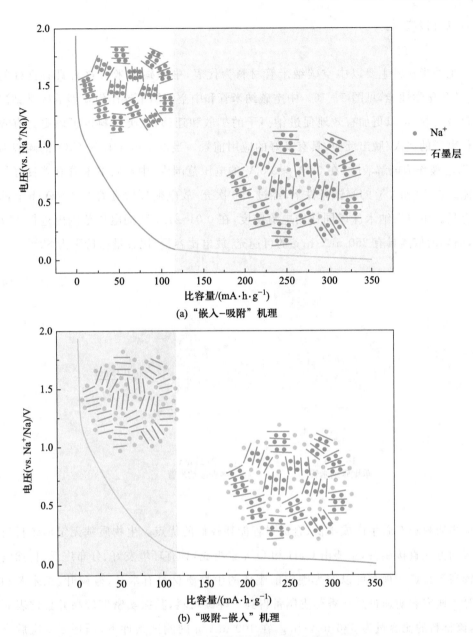

图 5-15　硬碳的储钠机理示意图

3. 石墨烯

石墨烯具有较大的理论比表面积,这使其有着巨大的吸附性能和表面活性。石墨烯还具有较多的缺陷,同时其电子电导性高、化学性质稳定,可以为钠离子提供丰富的储钠位点。

还原氧化石墨烯(rGO)是石墨烯的一种形式,它有助于提高复合负极材料的储钠能力,钠离子在 rGO 中具有可逆存储性能。rGO 的电子电导率较高,活性位点较多,同时也具有较大的层间距和无序排列结构,故也能存储更多的 Na⁺。

但是石墨烯有着价格昂贵、制备复杂、首次充/放电效率低和反应电势较高等缺点,故还难以直接应用。

4. 其他碳材料

一维纳米材料主要以中空碳纳米管材料为代表,中空碳纳米管材料具有良好的力学、电学和化学性能,见图 5-16。中空碳纳米管和中空碳纳米球作为新型的碳基钠离子电池负极材料,可以更加有效地促进钠离子的扩散和迁移,这类材料也可以更为有效地进行钠离子的嵌入/脱出反应,具有良好的应用前景。当以 1 mol/L NaClO$_4$ 的碳酸丙烯酯(PC)溶液作为电解液时,在 0.001~3.0 V 的电压范围内,中空碳纳米管有着良好的循环性能。在 50 mA/g 的测试条件下,经过 100 次充/放电循环后有着 200 mA·h/g 的可逆比容量。中空碳纳米球以同样的电流密度,在 0.01~1.2 V 的电压范围内进行 100 次循环,循环后依然具有 250 mA·h/g 的可逆充/放电比容量,比容量保持率为 82%。

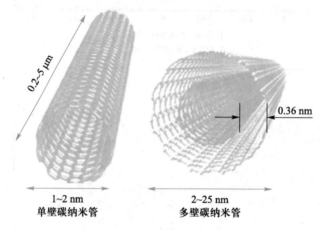

图 5-16　中空碳纳米管

生物质材料有着生产成本低、合成过程能耗较低的优点。生物质基无定形碳材料通过热解的方式直接制备,主要由 C、H 和 O 元素组成,具有环境友好、分布广泛、自然资源丰度较高等特点。现在可以作为硬碳前驱体的生物质材料有木耳、橡树叶、玉米芯和花生壳等。研究表明通过热解香蕉皮制备得到一种碳材料,其振实密度较高并且比表面积较低,该材料的比容量为 336 mA·h/g,在 100 mA/g 的测试条件下,循环 300 次后有着 89% 的比容量保持率。从绿色和循环利用的角度来看,利用生物质开发电极材料符合绿色和可持续发展的要求。

三、钛基负极材料

钛基负极材料具有电化学性能良好、地壳资源丰富、成本低廉、无毒性等优点。由于钛的氧化还原电势较低,钛在可变价的过渡金属元素中是不错的选择,四价钛原子在空气中可以稳定存在,在不同的晶体结构中表现出不同的储钠电势。由于钠离子电池和锂离子电池的工作机理相似,钛基材料也被应用在钠离子电池中。钛基材料的充/放电电压平台较低,使其在负极领域的应用研究受到了大量的关注。钛基负极材料主要包括

TiO_2，$Na_2Ti_3O_7$ 及 $NaTi_2(PO_4)_3$ 等。

1. TiO_2 负极材料

TiO_2 由 TiO_6 八面体和 Ti^{4+} 连接而成，二氧化钛有着结构稳定、成本低、无毒等优点。但是应用在钠离子电池负极中仍然存在许多的不足。由于 Ti^{4+} 没有 d 电子，因此，所有的 TiO_2 晶型都具有绝缘性，限制了其电化学性能，在工作电压范围为 $0.9\sim2.5$ V，电流密度为 50 mA/g 时的首次充电比容量仅 75 mA·h/g。由于材料本身具有的缺陷，加上 Na^+ 半径大，传输速率慢，导致其储钠性能也很不理想。因此，目前对于 TiO_2 的许多研究都聚焦于通过材料纳米化、界面修饰、离子掺杂、不同类型 C 复合及形貌结构优化等方式来改善和提高 TiO_2 的电子电导率和离子电导率。

2. $Na_2Ti_3O_7$ 负极材料

$Na_2Ti_3O_7$ 是由钠的氧化物和 TiO_2 形成的化合物，它的组成元素储量丰富、无毒无害、结构稳定，被认为是富有潜力的电极材料。$Na_2Ti_3O_7$ 材料具有独特的 Z 型层状晶体结构，故储钠性能优异，其晶胞由二维片层组成 $(Ti_3O_7)^{2-}$，Na^+ 分布在片层之间。$Na_2Ti_3O_7$ 材料在进行充/放电循环时，可以进行两个 Na^+ 的嵌入/脱出反应，对应的理论比容量为 200 mA·h/g。在钛基材料中有着较低的工作电压（约 0.3 V），是目前具有最低储钠电势的嵌入型氧化物材料。但是该材料的导电性较差，通过加入大量的导电添加剂（约 30%）可提高其电子导电率，但同时这也会降低其首次库仑效率，以及使循环稳定性不稳定等。

在实际的充/放电过程中，$Na_2Ti_3O_7$ 材料的实际比容量较低，这是由于其较小的片层间距及较大的 Na^+ 半径，使得介于片层中的两个钠离子，一个是活性钠位点，另一个是惰性钠位点。惰性位点的钠离子在充/放电过程中很难进行可逆的嵌入/脱出，这也将导致其实际比容量很难上升。

在充电过程中，两个额外的 Na^+ 会嵌入一个 $(Ti_3O_7)^{2-}$ 片层中，但由于层间距的限制，一个 $(Ti_3O_7)^{2-}$ 片层很难同时嵌入四个 Na^+。故为了稳定地容纳更多的 Na^+，材料会发生晶体结构的重排，扩大其层间距，从而保证可以稳定地容纳更多 Na^+。在放电过程中，纳米尺寸的负极材料在 Na^+ 脱出过程中无中间相的产生，$Na_4Ti_3O_7$ 直接转化成了 $Na_2Ti_3O_7$。在长循环的过程中，材料内部的 Na^+ 不断脱出，晶体结构也发生相应的变化，最终导致结构的不可逆畸变。

3. $NaTi_2(PO_4)_3$ 负极材料

$NaTi_2(PO_4)_3$ 材料是具有 NASICON 型三维网状结构的聚阴离子型钛基负极材料，Na^+ 能够在其晶体结构中的三维通道里快速扩散。其中，三维骨架的 NASICON 结构是带负电荷的，$Ti_2(PO_4)_3$ 由磷氧四面体 (PO_4) 和钛氧八面体 (TiO_6) 通过顶角连接而成，每个磷氧四面体 (PO_4) 与 4 个钛氧八面体 (TiO_6) 相连接，每个钛氧八面体 (TiO_6) 与 6 个磷氧四面体 (PO_4) 相连接。

$NaTi_2(PO_4)_3$ 材料的理论比容量仅为 133 mA·h/g，较早时在有机体系钠离子电池中得到广泛应用。后由于 $NaTi_2(PO_4)_3$ 材料能够应用于水溶液体系钠离子电池,并且有着稳定的结构,因此受到了更为广泛的关注。在有机体系中,$NaTi_2(PO_4)_3$ 材料的可逆循环比容量为 120 mA·h/g,而在水溶液体系中 $NaTi_2(PO_4)_3$ 材料的可逆循环比容量为 123 mA·h/g,二者都达到了其理论比容量的 90%。

四、合金负极材料

由于碳基、钛基和有机类材料的储钠位点有限,可逆比容量较低,因此亟待开发高比容量的负极材料。钠是一种活泼金属,可与许多金属(Sn,Sb 和 In 等)形成合金而作为负极材料。基于 Na 与合金负极电化学反应的过程和储钠数量,合金负极材料可以主要分为四类:

① 存储 1 个 Na^+,如 Si 和 Ge,可形成 NaSi 和 NaGe 合金相;

② 存储 3 个 Na^+,如 P,As,Bi 等,可形成 Na_3P,Na_3As,Na_3Bi 等合金相;

③ 存储 15/4 个 Na^+,如 Sn 和 Pb,可形成 $Na_{15}Sn_4$ 和 $Na_{15}Pb_4$ 合金相;

④ 合金化合物,主要是包含均是活性金属组成的化合物,如 Sn_4P_3 和 SnSb 等。

相比碳基负极材料,合金负极材料有着较高的质量比容量、较高的储钠比容量、较低的嵌钠电势等特点,但也存在反应动力学较差的缺点。在钠的嵌入/脱出过程中,合金负极材料的体积变化较大,致使材料在循环过程中容易发生粉化,并且粉化过程会暴露更多界面诱导持续反应,进一步降低循环性能。常见的储钠合金负极材料的电压区间、理论比容量、储钠后体积变化率及能量密度见图 5-17。

图 5-17

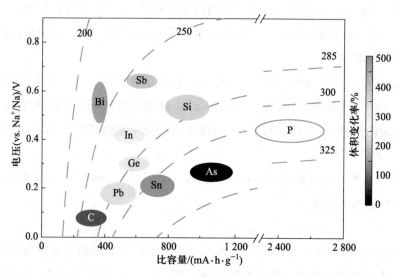

图 5-17　典型储钠合金负极材料的电压区间、理论比容量、储钠后体积变化率及能量密度

Sn 基负极材料中金属 Sn 可与 Na 形成 $Na_{15}Sn_4$ 合金,作为电池负极材料时有着 847 mA·h/g 的理论比容量。此外,Sn 储钠的理论比容量高、嵌钠电势相对较低、资源丰富、环境友好且成本低廉。另外,由于 Sn 的储钠电势低于相应的储锂电势,从提高全电

池体系的输出电压角度看,Sn 极具应用潜力。但 Sn 与 Na 的合金化反应过程中涉及多个相转变过程,Sn 的储钠过程存在四个电压平台,其完全嵌钠以后体积膨胀可达 420%,会导致电极严重粉化,并且其中每一个相变过程存在一定的电压骤变,会影响材料的循环稳定性。

常见的改性方法有与碳材料复合、引入缓冲元素及电解液优化等。其中,与碳材料复合可以有效缓解材料的体积效应,以及有效抑制纳米 Sn 团聚。例如,采用静电纺丝技术和热处理工艺制备的多孔 N 掺杂碳纳米纤维包覆的 Sn 纳米点(1~2 nm)自支撑负极材料就表现出良好的电化学性能,在 200 mA/g 的电流密度下有着 633 mA·h/g 的可逆比容量。同时,这种一体化自支撑电极无须添加黏结剂,可以减少副反应,确保了 Sn 的高比容量特性。

第 4 节　钠离子电池电解质材料

■ 本节导读

电解质是电池的重要组成部分之一,它能够将电池的正、负极相互连接,进行离子的传输,使得电池体系形成一个封闭的回路。不同的电池体系对应不同的电解质,对电解质的选择关乎电池的安全性、电化学性能及制造成本等方面。本节将根据钠离子电池电解质的状态进行分类,分别对液态和固态电解质进行详细介绍。并对不同类别的电解质的理化性质、材料特性、合成方法等进行介绍。

■ 学习目标

1. 掌握钠离子电池电解质的种类;

2. 掌握钠离子电池电解质的特性;

3. 掌握钠离子电池电解质的应用。

■ 知识要点

1. 钠离子电池电解质的性能评价;

2. 钠离子电池电解质的种类及其特性;

3. 钠离子电池电解质的发展及应用。

一、钠离子电池电解质材料概述

固态电解质和液态电解质是电解质的两种存在形式,见图 5-18。根据组成也可以将电解质分为有机电解质和无机电解质。其中,以无机固态电解质、聚合物电解质为代表的固态电解质和以有机液体电解液、水系电解液及离子液体电解液为代表的液态电解质是主要的电解质体系。

由于钠离子电池和锂离子电池有着很多相似性,钠离子电池电解质的性能要求通常和锂离子电池电解质的相一致,主要包含:

图 5-18

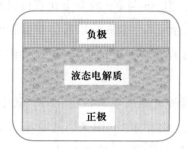
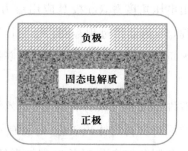

图 5-18　钠离子电池固态、液态电解质

① 不与正、负极材料发生反应,化学稳定性较好;

② 具有电化学稳定性,在电池充/放电时不会发生分解;

③ 具有热稳定性,温度升高时电解质状态能够保持稳定;

④ 具有离子传输性,可以传输离子,但是不传导电子;

⑤ 低毒,生产成本较低。

在钠离子电池液态电解质中,使用最广泛的是有机电解质。该类电解质有着高离子电导率、低生产成本及溶于钠盐等优点,但其具有易燃性,在电池内部易挥发而产生较大的压力,使得电池有发生火灾或爆炸的危险。离子液体电解液相对于有机电解质来说,具有电化学窗口较宽、不易燃、不易挥发等优点,在实际应用中,能够带来相对于有机电解质更好的稳定性和安全性。固态电解质主要包括固态聚合物电解质和固态氧化物电解质,固态钠离子电池可以有效减少潜在的安全性问题。

二、液态电解质

液态电解质主要包括:有机液体电解液、水系电解液及离子液体电解液等。在溶剂方面,目前应用于钠离子电池的溶剂主要为酯类溶剂和醚类溶剂。酯类溶剂是较为常用的一类溶剂,链状碳酸酯和环状碳酸酯是常见的酯类溶剂,基于碳酸酯类溶剂的电解液往往具有离子电导率高和抗氧化性好的优点。醚类溶剂的介电常数远低于环状碳酸酯,但高于链状碳酸酯,其抗氧化能力相对较差并且在高电压下易分解,在实际应用中受限。将两种甚至多种溶剂混合使用是常见的方法,但控制不同溶剂的比例更为重要。

常用的钠盐包含无机钠盐和有机钠盐两类。无机钠盐较为常用,但存在氧化性较强和易分解等问题。有机钠盐热稳定性较好,但存在腐蚀集流体或成本相对较高等缺点。拥有大半径阴离子,阴、阳离子间缔合作用弱的钠盐是较好的选择。该特征能够保证钠盐在溶剂中较好地溶解,提供足够的离子电导率,从而获得良好的离子传输性能。将少量添加剂加入电解液中能在电极材料表面形成保护膜,降低可燃性及防止过充。含有大量有机溶剂的电解液极易燃烧,存在安全隐患。一般使用水系电解液及离子液体电解液等来提升电解液安全性。除此之外,其还具有其他优势,如水系电解液成本相对较低,高盐浓度电解液具有良好的界面成膜性质,以及离子液体电解液电化学窗口较宽等。然而水系电解液电化学窗口较窄,高盐浓度电解液和离子液体电解液黏度较高且成本较高等劣势也使得这些新型电解液在实际应用受限。

1. 电解液基础理化性质

一般而言,理想的钠离子电池电解液应具备如下特征:熔点低、沸点高,即具有较宽的液程(液体温度范围)。其中,溶剂的性质决定了电解液的熔、沸点。在适宜的温度范围内,电解液能够保持液体状态对电池体系的稳定工作至关重要。同时,高沸点的溶剂一般具有高介电常数、高极性、高钠盐溶解度及低挥发性等优势;低熔点的溶剂一般黏度比较低,对电极材料的浸润性较好。两种或者多种溶剂混溶是实现电解液具备高沸点和低熔点特征的重要途径。电解液基础理化性质如下:

① 离子电导率高,钠离子迁移数高,电子电导率低。离子电导率高意味着电解液能有效传输离子,钠离子迁移数高表明 Na^+ 相对于阴离子迁移得更快。电子电导率低则能减少自放电。

② 化学稳定性好。化学稳定性好指的是电解液本身基本不与电池中其他材料发生化学反应的性质。

③ 电化学稳定性好。电化学稳定性好指的是电解液在一定电压范围内不会因为电化学反应而被持续氧化或者还原的性质。

④ 热稳定性好、可燃性低。有机电解液的溶剂一般都是以 C,H,O 三种元素为主,具有很高的可燃性,存在安全隐患。

⑤ 成本低、毒性低。降低电解液的成本和毒性也是新型电解液的开发方向。

2. 酯类电解液

酯类电解液主要以碳酸酯基溶剂为主,其介电常数相对于醚类溶剂的高,抗氧化性能较好,电化学窗口较宽。碳酸酯基电解质可以在很大程度上满足钠离子电池的需求,钠离子电池碳酸酯基电解质通常由三个部分构成:碳酸盐溶剂、钠盐和添加剂。

(1) 碳酸盐溶剂　环状碳酸酯和线性碳酸酯是两种主要的碳酸酯基的碳酸盐溶剂。环状碳酸酯类溶剂以碳酸丙烯酯(PC)及碳酸乙烯酯(EC)为代表;线性碳酸酯类溶剂则以碳酸甲乙酯(EMC)、碳酸二甲酯(DMC)及碳酸二乙酯(DEC)为代表。碳酸酯基电解质常用酯溶剂的理化性质见表 5-5。

表 5-5　碳酸酯基电解质常用酯溶剂的理化性质

溶剂	介电常数/ $(F \cdot m^{-1})$	黏度/ $(mPa \cdot s)$	汽化热/ $(kJ \cdot mol^{-1})$	HOMO	LUMO
EC	89.78	1.90	51.68	−0.258 5	−0.017 7
PC	64.92	2.53	45.73	−0.254 7	−0.014 9
DMC	3.107	0.59	36.53~38.56	−0.248 8	−0.009 1
EMC	2.958	0.65	34.63	−0.245 7	−0.006 2
DEC	2.805	0.75	41.96~44.7	−0.242 6	−0.003 6

在这些溶剂中,EC 是钠离子电池有机液体电解质中常用且重要的溶剂之一。主要是由于 EC 的介电常数最高,黏度在环状酯类材料中较低,能够溶解更多的钠盐。PC 的结构与 EC 的相似,常温下为无色透明液体,是一类较为理想的钠离子电池电解液溶剂,其介电常数(64.92 F/m)要低于 EC 的介电常数。PC 可以很好地与硬碳(HC)兼容。除了上述的环状碳酸酯类溶剂外,线性碳酸酯 DMC,DEC 和 EMC 常用作 EC 或者 PC 的助溶剂。助溶剂体系的这种协同效应使电解质的离子电导率、电化学窗口及钠离子电池的安全性等都有很大的提升。

(2) 钠盐　钠盐主要由钠离子和阴离子基团组成,是液态钠离子电解质的主要组成成分,对电解液的化学性质起着决定性作用。钠盐对电池性能有着很大的影响,理想的钠盐在电解液中可以完全溶解并形成稳定的配合物。其中溶解的钠离子,能够在没有动能势垒的情况下迁移。另外,钠盐不能与电池的其他组件(如隔膜、集流体等)发生反应。这些要求就使得很多钠盐被排除在外,适用于酯类电解液中的钠盐选择范围十分有限。

在钠离子电池中使用最多的钠盐是高氯酸钠,高氯酸钠的热稳定性要比其他钠盐的好,但是容易爆炸,其中的水分难以去除,故在实际的应用中尽量避免使用高氯酸钠。酯基电解液中常见的钠盐及其理化性质见表 5-6。

表 5-6　酯基电解液中常见的钠盐及其理化性质

钠盐	分解温度(锂盐对比)/℃	TGA(质量损失)/℃	离子电导率(锂盐对比)/(mS·cm⁻¹)
$NaPF_6$(六氟磷酸钠)	300(200)	400(8.14%)	7.98(5.8)
$NaClO_4$(高氯酸钠)	472(236)	500(0.09%)	6.4(5.6)
[双(三氟甲烷磺酰)亚胺钠]	263(234)	400(3.21%)	6.2(5.1)
[氟磺酰基(三氟甲烷磺酰)亚胺钠]	160(94.5)	300(2.75%)	
NaFSI(双氟磺酰亚胺钠)	122(130)	300(16.15%)	

六氟磷酸钠($NaPF_6$)也是钠离子电池中常用的钠盐之一。但其对水较为敏感,容易产生氢氟酸(具有强腐蚀性)。而 HF 与 SEI 的碱性组分易发生反应,产生有害气体,使得 SEI 膜的刚性被削弱。但是 $NaPF_6$ 的电化学稳定性比六氟磷酸锂高。由于钠离子的高氧化还原电势和动力学的限制,$NaPF_6$ 比 $LiPF_6$ 具有更高的抗电化学还原性。双氟磺酰亚胺钠(NaFSI)和双(三氟甲烷磺酰)亚胺钠(NaTFSI)的热稳定性高、无毒,但是它们对铝有很强的腐蚀性,使得它们不能作为单一的钠盐用于钠离子电池中,而高浓盐电解液可以减轻其对铝的腐蚀。

(3) 添加剂　电解质添加剂是在电解质中添加少量(通常小于其质量或体积的10%)的非溶剂成分。它可以有效提高电解质的电化学性能,且不需要改变电解质的主体组成。通常情况下添加剂会被消耗,并在初始活化周期中促进电极与电解质之间形成界面相。

电解质添加剂按照其功能可以分为以下几类：成膜添加剂、过充保护添加剂、阻燃添加剂、防凝固添加剂和高压添加剂等。引入不同的添加剂，将极大提升酯类电解液的各项功能，满足电解液的不同应用方向。例如，少量有机磷酸酯类溶剂添加到电解液中就可以实现电解液的高温不燃特性，并且可以起到优化电极表面钝化层的作用。需要注意的是，添加剂对电解质体系整体产生的环境影响和负面影响应该尽可能地低。

总的来说，研究最为广泛的还是成膜添加剂，它主要是通过对电极-电解质界面的化学改性，来提高钠离子电池的循环性能和安全性。

3. 醚类电解液

在锂离子电池中，醚类溶剂很少用于电解液，主要是由于它在负极表面的成膜能力差，在正极表面上容易分解。但在钠离子电池中，醚基电解液使用得较多，其原因是醚基电解液的抗还原性较强，可以使负极表面的 SEI 膜变薄，首次库仑效率要高于酯基电解液。在各种负极材料中，在使用醚基电解液之后，钠离子的存储性能有了显著改善。

醚类溶剂介电常数低，醚基基团的化学性质非常活泼，故醚类溶剂的抗氧化性一般比较差，在高电压钠离子电池正极材料表面易被氧化，因而使用受限。醚类溶剂对碱金属负极兼容性比较好，并能够有效钝化金属钠。在金属钠表面形成较薄的（约 4 mm）、均一的和致密的 SEI 膜，进一步阻止钠枝晶的形成，防止 SEI 膜因为枝晶的生长和演变进一步增厚，从而影响 Na^+ 传导，见图 5-19。此外，因为与 Na 能形成配合体，在石墨负极中实现共嵌入而又不对石墨结构造成损坏，所以醚类电解液对石墨兼容性较好。

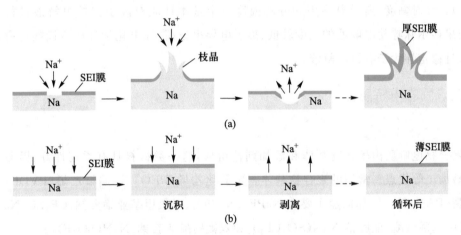

图 5-19　SEI 膜均匀性差异引起的钠枝晶和非钠枝晶沉积表面对比

主要的醚类溶剂为环状醚和链状醚。环状醚以四氢呋喃（tetrahydrofuran，THF）为主。THF 反应活性比较高，具有较低的黏度，可以增强钠盐的溶解度，对阳离子有较强的配位能力，显著提高电解液的电导率，但电池的循环稳定性较差。

一般地，对于常用的有机溶剂，碳酸酯类溶剂的电化学稳定性优于醚类，环状碳酸酯的电化学稳定性优于线性碳酸酯。一般的单一溶剂无法满足实际的需求，通常需要几种溶剂混合，目前使用较多的组合有 EC+PC，EC+DEC，EC+DMC 及 PC+FEC（氟代碳酸乙烯酯)等组合。

4. 水系电解液

水系钠离子电池成本低、安全性高,非常适用于未来储能应用。其储钠机理和界面稳定是钠离子电池水系电解液研究的两个重要方面。一般的水系电解液以 1 mol/L 硫酸钠或硝酸钠为钠盐,去离子水为溶剂,组成的水系电解液具有离子电导率高、不易燃烧等优点。由于动力学的影响,水系电解质的实际稳定性窗口要大于热力学极限。因此,可以有更多的材料应用在这些体系中。为了提高水系钠离子电池的电化学性能,必须了解钠离子在水系电解质中的迁移和储存过程。Na^+ 在水溶液体系中的插入主要有三个步骤:

① 电子快速转移的氧化过程在电极材料上发生;

② 通过电荷诱发作用来捕捉阴离子,使电极上的瞬间电荷达到平衡,钠离子在电极上的脱出是在电荷转移过程之后;

③ 钠离子和阴离子以电化学惰性步骤从电极上脱出。

因此,从钠盐中分离出的阴离子在电极反应动力学中起着重要的作用。

5. 离子液体电解液

离子液体(ionic liquids,ILs)是在常温下为液体并由阴、阳离子组成的材料。阴、阳离子具有丰富的种类,其组合也具有多种可能性。常见的阳离子包括咪唑盐阳离子、吡咯烷阳离子和季铵盐阳离子。常见的阴离子有三氟甲磺酸根($CF_3SO_3^-$)和四氟硼酸根(BF_4^-)。针对黏度、离子电导率和分解温度三个基本性质对离子液体电解液进行了比较,结果显示咪唑盐电解液的黏度较低、离子电导率较高,在电化学性质方面接近有机电解液,且稳定性优于有机电解液。

三、固态电解质

1. 聚合物电解质

聚合物电解质由聚合物基体和添加剂盐组成,这一类材料具有柔韧性好、界面电阻低和易加工等优点。常用的聚合物基体有聚氧化乙烯(PEO)、聚偏氟乙烯(PVDF)和聚丙烯腈(PAN)等。添加剂盐主要有 $NaPF_6$、$NaClO_4$、三氟甲基亚磺酸钠(CF_3SO_3Na)、二(三氟甲基磺酸酰)亚胺钠 $NaN(SO_2CF_3)_2$ 和双氟磺酰亚胺钠[$NaN(SO_2F)_2$]。

2. 混合电解质

混合电解质能够结合不同电解质的优点,有机混合电解质和离子液体电解质是代表性的混合电解质,有着良好的 Na^+ 迁移速率和完全稳定性。而且,混合电解质的性能通常受各种前驱体之间的协同作用或抑制作用影响,而不是简单的叠加。

已经实现商业化的电池体系常采用具有高离子电导率电解质,但该类电解质存在较差的安全性和力学性能,离子液体溶剂虽然黏度高且离子电导率低,但它具有较高的安全性。因此,将离子液体作为共溶剂或添加剂的混合电解质,能够实现良好电化学性能和较高热稳定性之间的平衡。有机溶剂与离子液体溶剂之间的适当比例是优化性能的关键因素。一般地,10%~50%离子液体含量的混合电解质的离子电导率较高,并且其安全性也得到了一定的增强。此外,燃烧测试表明,混合电解质的安全性也因加入离子液体共溶剂而增强。

第 5 节　钠离子电池非活性材料

■ **本节导读**

非活性材料也是钠离子电池的重要组成部分之一,虽然占比不大,但其与活性物质的兼容性对电池体系的安全性能至关重要,并且该类材料不参与电极的电化学反应。这里面主要包含的材料有隔膜、黏结剂、导电剂和集流剂等。隔膜,能够起到将正、负极进行物理分隔的作用。黏结剂,能够将非活性物质各部分黏结起来。导电剂,能够起到导电和润湿极片的作用。集流体,能够附着活性物质和汇集电流。不同部分的非活性材料有各自的材料特性和电化学性能,充分开发和利用该类材料对钠离子电池的安全性、稳定性及电化学性能有利。本节将介绍常见的非活性材料及其特性,进一步了解钠离子电池组成体系。

■ **学习目标**

1. 掌握钠离子电池非活性材料的种类;

2. 掌握钠离子电池非活性材料的组成;

3. 掌握钠离子电池非活性材料的优缺点。

■ **知识要点**

1. 钠离子电池非活性材料的材料特性和应用场景;

2. 钠离子电池对隔膜材料的要求;

3. 钠离子电池常见导电剂的性质。

一、钠离子电池非活性材料概述

钠离子电池不仅含有前文所述的活性材料,还包括隔膜、黏结剂、导电剂和集流体等非活性材料,见表 5-7。它们虽然在电池组成部分中所占比例不大但是作用却不可忽视。电池的非活性材料本质上不参与电极电化学反应过程。

表 5-7　钠离子电池主要非活性材料及对其要求

非活性材料	隔膜	黏结剂	导电剂	集流体
种类	聚丙烯、玻璃纤维、纤维素等	海藻酸钠、聚苯烯酸、聚偏二氟乙烯等	炭黑、碳纳米管、石墨烯等	铝箔等
要求	机械性能好透气率高	黏结性能好化学稳定性好	电子电导率高吸液保液能力强	成本低廉耐腐蚀

隔膜起到物理分隔正、负极避免电池短路的作用,黏结剂将活性物质、导电剂与集流体三者互相黏结起来以获得电极极片,导电剂在电极中主要起到导电及增强极片浸润性的作用,集流体用于附着活性物质及汇集电流。

二、隔膜

　　隔膜是液态钠离子电池中十分关键的组成部分,除物理分隔电池正、负极而避免短路外,还能保证电解液溶剂分子的渗透、浸润及溶剂化钠离子的输运。在固态钠离子电池中,因固态电解质兼具电解液与物理隔离的功效,通常不需要隔膜这一组成部分。本节将列举隔膜材料需要满足的主要性能指标,同时也将阐述隔膜的各方面性质对钠离子电池电化学性能的影响。

　　① 导电性能:所选用的隔膜材料需是电子绝缘材料,是离子传输的良导体。

　　② 力学稳定性:隔膜的机械强度需要尽量高而且厚度尽量小。

　　③ 稳定性:隔膜应不与电解液发生反应,也不能影响电解液的化学性质。

　　④ 热稳定性:能耐受低温及高温等恶劣温度条件的影响而保持其他性质没有大幅度的变化(缩小或膨胀)。

　　为满足上述性能的具体指标要求如下:

　　① 电阻:吸液后的离子电阻变小有利于降低电池整体内阻并提高倍率性能。

　　② 厚度:隔膜材料需要耐受电极表面的粗糙毛刺和充/放电过程中形成的钠枝晶的穿刺。隔膜厚度与电阻及穿刺强度成正比,但隔膜太厚可能会影响离子传输。

　　③ 孔径与孔隙率:孔径均一性影响电流密度的分布,孔径大小会影响隔膜透气性,过大的孔径可能造成正、负极微短路,并且枝晶也更容易穿透,孔隙率也会影响电解液的吸收。

　　④ 透气率:指的是定量的空气穿过隔膜所需要的时间,高透气率有助于减小隔膜电阻。

　　⑤ 接触角:指隔膜对电解液的润湿性能。角度越小,表明隔膜的浸润性越好。

　　⑥ 机械强度:隔膜需耐受生产或应用过程中的机械加工或环境应力的影响,若机械强度不足,则易被拉伸变形。

　　⑦ 耐腐蚀性:浸泡电解液前后隔膜性质未发生变化。

　　⑧ 热收缩率:在高温环境下要求隔膜的收缩率低,尺寸稳定,否则正、负极易接触而造成短路。

　　⑨ 闭孔温度及电流切断性:达到阈值温度或者阈值电流时,多孔隔膜闭孔切断回路电流,防止温度过载或电流破坏电池安全性。

　　综上所述,隔膜特性与电池性能关系较为复杂。例如,隔膜厚度、孔径和孔隙率等均会影响电池内阻的大小。隔膜材料与电池的整体安全性有很大的关联,在满足基本安全性能的同时,如何使得隔膜材料变得更加轻薄也是未来隔膜材料的研究方向。

常见的隔膜材料是聚烯烃类的聚合物材料,如聚乙烯(PE)、聚丙烯(PP)及其二者的复合膜;另外,玻璃纤维隔膜(主要由二氧化硅和氧化铝等无机氧化物组成)也是研究中使用较多的隔膜,该类材料的机械强度、电绝缘性较好且有丰富的孔道。这些常用于锂离子电池的隔膜材料也能很好地用在钠离子电池体系中。

三、黏结剂

在极片制作过程中,黏结剂将活性电极材料与导电剂、集流体三者互相结合起来以制备成可供使用的完整极片。黏结剂所占比例在整个极片中较小,约 10%,但是有着极其重要的作用。黏结剂不仅要将活性物质有效地黏结,而且还要将活性物质、导电剂和集流体黏结起来。同时,黏结剂不能破坏物质的分散均匀性,并且不能引入对电极性能有影响的杂质。黏结剂还要有利于电极表面形成有效界面膜。

对黏结剂的具体要求主要包括:

① 易于加工、低毒性、环境友好;

② 成本低廉;

③ 在电解液中有适中的溶胀能力;

④ 在干燥过程中保持足够的热稳定性(干燥除水过程 120~180 ℃);

⑤ 对电解液中的钠盐、溶剂及分解产物保持稳定;

⑥ 最好能引入一定的电子电导和离子电导,高效传输电子和钠离子;

⑦ 不可燃(通常用氧化指数评价),具有良好的安全性能;

⑧ 应可控制 pH 以防止腐蚀集流体;

⑨ 应具备一定的弹性,以缓解在充/放电过程中电极的体积变化。

常见的钠离子电池黏结剂材料如图 5-20 所示。

聚偏氟乙烯(PVDF)

海藻酸钠(SA)

羧甲基纤维素钠(CMC)

图 5-20　常见的钠离子电池黏结剂材料

1. 聚偏氟乙烯(polyvinylidene difluoride,PVDF)

PVDF 是通过 1,1-二氟乙烯的聚合反应合成的一种热塑性聚合物。由于其极性弱、抗氧化能力强及易于分散等特点,PVDF 是目前常用的油性黏结剂。但不足的是 PVDF 极片的柔韧性还有待进一步提高。

2. 海藻酸钠(sodium alginate,SA)

SA 是从海带或马尾藻中提取的一种天然多糖。与 PVDF 不同,SA 是一种水系黏结剂,微溶于水,不溶于大部分有机溶剂。其具有吸湿性,水合后颗粒表面黏性增强,从而将颗粒快速连接在一起形成团状物,随着水合过程的缓慢进行,颗粒得以完全溶解。水系黏结剂通常环境友好、成本低廉且电极烘干速度较快。

3. 羧甲基纤维素钠(carboxymethylcellulose sodium,CMC)

CMC 是葡萄糖纤维素的羧甲基化衍生物。这种链状离子型的黏结剂具有吸湿性,易于分散在水中形成黏稠的透明胶状物。其对溶液的 pH 及湿度等比较敏感。

四、导电剂

导电剂在电极中主要起导电的作用。在电极材料充/放电时,如果没有导电剂的存在,电极极化就会较大。在极片制作过程中会加入导电剂材料,这样能够减小接触电阻,增大导电性,从而提升钠离子的迁移速率。同时导电剂多为比表面积较大的碳材料,还可以增加极片的柔韧性。

对导电剂的具体要求如下:

① 具有较高的电子电导率;

② 具有较好的化学/电化学稳定性;

③ 具有一定的吸液保液能力(能充分被电解液浸润);

④ 能均匀分散到浆料中;

⑤ 成本低廉,环境友好。

目前,碳基材料是常用的导电剂材料。其主要包括乙炔黑、小颗粒导电炭黑(Super P)、导电石墨(KS,SFG)、科琴黑(KB)、乙炔黑、碳纳米管(CNT)、碳纳米纤维和石墨烯等。其主要性质列于表 5-8,可以根据不同的材料需求以及工艺条件选择合适的导电剂。

表 5-8　常见碳基材料导电剂的主要性质

导电剂种类	粒径/nm	电导率/($S \cdot cm^{-1}$)	类型
Super P	30~40	—10	小颗粒导电炭黑(点点接触)
KS	6~7	—1 000	大颗粒石墨粉(点点接触)
SFG	3~6	—1 000	导电石墨(点点接触)
KB	30~50	—105	超导炭黑(点点接触)
乙炔黑	35~45	—10	炭黑(点点接触)
CNT	10~15	—103~104	碳纳米管(线接触)
石墨烯	厚度<3	—1 000	多层石墨烯(面接触)

导电剂材料的成分、形貌、粒径、添加顺序、使用量等的不同都会对电池电化学性能产生不同的影响。考虑不同的活性物质材料,基于不同的优化目标而筛选与电池性能相

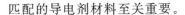

匹配的导电剂材料至关重要。

五、集流体

集流体是指电池电极材料中用于附着活性物质及收集电流的基体材料,如铜箔和铝箔等,广义的集流体也包括极耳等。汇集电极活性材料所产生的电子以对外传导电流是集流体的主要作用。集流体与活性物质接触是否良好将直接影响电池的电化学性能。

一个合格的集流体应具备的性能如下:

① 导电性良好,内阻小;

② 与活性物质充分接触,保证其接触内阻尽可能小;

③ 化学稳定性、电化学稳定性、耐腐蚀性良好,且在宽电压范围内不与活性物质反应;

④ 柔韧性良好,易加工,可制成薄箔等多种结构,力学性能稳定。

由于在低电势下钠和铝不会发生合金化反应,所以在钠离子电池中其正、负极两侧都可以选用成本更低廉的铝箔作为集流体。此外,集流体的纯度、厚度、表面张力等也都是重要的参数,将会影响电极的性质。目前常见的集流体材料主要分为三类:第一类是单质金属,主要包括 Al,Cu,Ti,Ni,Fe 和 Pt 等;第二类是合金,主要包括不锈钢、镍合金、钛合金、铝合金和铜合金等;第三类是其他类材料,包括碳基和氧化物基集流体。不同的集流体有不同的应用场景,未来需要更多地考虑铝、碳等低成本集流体材料作为主要集流体材料。同时还需要考虑不同的电解液体系,比如在类似 $NaN(SO_2CF_3)_2$ 的钠盐中就要避免使用纯铝材质的集流体材料。

 思考题

1. 钠离子电池相对于锂离子电池有哪些优势?

2. 如何选择合适的电极材料来提高钠离子电池的电化学性能?

3. 不同类型的电解液对钠离子电池性能的影响有哪些?

4. 如何提高钠离子电池的使用寿命和安全性能?

5. 钠离子电池在新能源汽车领域大规模应用面临哪些挑战?

参考文献

第6章　锂空气电池

■ 本章导读

　　锂空气电池是一种用金属锂作负极,以空气中的氧气作为正极反应物的电池。其中,正极主要是由催化层、集流体、气体扩散层组成。锂空气电池具有能量密度较高、质量较轻、内阻较小、无毒环保、组成结构简单等优点,是一种有巨大发展前景和应用前景的新型储能器件。本章将对锂空气电池的空气电极、锂空气电极正极催化剂及锂空气电池电解液进行介绍,使读者对锂空气电池有详细的了解。

第1节　锂空气电池概述

■ 本节导读

　　锂空气电池的理论能量密度远高于锂离子电池的,其值高达 11 430 W·h/kg,是目前常规电池体系中能量密度最高的,与化石燃料的能量密度相当。锂空气电池经过五十年的发展,以其高能量密度、可逆性良好和环境友好等特点,受到越来越多的关注。本节将介绍锂空气电池的工作原理及其组成与结构,使读者对锂空气电池有详细的了解。

■ 学习目标

1. 了解锂空气电池的发展历史;

2. 掌握锂空气电池的定义及相关基本概念;

3. 掌握锂空气电池的工作原理及其组成与结构。

■ 知识要点

1. 锂空气电池的电极反应式;

2. 锂空气电池的工作原理;

3. 几种不同体系的锂空气电池。

一、锂空气电池基础知识

　　在介绍锂空气电池之前,首先介绍金属空气电池。金属空气电池是一种以空气中 O_2 作为正极反应物,以锂、铝、镁、铁、锌、铅等金属作为负极的电化学装置,金属空气电池结构示意图如图 6-1 所示。一层隔热的多孔薄膜将空气正极与金属负极分开,电解液将电池内填满,正极则是由气体扩散层、集流层和催化层从外部向内部依次排列组成。在金属空气电池的负极中,其活性物质为金属,在放电过程中金属将不断被消耗,其理论能量密度取决于负极。在放电过程中,金属负极会发生氧化,使其失去电子而产生金属阳离子,而所释放的电子则会经由外部电流进入空气电极中。O_2 依次通过空气正极的气体扩散层、集流层和催化层,同时 O_2 在催化剂的催化作用下形成 OH^-,从而实现 O_2 的还原。

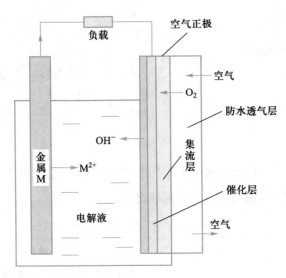

图 6-1　金属空气电池结构示意图

金属空气电池作为新型储能电池有以下几个要求:金属储量丰富,价格较低廉;能量密度较高。表 6-1 中列出了几种常见金属空气电池的负极参数。

表 6-1　常见金属空气电池的负极参数

金属	原子量	价态	密度/($g \cdot cm^{-3}$)	理论电压/V	理论比容量/($A \cdot h \cdot g^{-1}$)
锂	7	1	0.53	-3.05	3.86
铝	27	3	2.70	-2.35	2.98
镁	24	2	1.74	-2.69	2.20
铁	56	2/3	7.80	-0.88	0.96
锌	65	2	7.10	-1.25	0.82
铅	207	2	13.30	-0.13	0.51

锂空气电池是最重要的金属空气电池,其结构示意图如图 6-2 所示。在锂空气电池中,金属锂为负极;O_2 为正极活性物质,且不需要储存在电池中,它能从空气中吸收,从而降低了电池的质量。

锂空气电池的优缺点如表 6-2 所示,锂空气电池具有较高的能量密度和工作电压,同时其可逆性良好,成本较低,对环境友好。但是,锂空气电池也存在一些问题,如目前所用的电解液,都会有一定程度的副反应发生。对于锂空气电池来说,选择和设计一种

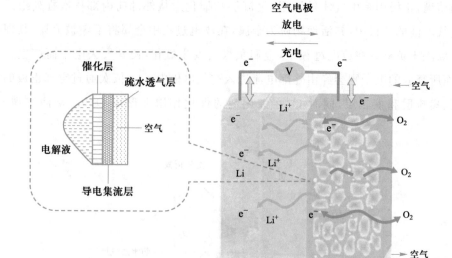

图6-2

图 6-2　锂空气电池结构示意图

稳定的电解液至关重要。除此之外,空气中的 CO_2 和 H_2O 会对电池造成一定程度的污染,进而影响电池性能,这也是其存在的问题之一。

表 6-2　锂空气电池的优缺点

优点	缺点
能量密度高	在非水体系中,有机电解质溶液易挥发
工作电压较高	空气中水蒸气会对金属锂造成腐蚀
放电电压平稳	倍率性能较差
可逆性良好	金属锂的利用率不高
成本较低、环境友好	循环性能有待提高

二、锂空气电池工作原理

锂空气电池由金属锂或锂合金作为负极,空气作为正极。在放电过程中,Li^+ 经过电解质从锂负极迁移至空气正极,电子从外电路迁移至空气电极,根据电解质体系的不同,氧气得到电子后与锂离子反应生成 Li_2O,Li_2O_2 或 $LiOH$,同时向外电路提供电能;在充电过程中,正极的 Li_2O,Li_2O_2 或 $LiOH$ 分解,产生的 Li^+ 回到负极被还原成锂单质,同时向空气中释放出氧气。

三、锂空气电池组成与结构

锂空气电池根据其电解质体系的不同可以分为水系锂空气电池、非水有机锂空气电池、有机-水混合体系锂空气电池和全固态锂空气电池四种,如图6-3所示。

1. 水系锂空气电池

水系锂空气电池结构示意图如图6-4所示,其电解质是水系,放电产物主要是

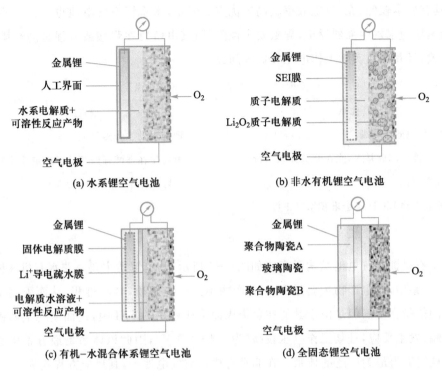

(a) 水系锂空气电池

(b) 非水有机锂空气电池

(c) 有机-水混合体系锂空气电池

(d) 全固态锂空气电池

图 6-3　不同类型锂空气电池的结构示意图

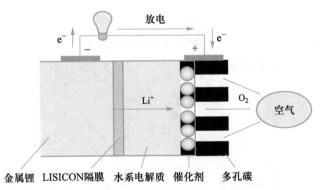

图 6-4　水系锂空气电池结构示意图

LiOH，产物可溶于电解质，不存在所谓的正极限制，但是负极锂的保护是个问题，研发出离子导电性好且不与金属 Li 反应，与水接触保持稳定的固态电解质保护膜是技术的关键。在水系锂空气电池中，其反应方程式如下：

放电反应　　$4Li + O_2 + 4H^+ \longrightarrow 4Li^+ + 2H_2O$　（酸性电解质）

　　　　　　$4Li + O_2 + 2H_2O \longrightarrow 4LiOH$　（碱性电解质）

充电反应　　$4Li^+ + 2H_2O \longrightarrow 4Li + O_2 + 4H^+$　（酸性电解质）

　　　　　　$4LiOH \longrightarrow 4Li + O_2 + 2H_2O$　（碱性电解质）

　　水系锂空气电池的优缺点见表 6-3，因其放电产物是 LiOH，因此不存在放电产物堆积堵塞正极的问题；此外，水系锂空气电池的电解液大部分是水，使其能够在开放体系运行,且具有成本较低、充/放电效率较高等优点。但是,水系锂空气电池也存在一些缺点,负极的锂易与水发生强烈反应,导致安全性降低;其电解质在强酸或者强碱的环境下,稳定性较差,且其存在实际工作电压较低等问题。

表 6-3　水系锂空气电池的优缺点

优点	缺点
充/放电效率较高	锂与水发生强烈反应
电解液大部分是水,能在开放体系运行	电解质在强酸强碱环境下稳定性较差
成本较低	实际工作电压较低(<2 V)
放电产物 LiOH 不会堆积堵塞正极	

2. 非水有机锂空气电池

非水有机锂空气电池结构示意图如图 6-5 所示,其电解质主要是非水有机液体电解质,在该体系中,放电产物主要是 Li_2O_2,产物不溶于电解质,容易堆积,从而限制了锂空气电池的能量密度。但是由于其能在负极表面形成稳定的 SEI 膜,进而避免金属锂和水直接接触、发生反应,且其工作电压较高(为 $2.4 \sim 2.9$ V),因此该体系是最有希望获得应用也是被研究得最为广泛的体系。在非水有机锂空气电池中,其反应方程式为

$$放电反应 \qquad O_2 + e^- \longrightarrow O_2^-$$

$$O_2^- + Li^+ \longrightarrow LiO_2$$

$$2LiO_2 \longrightarrow Li_2O_2 + O_2$$

$$充电反应 \qquad Li_2O_2 \longrightarrow 2Li^+ + 2e^- + O_2$$

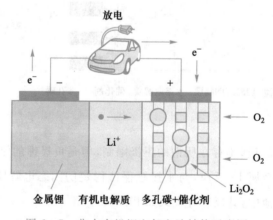

图 6-5

图 6-5　非水有机锂空气电池结构示意图

非水有机锂空气电池的优缺点如表 6-4 所示,其在工作时会产生不溶于电解质的反应产物氧化锂,以沉淀物的形式堵塞正极空腔,阻止锂离子、电子和氧的转移,从而降低比容量。除此之外,在这种类型的电池中,碳和黏合剂有些不稳定,会导致碳酸锂的形成,这种化合物和氧化物一样,会抑制转变。碳酸锂的导电性比氧化锂差,充电时可逆性较差,从而降低了电池比容量。

表6-4 非水有机锂空气电池的优缺点

优点	缺点
形成SEI膜,防止金属锂和电解质反应	氧化锂沉积,堵塞空气电极,降低比容量
工作电压较高(2.4~2.9 V)	碳和黏合剂不稳定,形成碳酸锂

3. 有机-水混合体系锂空气电池

图6-6为有机-水混合体系锂空气电池结构示意图,放电产物为可溶的LiOH。有机-水混合体系锂空气电池由非水有机液体电解质和水系电解质共同组成,该电池具有水系和非水有机系两种类型的电解质的优点。其正极表面是水系电解质,增大产物LiOH的溶解度,负极表面是非水有机液体电解质,避免水分等与金属Li的反应,中间由Li^+导电的疏水膜或固体电解质隔开,这种体系能够在一定程度上避免单独电解质体系的问题。在有机-水混合体系锂空气电池中,其反应方程式为

放电反应 $\quad 4Li+O_2+4H^+ \longrightarrow 4Li^+ +2H_2O$ (酸性电解质)

$\qquad\qquad 4Li+O_2+2H_2O \longrightarrow 4LiOH$ (碱性电解质)

充电反应 $\quad 4Li^+ +2H_2O \longrightarrow 4Li+O_2+4H^+$ (酸性电解质)

$\qquad\qquad 4LiOH \longrightarrow 4Li+O_2+2H_2O$ (碱性电解质)

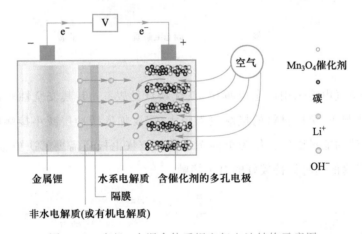

图6-6 有机-水混合体系锂空气电池结构示意图

有机-水混合体系锂空气电池具有水系电解质和有机电解质二者的优势,其优缺点见表6-5。其研究重点是隔绝水系电解质和有机电解质的中间隔膜。该隔膜应阻挡水和氧气通过,将水系电解质与有机电解质隔离,且具有良好的机械性能和稳定性,在室温下具有很高的锂离子导电性。

表6-5 有机-水混合体系锂空气电池的优缺点

优点	缺点
放电产物LiOH不会堆积堵塞空气电极	电解质中间隔膜稳定性较差,且易被Li腐蚀
金属锂腐蚀程度减轻	电解质中间隔膜离子电导率较低

4. 全固态锂空气电池

为了提高锂空气电池的安全性和稳定性,避免金属锂与水直接接触发生反应,固态电解质应运而生。全固态锂空气电池结构示意图如图 6-7 所示,其正极为碳和玻璃纤维的复合材料,负极为金属锂,类三明治结构的固态电解质由两种聚合物和玻璃纤维膜所构成。在全固态锂空气电池中,其反应方程式为

$$放电反应 \quad O_2 + e^- \longrightarrow O_2^-$$

$$O_2^- + Li^+ \longrightarrow LiO_2$$

$$2LiO_2 \longrightarrow Li_2O_2 + O_2$$

$$充电反应 \quad Li_2O_2 \longrightarrow 2Li^+ + 2e^- + O_2$$

图 6-7

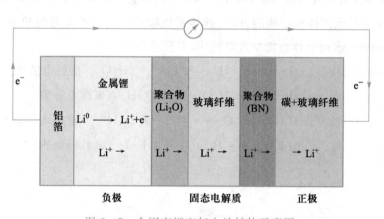

图 6-7　全固态锂空气电池结构示意图

全固态锂空气电池采用固态电解质,其优缺点见表 6-6,其安全性较高,高温性能好,但是电解质与正、负极材料的接触电阻较大,需要加入缓冲层减小接触电阻,但一定程度上影响电池的能量密度。作为全固态电池的空气电极还需要解决电极结构的设计问题,在容纳产物的同时保持较好的电子接触。

表 6-6　全固态锂空气电池的优缺点

优点	缺点
安全性较高	电解质与正、负极材料的接触电阻较大
高温性能好	电池的能量密度较低

第 2 节　锂空气电池正极

■ 本节导读

锂空气电池正极主要包含以下两个部分:载体材料及催化剂。载体材料具备提供反应位点、容纳生成物、促进 O_2 扩散和支持电极结构的作用,是锂空气电池的核心部件,其孔隙率、孔径和电导率对锂空气电池的性能有较大影响。常见的锂空气电池正极载体主要有碳基材

料与非碳基材料。多孔碳基材料作为载体时,具有低廉的制造成本和优良的导电性能。但是,在高压条件下,这种材料化学稳定性较差,容易发生氧化反应。为解决这个问题,以贵金属、金属化合物为代表的非碳基材料也被广泛研究并应用于锂空气电池正极载体。本节将介绍锂空气电池正极载体碳基材料和非碳基材料,使读者对锂空气电池正极载体材料有详细的了解。

■ 学习目标

1. 掌握锂空气电池正极的基本组成;

2. 掌握锂空气电池正极载体材料的分类;

3. 掌握锂空气电池正极载体材料的作用及优缺点。

■ 知识要点

1. 锂空气电池正极的基本组成;

2. 锂空气电池正极载体材料的分类;

3. 锂空气电池正极载体材料的作用及优缺点。

一、锂空气电池正极概述

锂空气电池正极主要是由气体扩散层、集流层、催化层组成,如图 6-8 所示。

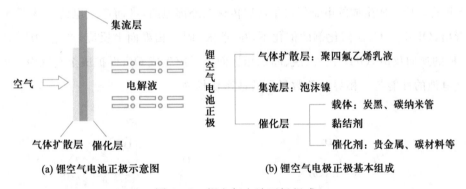

(a) 锂空气电池正极示意图　　(b) 锂空气电极正极基本组成

图 6-8　锂空气电池正极组成

催化层由载体、黏结剂、催化剂三部分构成。载体材料对锂空气电池的性能有很大的影响。理想的锂空气电池正极载体材料应具备良好的电导率、较大的比表面积、优良的耐腐蚀性及可改善电极催化层的立体结构等优点,目前常见的主要有炭黑、碳纳米管、碳纤维、介孔碳、石墨烯等。黏结剂通常使用聚四氟乙烯(polytetrafluoroethylene,PTFE)或偏四氟乙烷(tetrafluoroethane)。催化剂是一种能加速氧化反应的活性物质,它的种类和结构对电池性能的影响很大。

集流层在选择上需要具有导电性能好、抗腐蚀性能好、价格低廉等优势。由于镍的导电性能和抗腐蚀性能良好,目前通常选用泡沫镍作为锂空气电池正极的集流层。

气体扩散层又称防水透气层,空气中的氧能够通过它进入电池中进行反应,并能防止电解质的泄漏。气体扩散层使用带有大量疏水性孔隙的聚四氟乙烯乳液等制成。如

图 6-9 所示,气体在与电解质相接触时,会形成
一个突出的液态表面,这会对电解质形成附加的
压力,从而保证了气体扩散层的疏水和渗透能
力。在气体扩散层的制备过程中,可以适当增大
孔隙率,从而提高氧气的传输速率。

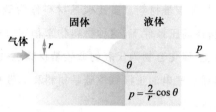

$$p = \frac{2}{r}\cos\theta$$

p—附加压力；r—毛细孔半径；θ—角度

图 6-9　空气正极防水原理示意图

非水系锂空气电池主要是基于 Li_2O_2 的分
解与再生成进行能量的存储与释放。放电时发
生氧还原反应(oxygen reductive reaction,ORR),并分为两步进行:O_2 与电极表面的电子
结合产生 O_2^-(超氧化物);O_2^- 与 Li^+ 结合后形成的 LiO_2 通过还原或歧化反应生成 Li_2O_2。
充电时 Li_2O_2 分解,锂空气电池正极表面发生氧析出反应(oxygen evolution reaction,OER)。
Li_2O_2 的分解可以归纳为两个阶段:

① 在初始充电阶段,放电产物 Li_2O_2 失去一个电子分解为 LiO_2,随后,LiO_2 通过歧
化反应释放氧气;

② 当充电电压进一步升高后,Li_2O_2 通过两电子反应生成 Li^+ 和 O_2。

因此,OER 和 ORR 是锂空气电池体系在电化学充/放电过程中发生的主要反应。
在正极反应中,O_2 经由气体扩散层和电解质渗入催化层,形成气、液、固三相界面并在此
界面上进行反应。所生成的电子经过集流层传输至外部电路,进而产生电流。从图 6-10
可以看出,ORR 是 O_2 在催化剂的催化下,在气、液、固三相界面上反应,产生 OH^-;OER
是 ORR 的逆向反应,OH^- 在气、液、固三相界面上反应生成 O_2,再扩散至空气中。因此,
锂空气电池的性能与三相界面的数量和活性密切相关。

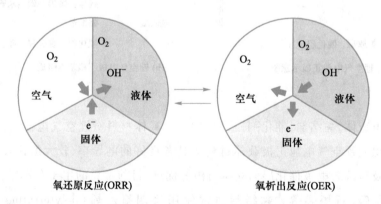

图 6-10　三相界面反应示意图

锂空气电池正极载体材料应当具有较高电导率、较好导电性和氧化还原性(充足的
氧扩散通路),同时应当具有适当的孔径和较大的比表面积等特点。目前,载体材料可以
分为两种,一种是碳基载体材料,另一种是非碳基载体材料。非碳基载体材料主要有金
属氧化物和贵金属等。

二、碳基载体材料

为了获得高比容量的锂空气电池,常以具有轻质和良好导电性的碳基材料作为正极载体。在有机电解质体系中,Li_2O_2 是放电产物,不溶于有机溶液,容易堵塞锂空气电池正极,阻碍氧气的扩散与进一步反应,使得其实际放电比容量远远低于理论放电比容量。因此,碳基载体材料形状、比表面积及孔体积对锂空气电池的性能有着较大的影响。较大的比表面积与孔体积可以增加催化剂颗粒的分布空间,从而获得更多的电化学活性位点,还可以有效地排放放电产物,防止堵塞反应通道。除此之外,当电极中含有一定量的氧气时,碳载体的孔体积越大,越有利于催化反应的进行。但是,当孔体积过大时孔体积的利用率就会降低,反而不利于反应。碳基载体材料主要分为两部分:多孔碳基材料和各种结构的碳相关材料。

锂空气电池用的碳基载体材料包括 Super P、介孔碳、科琴黑、Darco G-60 活性碳等。这些碳基载体材料都具有良好的电化学活性。但是由于碳基载体材料本身性质存在差异,其导电性、粒度、孔隙大小、孔体积、比表面积等物理性能有所差别,对锂空气电池性能的影响也各不相同。

1. Super P

在锂空气电池中,Super P 是最常用的碳基载体材料。比表面积和孔体积对 Super P 的放电比容量通常有很大的影响。通过改变碳源种类、反应温度等条件可制备一系列不同结构的 Super P。结果表明,这些试样均呈片状或薄片状,其中以立方石墨片居多。Super P 具有 62 m^2/g 的比表面积和 0.32 cm^3/g 的孔体积,当电流密度为 0.10 mA/cm^2 时,Super P 碳材料的锂空气电极放电比容量可高达 1 300～2 300 $mA\cdot h/g$。

2. 介孔碳

介孔碳通常由蔗糖和介孔硅组成。研究表明,采用模板法将碳包覆于硅颗粒上,可制备出一系列不同形貌和尺寸的介孔碳材料。与 Super P 相比,介孔碳具有更大的比表面积,其比表面积为 824 m^2/g。介孔碳具有大小相同的球形孔,孔径约为 30 nm,这些孔结构一方面能够储存放电产物,另一方面可以提供空间来容纳锂离子,提高了电化学活性物质利用率。此外,介孔碳具有良好的热稳定性能。

3. 科琴黑

科琴黑是一种商用的炭黑,其拥有约为 7.60 cm^3/g 的孔体积,比容量达到 2 340 $mA\cdot h/g$。科琴黑在锂空气电池中的常见型号有科琴黑(EC600JD)和科琴黑(EC300JD)。科琴黑(EC600JD)的孔尺寸为 2.22～15 nm,孔体积约为 2.47 cm^3/g,粒子尺度约为 40 nm,比表面积约为 2 672 m^2/g;科琴黑(EC300JD)的孔体积约为 1.98 cm^3/g,粒子尺度约为 30 nm,比表面积约为 890 m^2/g。

4. Darco G-60 活性碳

Darco G-60 活性碳存在着比表面积小及循环性能差等缺点,限制了其在锂离子电池领域中的应用,然而其在锂空气电池中的应用却十分常见。通过混合 Darco G - 60、二氧化锰催化剂和聚四氟乙烯溶液,在电流密度 0.05 mA/cm² 下,能够产生 2.0 V 的恒定电压,使比容量达到 280 mA/g。

　　碳材料可以通过改变表面特性,进而改善锂空气电池的性能。常用的方法有球磨法、热处理和氮掺杂。通过球磨法可使碳粉粒径减小,从而降低团聚现象的发生。另一种改变碳材料的方法为热处理。在一个由二氧化碳气氛保护的高温炉中加热碳材料,并将处理后的材料制成锂空气电池正极。将其置于浓度为 5% 的氟化聚乙二醇溶液中,真空浸泡 30 min,100 ℃真空干燥处理,在电池正极上产生了一层致密的碳层。通过测试发现,经 600 ℃碳化 10 h 后,碳具有最好的电化学活性。经过处理的碳电极比未经处理的碳电极电压衰减慢,放电时间长,放电比容量大。氮掺杂也是碳材料改性的一种常用方法。氮掺杂后,碳材料的比表面积、孔径、孔隙率和排放能力均增大。

三、非碳基载体材料

　　碳基载体材料在充电过程中不稳定,特别是在电位高于 3.5 V 时容易分解,出现副反应,非碳基载体材料则可以避免这种现象。常见的非碳基载体材料主要包括贵金属、金属化合物(金属氧化物、金属氮化物)、金属有机化合物、聚合物等。

　　金属氧化物的形貌易于调控,Co_3O_4 是其典型代表。相互独立的 Co_3O_4 纳米棒之间有足够的空间和孔道供反应产物的沉积及氧气和电解液的传输。具有此结构的锂空气电池正极显现出较高的放电电压,同时表现出较低的充电电压。但金属氧化物普遍存在导电性差的问题,这一缺点限制了其在锂空气电池中的应用。目前主要通过表面导电物质的沉积、加氢处理等方法提高其导电性。

　　碳化钛(TiC)基材料近年来被视为一种合适的碳基载体材料的替代品。TiC 基化合物具有优异的导电性(3×10^{-7} S/cm),并且在电催化过程中副反应较少,能够有效加快 Li_2O_2 的形成和分解速率,在锂空气电池中得到了广泛应用。

　　Pt/NiO 双功能材料可作为锂空气电池的正极载体及催化剂。复合材料中的 Pt 分散良好,比容量可以达到 2 329 mA·h/g,且在 20 次循环后还能够保持在 900 mA·h/g。当截止电压设定为 2.0 V 时,电池循环 47 次后没有明显的比容量衰减。

第 3 节　锂空气电池正极催化剂

■ 本节导读

　　锂空气电池的催化剂对其本身的电化学性能起着重要作用,能够有效改善锂空气电池的循环寿命、充/放电效率及循环稳定性等。本节将以贵金属、过渡金属氧化物、金属氮化物、碳材料、聚合物等催化剂为例,通过介绍其作用机理、优缺点、改性手段等内容,使读者对锂空气电池正极催化剂有详细的了解。

■ **学习目标**

1. 掌握锂空气电池正极催化剂的分类;
2. 掌握几种催化剂的优缺点对比。

■ **知识要点**

1. 锂空气电池正极催化剂的基本概念;
2. 几种催化剂的性质及特点。

一、锂空气电池正极催化剂概述

空气正电极的反应由氧还原反应(ORR)和氧析出反应(OER)组成,图 6 - 11 所示是典型的空气电池充/放电循环示意图,锂空气电池在充/放电期间电池的极化问题比较突出,过电势很高,对电池的电化学性能有很大的影响。同时,O_2 中的 O=O 键具有较高的键能,不容易断裂,从而导致正极反应物 O_2 的反应速率较慢。

催化剂是锂空气电池中必不可少的存在,可起到提高 O_2 的扩散速率,加快反应速率,从而减缓电池的极化,降低反应过电势的作用。如图 6 - 12 所示,锂空气电池催化剂应该满足以下要求:

① 导电性好,耐腐蚀性强;

② 良好的催化活性;

③ 比表面积大;

④ 资源丰富,价格低廉。

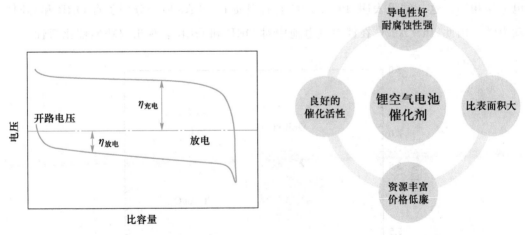

图 6 - 11　空气电池充/放电循环示意图　　　　图 6 - 12　锂空气电池催化剂特点

目前常用的锂空气电池的催化剂主要包括贵金属催化剂、过渡金属氧化物催化剂、金属氮化物催化剂、碳材料催化剂及聚合物催化剂。接下来将逐一介绍。

二、贵金属催化剂

贵金属由于其特殊的 d 电子轨道,对氧气及中间产物的吸附能力适中,具有较高的催化活性及稳定性,一直以来被认为是空气电极催化剂的理想材料。贵金属催化剂主要是 Au,Pt,Pd 等及其合金。

　　Pt 是氧还原反应(ORR)最优异的催化剂。因为 Pt 的稀缺性和高成本使得有必要通过设计其形态和组成来最大化 Pt 基催化剂的活性。例如,调整尺寸和形态以实现 Pt 小且分散的尺寸,提高其表面积和增加活性位点,或是将 Pt 与其他合适的贵金属或较便宜的过渡金属合金化或改性。目前已经报道了 ORR 催化剂有着显著的改进,其中包括 Ni、Co,Fe,Cu 和 Pd 在内的过渡金属已被纳入 Pt 基多金属电催化剂中。

　　为了进一步减少 ORR 催化剂所需贵金属 Pt 的用量,发现 Pt-Au 双金属催化剂具有抑制 OH^- 的特性,并且在酸性介质中表现出优异的电化学稳定性。Pt-Au 双金属催化剂表现出增强的 ORR 催化性能,虽然 OH^- 的表面覆盖率较低,但是 Pt 的表面可在高电势下与 OH^- 结合。然而,Pt-Au 催化剂的 ORR 催化性能并不优于 Pt 催化剂。在早期对该双金属催化剂的研究中发现,Au/C 促进了锂空气电池的放电过程(ORR),Pt/C 促进了充电过程(OER)。研究表明,Pt-Au 合金颗粒可以作为双功能催化剂。Pt-Au/C 电极的放电电压高于 Vulcan XC-72 碳电极,而 Pt-Au/C 的平均充电电压为 3.6 V,比碳(4.5 V)低 900 mV,远低于许多已报道的催化剂。在充电过程中,双功能 Pt-Au 电催化剂显著降低了过电势,提高了锂空气电池的充/放电效率。

　　贵金属铂以及铂与其他金属的混合物可用作锂空气电池的催化剂。图 6-13 为在 $0.04\ mA/cm^2$ 电流密度下,采用碳空气正极或 Pt-Au/C 空气正极的锂空气电池的第三次充/放电曲线。Pt-Au/C 的放电电压与 Au/C 的相当,而 Pt-Au/C 与 Pt/C 的充电电压相当。这一结果表明,Pt-Au/C 上的表面 Pt 和 Au 原子分别负责 ORR 和 OER 动力学。因此,Pt-Au/C 在锂空气电池中对 ORR 和 OER 表现出双功能催化活性。

图 6-13

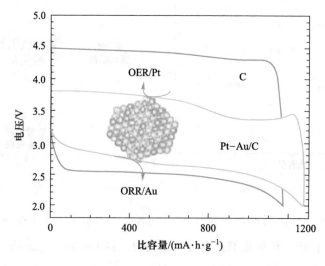

图 6-13　采用碳空气正极或 Pt-Au/C 空气正极的
锂空气电池的第三次充/放电曲线

三、过渡金属氧化物催化剂

过渡金属氧化物催化剂包括单一金属氧化物催化剂和混合金属氧化物催化剂。过渡金属氧化物具有成本低、性质无毒、环境友好等优点,是贵金属的最佳替代品。过渡金属元素具有多个化合价,具有不同晶体结构,会产生较高的催化活性。过渡金属氧化物催化剂包括 Fe_2O_3,Fe_3O_4,NiO,CuO,Co_3O_4,$CoFe_2O_4$ 和 MnO_x。这些金属氧化物显示出显著的 ORR 和 OER 活性。在这些催化剂中,Fe_2O_3 的初始放电比容量最高,而 Fe_3O_4,CuO 和 $CoFe_2O_4$ 作为催化剂时的比容量保持率最高。Co_3O_4 作为催化剂时表现出较高的放电比容量和比容量保持率。另一方面,MnO_2 和 Co_3O_4 是最有前景的高性能锂空气电池催化剂材料。这些氧化物储量丰富、成本低廉,在碱性介质中活性高且无毒,可用于锂空气电池催化剂,具有广阔的应用前景。

MnO_2 材料的形貌和晶体结构对材料的催化性能起主要作用,经过对比不同类型的 MnO_x,如 $\alpha-MnO_2$,$\beta-MnO_2$,$\gamma-MnO_2$ 和 $\delta-MnO_2$ 及商业 Mn_2O_3 和 Mn_3O_4 等,科研人员发现 $\alpha-MnO_2$ 纳米线是最高效的锂空气电池催化剂,其晶体结构如图 6-14 所示。将海胆型 $\alpha-MnO_2$ 和层状 $\delta-MnO_2$ 用作锂空气电池中的空气电极时发现,海胆型 $\alpha-MnO_2$ 表现出非常好的催化活性。与层状 $\delta-MnO_2$ 催化剂相比,海胆型 $\alpha-MnO_2$ 作为催化剂时,锂空气电池在 35 次循环内库仑效率高达 100%,而层状 $\delta-MnO_2$ 催化剂在经过 20 次循环后稳定性降低,过电势升高。$\alpha-MnO_2$ 纳米线催化剂与 $\alpha-MnO_2$ 纳米管催化剂进行了比较,发现使用 $\alpha-MnO_2$ 纳米线催化剂实现了 $11\,000\ mA\cdot h/g$ 的高比容量。$\alpha-MnO_2$ 纳米线的高比容量归因于其表面存在大量 Mn^{3+}。该结果表明,表面氧化态可能是影响锂空气电池放电产物沉积机理和 ORR/OER 催化剂性能的主要因素。锰离子使板状或层状的放电产物均匀分布。除了氧化物基催化剂的高活性外,纳米颗粒在氧化物催化剂中固有的低电导率是限制其 ORR/OER 活性的主要因素。

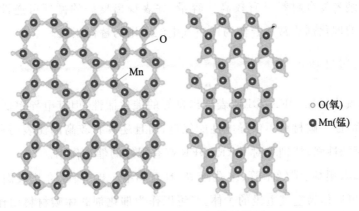

○ O(氧)
● Mn(锰)

图 6-14　$\alpha-MnO_2$ 晶体结构图

为了解决这个问题,将各种类型的碳用于氧化物催化剂中,以生成复合材料,是一种普遍有效的方法。催化剂和底物之间的协同耦合作用导致优异的催化性能。石墨烯可

被用作杂化 Co_3O_4 基催化剂的基底。使用石墨烯可以产生极小且分散良好的 Co_3O_4 颗粒。薄石墨烯片上分散良好的纳米颗粒提供了更大的催化剂活性比表面积。与科琴黑电极相比,杂化催化剂能够改善充/放电能力和循环性能。循环性能的增强归因于纳米 Co_3O_4 用作催化剂,这可以促进空气电极中放电产物的形成和分解。性能的增强则归因于直接生长在石墨烯上的纳米催化剂,该催化剂与石墨烯载体具有强烈的接触,随着时间的推移能够保持其高比表面积。而三相界面的数量(TPB:碳-催化剂-产品)对于充/放电反应(Li_2O_2 或 Li_2CO_3 的形成和分解)至关重要,石墨烯上催化剂的单分散性能够确保 TPB 位点的数量。

四、金属氮化物催化剂

过渡金属氮配合物(过渡金属卟啉、过渡金属酞菁等)和金属氮化物应用于锂空气电池中显示出了高的催化活性。在非水锂空气电池中采用 FeCu 酞菁(FeCu phthalocyanine)配合物作氧还原催化剂时,FeCu/C 催化剂降低了放电时的极化,同时降低了最终放电产物中 Li_2O_2 的比例。在 $0.2~mA/cm^2$ 时,具有 FeCu/C 的锂空气电池的放电电压至少比碳电极电池的高 $0.2~V$。FeCu 复合催化剂可以有效降低锂空气电池放电的表观活化能。

Fe/N/C 复合材料催化剂,在醚基电解质中使用,在锂空气电池充电过程中可以起到控制氧析出反应的作用。使用 Fe/N/C 作为正极催化剂的锂空气电池显示出较低的过电势和较高的循环稳定性。锂空气电池的活性提高是由于 Fe/N/C 活性位点原子分散在具有高表面密度的碳基体中,这导致与氧化锂沉淀物的界面边界更高,降低电子和质量传输势垒,从而降低充电过程中的过电势。催化 ORR 活性很大程度上取决于 NH_3 热处理温度、金属成分比和制备方法。

金属氮化物的结构影响其对 ORR 的催化活性。可通过水热反应和随后的退火合成氮化钼/氮掺杂石墨烯纳米片(MoN/NGS)催化剂,并将该催化剂用作锂空气电池中的空气正极。混合纳米复合材料具有较高比容量,并表现出良好的循环可逆性。基于 MoN 混合纳米结构的催化剂非常适合作为锂空气电池应用的替代正极。

五、碳材料催化剂

尽管金属氧化物在 ORR/OER 表现出良好的催化活性,但其电导率低,易团聚的缺点制约其催化活性。碳材料不仅导电性能优良,而且还具有较高的比表面积,价格低廉,环境友好,耐腐蚀性强,特别是对 ORR/OER 都有很好的催化作用。

碳材料,如石墨烯、碳纳米管、多孔碳等,具有高电子电导性、高比表面积、高孔隙率等特点。它既可以作为空气电极的主体,又可以作为催化剂载体碳材料用作锂空气电池的正极催化剂,不仅可以传导电子,而且可以有效地储存放电产物,已得到广泛的研究。分级多孔石墨烯可作为大孔和中孔锂空气电池的正极催化剂,方便了电解液的运输,为放电产物的储存提供了空间,显示出极高的放电比容量($15~000~mA \cdot h/g$)。

在碳材料中加入 N,P,S 等元素,会增加碳材料本身的缺陷和边缘,改变碳原子周围的电子结构,从而优化碳基催化剂表面对氧气和中间产物的吸附,提高碳材料的催化性能。此外,掺杂 N,P,S 等元素的非均质碳基材料也被广泛应用于锂空气电池正极催化剂的研究中。掺杂 N 元素能有效提高催化活性,使锂空气电池具有较高的放电比容量和良好的循环稳定性;但是由于其毒性较大,限制了氮源在电极上的大量使用。掺杂 N,S 元素的石墨烯催化剂比表面积更大,孔隙率更高。N 掺杂比 S 掺杂具有更高的催化剂活性,多孔结构有利于放电产物的储存,使锂空气电池具有较高的放电比容量和良好的电化学稳定性。

碳基材料和具有高 OER 特性的金属氧化物材料可以通过结合形成复合催化剂来进一步提高其电化学性能。其中包括 $RuO_2/CNTs$ 和 $MnO_2/CNTs$ 复合催化剂、$MnCo_2O_4/$石墨烯、$Co_3O_4/$石墨烯等。由于该复合催化剂具有较高导电性和较大比表面积,同时具有碳基催化剂和氧化物催化剂催化活性高的特点,因此,具有良好的电化学性能。各种碳材料性能比较如表 6-7 所示。

表 6-7　各种碳材料性能比较

催化剂材料	电流密度/ $(mA \cdot cm^{-2})$	放电比容量/ $(mA \cdot h \cdot g^{-1})$	循环次数	循环电流密度/ $(mA \cdot g^{-1})$	循环恒定比容量/ $(mA \cdot h \cdot g^{-1})$
分级多孔石墨烯	0.1	15 000			
珊瑚状 N 掺杂碳	500	40 000	200	250	500
Co/N 掺杂石墨烯	50	3 700	50	400	
N 掺杂石墨烯	200	10 400	100	300	1 000
$RuO_2/CNTs$	385	4 500	100	500	300
$MnCo_2O_4/$石墨烯	100	3 784	40	400	1 000
$MnCo_2O_4/P - HPC$	200	13 150	200	200	1 000

六、聚合物催化剂

聚吡咯(polypyrrole,PPy)、聚苯胺(polyaniline,PANI)和聚噻吩(polythiophene,PTh)等有机导电聚合物是电催化中性能较好的催化材料。锂空气电池正极可以与电聚合导电聚苯胺(PANI)和聚吡咯(PPy)等导电剂和离子导电剂很好地结合,从而提高电池的可充电性。

PPy 是一种非常有吸引力的聚合物,具有许多优点。如高导电性、高化学和电化学稳定性、稳定的三维结构、易于合成、良好的黏附性,尤其是比碳材料更高的极性,表现为更高的亲水性。管状结构的导电聚合物聚吡咯(tubular polypyrrole,TPPy)可以作为锂空气电池空气电极的替代支撑材料。TPPy 支撑的空气电极表现出更高的可逆比容量、充/放电效率,同时循环稳定性和倍率性能显著提高。该复合材料提高了循环寿命并有效地促进了 ORR 和 OER 反应。TPPy 的优异性能可归因于亲水性和氧扩散动力学的改善。

掺杂磷酸酯的聚苯胺纳米纤维是另一种低成本锂空气电池聚合物催化剂。这种低成本且易于生产的材料可以独立催化放电反应,具有良好的循环稳定性。

最近,聚乙烯亚胺(polyethyleneimine,PEI)负载的蒽醌(anthraquinone,AQ)催化剂已被用作锂空气电池的 ORR 催化剂。当使用四甘醇二甲醚电解液时,蒽醌基催化剂的加入提高了锂空气电池的循环性能。使用 PEI－AQ 聚合物催化剂,能够有效提高正极的循环性能,这归因于催化剂促进作为主要放电产物的锂空气的形成。

第 4 节　锂空气电池电解液

■ 本节导读

锂空气电池电解液承担着传输锂离子与氧气的重要作用,寻找高效、安全的锂空气电池电解液体系始终是锂空气电池的研发重点。本节将从锂空气电池电解液的基本要求出发,向读者介绍锂空气电池的几种常见电解液体系,使读者建立起对锂空气电池电解液的基本认知。

■ 学习目标

1. 掌握锂空气电池电解液的作用机制;

2. 掌握锂空气电池六种非水系有机电解液。

■ 知识要点

1. 锂空气电池电解液的组成及分类;

2. 锂空气电池六种非水系有机电解液的特点。

一、锂空气电池电解液概述

锂空气电池电解液与锂离子电池电解液类似,都承担着传输锂离子的重要作用。不同之处在于,氧气会先溶于锂空气电池电解液中,再进一步参与氧还原反应。这为锂空气电池电解液带来了以下两方面影响:

一方面是电解液对固体放电产物形成的影响。锂空气电池电解液会影响固体放电产物的生成,而后者的生成形式又会影响锂空气电池的最大放电能力。而对于锂空气电池,其放电过程中存在两种不同的 Li_2O_2 形成机制:

① 溶液机制,主要放电产物为环形 Li_2O_2 颗粒,放电能力高。

② 表面机制,主要放电产物为 Li_2O_2 薄膜,放电能力较低。

因此,需要选择合适的电解液,控制其产物的生成形式。

另一方面是副反应对电池循环性能的影响。副反应也对锂空气电池的性能有一定影响,可分为两点:

① 首先是副反应会分解溶剂、盐、电极或黏合剂,形成固态、气态或液态的副产物。

② 其次是副反应产物的性质及其对可逆电化学性质的影响,如副反应产物(如 HCO_2Li,CH_3CO_2Li 和 Li_2CO_3 等)在循环过程中存在不完全分解并积累的现象,这会钝化电极,导致比容量衰减和电池过早失效。

为了解决这个问题,可以通过电极材料和溶剂、电解质的稳定组合来实现。因此,如图 6-15 所示,适合的电解质应满足以下要求:

① 电化学窗口宽、承受电压高;

② 物理稳定性良好;

③ 能够产生稳定的 SEI 膜;

④ 挥发度低、黏度低、氧溶解度高;

⑤ 化学稳定性良好。

图 6-15 锂空气电池电解质要求

二、非水系有机电解液

与一般锂离子电池电解液类似,锂空气电池的非水系有机电解液也得到了广泛研究。类似地,非水系有机电解液同样由锂盐与溶剂组成,但由于锂空气电池的充/放电机理不同,因而对其锂盐与溶剂的要求更特殊一些。

1. 电解质:锂盐

锂盐作为电解液的重要组成部分,应具有一定的溶解度,以保证锂离子的快速传输。除了提供所需的导电性外,用于非水电池电解液的锂盐在界面中起着至关重要的作用。与锂离子电池一样,锂空气电池早期的研究使用了在锂离子电池电解液中应用最广泛的 $LiPF_6$,目前它已在锂空气电池中得到了广泛应用。此外其他锂盐也得到了研究,如 $LiBOB$,$LiBF_4$,$LiNO_3$,$LiClO_4$,$LiB(CN)_4$,$LiSO_3CF_3$,$LiN(SO_2CF_3)_2$($LiTFSI$)等。如前所述,对锂盐的基本要求是对 O_2 具有稳定性。$LiBOB$ 和 $LiBF_4$ 在放电时不稳定,会形

成 LiB_3O_5、B_2O_3、草酸锂和 LiF,因此,这些盐不适合用于锂空气电池中。ClO_4^- 被确定为锂空气电池中最稳定的阴离子,它比氟化阴离子 PF_6^- 和 $TFSI^-$ 更稳定。

2. 溶剂:有机溶剂

与第 4 章中锂离子电池液态电解质内容相对应,对非水系有机电解液溶剂的要求包括如下几点:

① 对锂盐有足够的溶解性;

② 具有足够的电化学稳定性;

③ 对 Li_2O_2 具有化学稳定性;

④ 具有足够的锂离子溶解度,并提供可观的锂离子迁移率;

⑤ 理想情况下,溶剂必须与锂金属形成稳定的 SEI,并且具有足够的 O_2 溶解性和扩散性。

基于以上要求,多种溶剂得到了广泛研究。常见的有机溶剂为碳酸酯类溶剂、醚类溶剂、砜类溶剂、酰胺类溶剂及离子液体溶剂。

(1) 碳酸酯类溶剂　碳酸酯类溶剂被广泛用于锂空气电池中。诸如碳酸丙烯酯(PC)、碳酸乙烯酯(EC)、碳酸二甲酯(DMC)、碳酸甲乙酯(EMC)等酯类溶剂,具有沸点低、溶解性好、导电性能好等优点,在锂空气电池发展初期应用广泛。当有机碳酸盐与碳酸丙烯酯(PC)溶剂混合制成电解液后,制备的电解液具有较高的氧化稳定性(高达 4.5 V)。目前锂空气电池所用电解液大多为碳酸二甲酯,同时部分碳酸二苯酯、乙二醇二甲基丙烯酸酯等碳酸酯类溶剂也可作为锂空气电池电解液溶剂使用。然而,使用酯类电解液的锂空气电池会发生反应,产生 CO_2 和有机锂盐〔如 Li_2CO_3 和 $RO—(C=O)—OLi$,而不是 Li_2O_2〕,严重影响电池可逆性。其主要原因是,在锂空气电池体系的富氧环境中存在高氧自由基,导致放电产物偏离 Li_2O_2。

(2) 醚类溶剂　研究发现,醚类化合物与金属锂具有良好的相容性,以醚类为溶剂的电解液体系,主要放电产物为 Li_2O_2,且相对于各种氧气还原的过渡态产物也具有较高的稳定性,使其在锂空气电池中得到了广泛的应用。诸如四乙二醇二甲醚二乙醚、乙二醇二甲醚、2 - 甲基四氢呋喃、1,3 - 二氧基戊二烯环等醚类化合物,具有稳定性好、氧化电势高达 4.5 V(vs. Li/Li^+)等优势,已经得到了初步研究与应用。但醚类溶剂的稳定性也是相对的,随着循环的进行,溶剂分解加剧,同时有机锂盐的沉积也会导致放电产物 Li_2O_2 的比例明显下降。此外由于其醚类溶剂自身结构特点,Li_2O_2 易形成多聚物,并随充/放电次数增加而逐渐聚集长大,造成电池内部离子浓度和体积分布不均。另外醚类溶剂的极性较大,容易引起短路现象。

(3) 砜类溶剂　砜基溶剂在超过 5 V(vs. Li/Li^+)时稳定性良好,可用于非水系锂空气电池电解液溶剂使用。许多砜基溶剂的熔点高于室温,如乙基甲基砜(EMS)和四亚甲基砜(TMS)等。目前也已经开发出了室温液态乙基乙烯基砜(EVS)和低聚醚取代的砜。EMS 和 TMS 是稳定的溶剂,与 O_2 反应缓慢,与其他电解液溶剂相比,TMS 还具有低毒性、高溶解性、高安全性和更宽的电化学窗口等优点。二甲基亚砜(DMSO)也可作为电解液溶剂使用，其具有低沸点、低黏度、对锂盐和 O_2^- 稳定性好等优点，循环稳定性良好，在循环中不会产生过多的副产物。DMSO 只具有非常弱的酸性，是目前所有锂空气电池电解液溶剂中最稳定的，并且在充/放电过程中不会产生其他气体。以 DMSO 作为电解液溶剂的锂空气电池，已被证实具有较为优秀的性能。

（4）酰胺类溶剂　酰胺类溶剂，被认为是锂空气电池的稳定电解液溶剂。与碳酸酯类或醚类溶剂相比，酰胺类溶剂对 O_2^- 具有更好的稳定性，但是酰胺类化合物与金属锂的不相容性限制了该类溶剂的使用。目前诸如二甲基甲酰胺(DMF)、二甲基乙酰胺(DMA)和 N-甲基吡咯烷酮(NMP)等酰胺类溶剂已经作为锂空气电池电解液溶剂得到广泛研究。以 DMF 为例，其第一个放电/充电循环主要是可逆地形成 Li_2O_2，电解液溶剂降解程度很小。虽然电池的最初循环主要是 Li_2O_2 的可逆形成/分解，但从第五个循环开始，副反应发生，形成 HCO_2Li，CH_3CO_2Li 和 Li_2CO_3。但由于酰胺类溶剂的分解程度不高，因此，酰胺官能团在锂空气电池体系中具有很高的稳定度，且不同酰胺的性质和分解程度没有显著差异。

（5）离子液体溶剂　离子液体具有高电导率、电化学窗口稳定、不可燃等优良特性，已被广泛用于锂空气电池。其阳离子主要包括不对称取代的哌啶、咪唑和吡咯烷，阴离子主要是 $TFSI^-$。与碳酸酯溶剂相比，离子液体的稳定性大大提高。通过离子设计可以制备离子液体，以减轻空气中的水与金属锂之间的反应，具有较高的热稳定性，在运行过程中，可以避免由电解液蒸发而造成的比容量降低。另外，pH 和温度对离子液体也会产生影响；良好的溶解性和稳定性使得离子液体易于溶解于有机溶剂或表面活性剂等溶剂体系中。此外，离子液体还具有较低的介电常数。这些特性使得将其用作锂空气电池电解液溶剂成为可能。离子液体用作锂空气电池电解液溶剂，Li_2O_2 是主要的放电产物，还存在一部分 Li_2CO_3。离子液体最大的缺点是电导率相对较低，这是由于液体的高黏度造成的。此外，离子液体高温下容易发生分解和燃烧，从而导致电池性能下降甚至失效。

三、水系电解液

对于锂空气电池，由于有机体系电解液始终存在放电产物不溶等一系列问题，因此水系锂空气电池电解液被提出并加以应用。考虑到锂的反应活性较高，因此锂金属负极侧一般需要一层固态电解质膜，用以阻隔水分，通过锂离子。同时，水系电解液的成分也要加以调控，使其处于电化学稳定态。

1. 电解质：锂盐

水系电解液中也同样需要加入部分电解质。电解质在其中主要起到调节 pH 的作用，通过合理添加电解质的量，可以有效控制正极侧表面发生的电化学反应。比较典型的电解质盐是 LiOH-LiCl 体系，可以通过控制 LiCl 的浓度对电解液的性质加以控制。

2．溶剂：水

对于水系电解液，其溶剂必然为水。水在其中起到的主要作用包括两点：① 溶解氧气，并输送氧气；② 溶解电解质膜表面生成的反应产物。基于此，水溶剂的量需要加以控制，避免溶剂量过多造成氧气溶解困难，或溶剂量过少造成反应产物迅速饱和析出，堵塞电池结构。同时，水含量的控制也有助于控制电解液的 pH。

四、其他电解质与电解液体系

1．固态电解质

固态电解质是以固体或半固体作为电解质的一种电解质材料。与液态电解质相比，固态电解质的优点是提高了电池的稳定性、工作温度与安全系数，并具有更长的使用寿命。目前可应用于锂空气电池的固态电解质包括磷酸锗铝锂、磷酸钛铝锂、锂镧锆氧等，均具有一定的电化学性能。但是，采用固态电解质装配固态锂空气电池，其主要问题是电导率较低、内部电阻较高，且固态电解质与锂的接触阻抗也会对电池的性能产生明显的影响。

2．有机-水系体系电解液

为了更好地结合有机系电解液的高稳定性、水系电解液的溶解放电产物的优势，有机-水系体系电解液应运而生。此电解液体系中，有机系电解液与水系电解液分立于隔膜两侧，锂负极侧为有机系电解液，空气正极侧为水系电解液，两者所含溶剂分别为前述有机溶剂和水，两者所含电解质则为锂盐、磷酸等。有机-水系体系电解液能够有效规避有机系电解液与水系电解液的短板，赋予锂空气电池更佳的综合性能。

 思考题

1. 锂空气电池相对于其他二次电池有哪些优势？
2. 锂空气电池的工作原理是什么？
3. 锂空气电池的电极材料有哪些？这些材料的特点是什么？
4. 如何提高锂空气电池的使用寿命和能量密度？
5. 锂空气电池的商业化应用面临着哪些挑战？

参考文献

第7章 液流电池

■ **本章导读**

世界电力行业正在向高水平可再生能源发电的方向发展,储能对电力系统可靠性的提升至关重要。液流电池技术是一种极具吸引力的电化学储能技术,用于可再生能源发电。液流电池适用于大规模储能应用,适用于电网储能规模。液流电池具有良好的性能,储能和供电可以独立控制,这对电网运营有重要的意义。通过增加或减少电解液的量可以简便地调节电池中存储的能量,通过改变电池尺寸可以调节输送的功率。本章将详细介绍液流电池的定义、工作原理、不同类型液流电池及液流电池的关键材料等内容,帮助读者更好地理解和掌握液流电池的基本知识。

第1节 液流电池概述

■ **本节导读**

液流电池是一种具有容量高、使用领域广、循环使用寿命长等特点的高性能蓄电池。液流电池的单元构成包括电堆单元、电解液、电解液储存供给装置及管理控制单元,其工作原理通常是电解液中存在的电化学活性物质发生氧化还原反应。本节将详细介绍液流电池的发展历史、工作原理和分类,使读者对液流电池有一个系统的认识。

■ **学习目标**

1. 掌握液流电池的定义与原理;

2. 掌握液流电池的结构组成;

3. 掌握液流电池的电化学体系描述。

■ **知识要点**

1. 液流电池的定义与原理;

2. 液流电池的结构组成;

3. 液流电池各大体系。

一、液流电池简介

液流电池的单元构成主要包括:电堆单元、电解液、电解液储存供给单元及管理控制单元。液流电池是利用正、负极将电解液分开，各自循环的一种高性能蓄电池。液流电池具有容量高、使用领域广、循环使用寿命长等特点。图 7 - 1 展示了液流电池的结构组成。

图 7 - 1

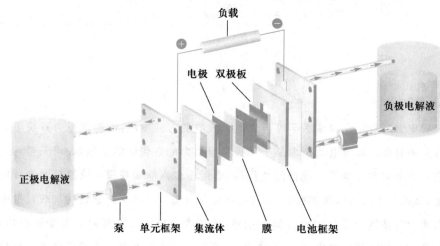

图 7 - 1　液流电池的结构组成

液流电池属于二次电池，其工作原理是电解液中存在的电化学活性物质发生氧化还原反应。通过负载均衡，液流电池可在远程电信站点部署，实现间歇性可再生能源（如太阳能、风能）与现有电网的良好集成。液流电池有着易扩展性、系统组件的模块化和高度的操作灵活性等特性，这些特性有助于提高液流电池对公用事业规模电力能源供应的吸引力。

二、液流电池原理

液流电池的原理与传统二次电池类似，但其区别在于将活性物质与产生电流的区域分离。图 7 - 2 为液流电池原理示意图。在液流电池中，活性材料并不像传统电池那样永久密封在产生电流的容器（电池）内，而是单独存储，并根据能量需求泵入电池。典型的液流电池包含两种电解液，分别储存在两个单独的储罐中（一个是正极电解液储罐，另一个是负极电解液储罐）。当电解液注入电池（图 7 - 2 的中心部分）时，发生电化学反应（氧化还原反应），电子沿着电路移动，离子通过膜交换，以保持不同电解液之间的电荷中性。

三、液流电池分类

当前液流电池主要有以下几类：全液相液流电池体系、固相沉积型液流电池体系和双功能液流电池体系。其中，全液相液流电池根据元素变价数目、元素变价类别，又可细分为不同的电池类别。例如，阳离子变价体系有钛/铬液流电池；阴离子变价体系有铁/铬液流电池；阴、阳离子变价体系有铈/钒液流电池、多硫化钠/溴液流电池、钒/溴液流电池；正、负极电对为同一种元素变价体系有全钒液流电池。具体液流电池分类见表 7 - 1。

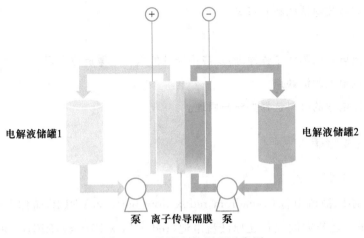

图 7 - 2　液流电池原理示意图

表 7 - 1　液流电池分类

分类		典型体系	开路电压/V
全液相液流电池体系（双液相）	阳离子变价	钛/铬液流电池	0.67
	阴离子变价	铁/铬液流电池	1.20
	阴、阳离子变价	铈/钒液流电池	1.90
		多硫化钠/溴液流电池	1.40
		钒/溴液流电池	1.40
	正、负极电对为同一种元素变价	全钒液流电池	1.30
固相沉积型液流电池体系	正、负极电对为两种元素变价	锌/溴液流电池	1.90
		锌/铈液流电池	2.00
	正、负极电对为同一种元素变价	全铁电池	1.20
		铅酸液流储能电池	1.60
双功能液流电池体系		Zn/ZnO_2^{2-} - 正丙醇	1.90

第 2 节　液流电池类别

■ 本节导读

　　本节将介绍几种典型的液流电池,如现在被认为是最有前途、被广泛研究的全钒液流电池;在 20 世纪被广泛研究的锌/溴液流电池;两种电极共用一种电解液的可溶性铅液流电池;锰元素价态丰富、成本低廉的钛/锰液流电池;以及铁/铬液流电池。本节将介绍各种液流电池的工作原理与结构组成,帮助读者更好地了解不同类别的液流电池。

■ 学习目标

1. 掌握不同液流电池的工作原理;

2. 掌握不同液流电池的结构组成;

3. 掌握不同液流电池的材料类型。

■ 知识要点

1. 不同液流电池的具体工作原理,反应中涉及的氧化还原反应方程式;

2. 不同液流电池的优缺点;

3. 不同液流电池的材料选择方法与原理。

一、全钒液流电池

1. 全钒液流电池简介

全钒氧化还原液流电池(vanadium redox flow battery,VRFB)简称全钒液流电池,是最有前途、被广泛研究的氧化还原液流电池(redox flow battery,RFB)。液流电池将电解液储存在远离蓄电池中心的外部储罐中。VRFB 通常使用两个这样的储罐将钒离子存储在四种不同的氧化状态(V^{2+},V^{3+},VO^{2+} 和 VO_2^+),以便每个储罐中都有单独的氧化还原电对,如图 7-3 所示。

其正极一般指的是 V^{4+}/V^{5+} 电对,负极一般是指 V^{2+}/V^{3+} 电对。电解液通过电池内单独的半电池供给,然后返回储罐再循环。液流电池中的每个半电池由一个电极和一个双极板组成;两个半电池由离子传导隔膜隔开,以允许选择性离子交换,同时防止电解液的交叉污染。这构成了一个单电池,相邻的电池共享一个双极板,形成一个电堆。其正、负电极的半电池反应及总反应如下:

$$正极反应 \quad VO_2^+ + 2H^+ + e^- \underset{充电}{\overset{放电}{\rightleftharpoons}} VO^{2+} + H_2O$$

$$负极反应 \quad V^{2+} \underset{充电}{\overset{放电}{\rightleftharpoons}} V^{3+} + e^-$$

$$总反应 \quad VO_2^+ + 2H^+ + V^{2+} \underset{充电}{\overset{放电}{\rightleftharpoons}} VO^{2+} + H_2O + V^{3+}$$

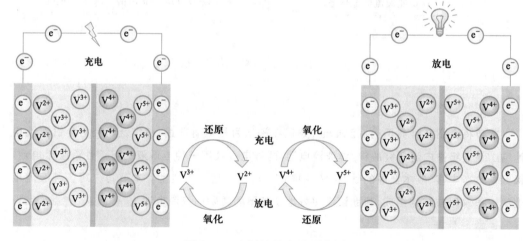

图 7-3　全钒液流电池示意图

典型的 VRFB 电堆在完全放电状态下,负极和正极电解液分别只含有 V^{3+} 和 V^{4+} (VO^{2+});充电过程中,负极电解液还原为 V^{2+},正极电解液氧化为 V^{5+} (VO_2^+)。给电池充电会使电子通过双极板从正极侧移动到负极侧,并导致氢离子通过薄膜扩散到负极侧。放电时,上述过程则逆向发生。全钒液流电池的能量转换效率为 $70\%\sim80\%$。

2. 全钒液流电池电极材料

液流电池中的电极与第 4 章锂离子电池和第 5 章钠离子电池中的电极作用机理完全不同,电极中不含活性物质。电极表面作为反应的催化剂,其本身不参与氧化还原反应,而是通过多孔表面为电解液提供反应场所。电极是 VRFB 的核心部件,在为溶解于电解质中的氧化还原反应提供活性位点方面起着非常重要的作用。对 VRFB 电极的基本要求可以概括如下:

① 电极本身不参与反应,只提供特定氧化还原反应的活性位点;

② 由于 VRFB 支持电解质一般由强酸组成,电极在强酸环境中必须具有化学稳定性;

③ 电极在 VRFB 的操作电位窗口内必须具有电化学稳定性;

④ 电极必须具有优良的导电性,才能进行快速的电荷转移与传输。

目前,全钒液流电池电极材料主要采用碳材料,其中包括了常规碳材料(如碳毡、石墨毡、碳纸、碳聚合物复合材料等),以及更新型的碳材料(如石墨烯、氧化石墨烯、碳纳米管、多壁碳纳米管、单壁碳纳米管、碳纳米线及生物质衍生碳等)。并且在电极上进行表面处理和催化剂的应用可以增强其氧化还原反应的活性。

3. 全钒液流电池电解液

电解液是液流电池的关键材料之一,电解液中的电解质活性物质浓度和容量可以决定液流电池的能量密度。不同于传统二次电池,液流电池中的电解液一般由电解质活性物质和支持电解质组成(支持电解质是提高化学电池中溶液电导率的电解质,本身不参与电化学反应)。

全钒液流电池中一般选择不同价态的钒离子[如三氯化钒(VCl_3)、溶于酸的五氧化二钒(V_2O_5)和硫酸氧钒($VOSO_4$)]作为电解液中的活性物质,选择硫酸(H_2SO_4)作为支持电解质。在 VRFB 中,正、负极电解质使用相同的活性物质,减少了由于电解质交叉污染造成的容量损失,并可产生 1.26 V 的输出电压。VRFB 通常可以存储能量密度为 $20\sim30$ W·h/L 的电解质,这主要取决于电解质浓度。

在实际应用中,由于钒离子在支持电解质中溶解度的限制,VRFB 电解液中的钒浓度很少超过 2 mol/L。并且,VRFB 电解液的浓度与温度有关。在高于 40 ℃ 的温度下,钒和硫酸的浓度应分别保持在 1.5 mol/L 和 $3\sim4$ mol/L,因为 V^{5+} 在高温和荷电状态下长期储存时容易从硫酸中沉淀,从而影响电池性能。类似地,V^{2+},V^{3+} 和 V^{4+} 在低于 5 ℃ 的温度下在硫酸中的溶解度降低。在高于 40 ℃ 时,V^{5+} 形成 V_2O_5,而 V^{2+},V^{3+} 和 V^{4+} 在低于 10 ℃ 时形成硫酸盐,导致沉淀。同时,支持电解质硫酸的浓度也会对电解液的性能产生影响。例如,较高的硫酸浓度可以提高电解质的导电性,并且避免由钒离子和水在膜上的扩散而导致的更长的充电时间和更低的工作电压。在电解液温度适中的情况下,可提高钒浓度至 3 mol/L,进而可将能量密度增加至 35 W·h/L。

4. 全钒液流电池隔膜

由于不同的含钒材料之间会发生反应形成交叉污染,而交叉污染在很大程度上会影响液流电池的整体性能,所以液流电池离子交换膜的选择至关重要。目前最常用的两种膜是离子交换膜(ion exchange membrane,IEM)和纳滤膜。离子交换膜是交联的线性聚合物链,可以形成复杂的 3D 网络,以片状、带状或管状等形式出现。离子交换膜的离子基团(正或负)附着在膜的基质结构上,在全钒液流电池氧化还原反应中,H^+ 在交换过程中充当转运体。根据膜是阴离子交换膜还是阳离子交换膜,膜将允许其相关的离子基团通过。如图 7-4 所示,全钒液流电池利用这一特性,允许 H^+ 通过膜,以稳定和促进氧化还原反应。在选择离子交换膜时要考虑其设计(形式)、材料、结构、孔径大小和驱动力等特征。有五种膜材料已被应用于液流电池并在其中进行了相关研究:全氟离聚体膜材料、部分氟聚合物膜材料、非氟烃膜材料、带芳香主链的非氟膜材料和酸碱混合物膜材料。

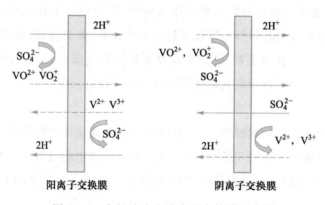

图 7-4   全钒液流电池离子交换膜示意图

纳滤膜是新兴的膜技术之一。与传统的离子交换膜不同,这种膜是利用压差驱动离子通过由许多小孔组成的膜。纳滤膜使用基本几何形状(孔径)作为渗透门,其可允许氢离子通过并阻拦所有其他离子。纳滤膜的孔径一般在 1～2 nm。钒及其离子的半径远大于氢的半径,因此需要选择膜的孔径,以允许氢离子而不是钒离子通过。这使得纳滤膜具有很高的离子选择性;孔径越接近氢离子尺寸,选择性越高。纳滤膜的孔径至关重要,但过小的孔隙会增加电阻率,过大的孔隙会导致交叉污染,并降低电池能量转换效率。

二、锌/溴液流电池

1. 锌/溴液流电池简介

在 20 世纪 70 年代至 90 年代,锌/溴液流电池(zinc bromine battery,ZBB)是主要的

液流电池之一。但由于锌电极上易形成枝晶,导致短路等问题,锌/溴液流电池目前受到的关注较少。锌/溴液流电池具有电解液成本低的优点。具体而言,根据原材料的价格,可以发现锌/溴液流电池的总体生产成本低于市面上大部分的液流电池,如前文所述的全钒液流电池。溴和锌都是已商业化的化学品,其生产已经达到工业规模。图 7-5 展示了在 40 mA/cm² 电流密度下锌/溴电池的充/放电循环曲线。

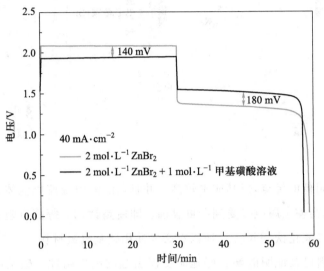

图 7-5　电流密度为 40 mA/cm² 的锌/溴液流电池的充/放电循环曲线图

　　在锌/溴液流电池中,正极一般指 Br^-/Br_2 电对,负极一般指 Zn^{2+}/Zn 电对。简单的锌/溴液流电池示意图如图 7-6 所示。在充电过程中,溴离子在正极上被氧化为溴,溴离子在溴侧半电池中与溴螯合剂形成配合物,成为油性聚溴配合物,并作为单独的液相安全储存;负极 Zn^{2+} 被还原为 Zn 沉积在负极表面。在放电过程中,电解液循环泵将溴配合物从储罐内运输到正极表面,以便发生电荷转移;负极表面的 Zn 发生氧化反应生成 Zn^{2+}。

　　电池的半电池反应方程式如下:

$$正极反应\qquad 2Br^- \underset{放电}{\overset{充电}{\rightleftharpoons}} Br_2 + 2e^-$$

$$负极反应\qquad Zn^{2+} + 2e^- \underset{放电}{\overset{充电}{\rightleftharpoons}} Zn$$

$$总反应\qquad Zn^{2+} + 2Br^- \underset{放电}{\overset{充电}{\rightleftharpoons}} Zn + Br_2$$

　　单个锌/溴液流电池提供的理论电压应约为 1.83 V。然而,实际中出现的内部转换效率低下和各种电阻影响等会导致电池电压值略低。锌/溴液流电池的能量密度为 60～85 W·h/kg。

　　2. 锌/溴液流电池电极材料

　　锌/溴液流电池的电极材料主要包括金属电极材料和碳基电极材料。金属电极材料

图 7 - 6

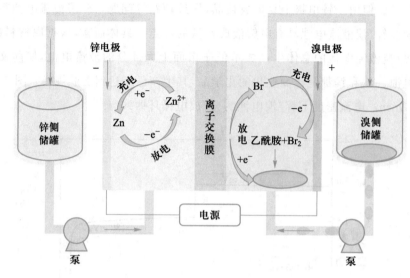

图 7 - 6　锌/溴液流电池示意图

具有电荷转移电阻低的优点,但其成本较高。并且,在锌/溴液流电池体系中,由于溴、氢作用形成氢化物,会使金属电极受到严重腐蚀。即使是钛(Ti)等高电阻金属也会通过不可逆氧化降解为二氧化钛(TiO_2)。所以有必要使用碳基电极材料。

碳基电极材料已被证明能够更好地耐受溴引起的电极腐蚀。碳基电极具有较大的比表面积、良好的化学性质和电化学稳定性,而且材料成本较低,因此被用作锌/溴液流电池电极材料,但碳基电极材料的缺点是其电极上电活性物质的交换电流密度通常比金属电极材料的低 1～2 个数量级。

因此,结合锌/溴液流电池特点,开发碳基电极材料和复合电极材料是一个很好的发展方向。碳基电极材料种类繁多,其中玻璃碳(glassy carbon,GC)、碳毡(carbon felt,CF)和石墨是碳基电极材料的常用选择,主要是因为它们与其他碳基电极材料相比具有较高的电荷转移能力,并且可以通过表面活化的方法来增加锌/溴液流电池电解液可用于发生氧化还原反应的电化学面积。此外,碳塑料复合电极材料具有坚固、易于制造且价格便宜等特点,开发新型碳塑料复合电极对锌/溴液流电池也具有一定的意义。

3. 锌/溴液流电池电解液

锌/溴液流电池中电解液的主要电解质活性物质是溴化锌(浓度为 1～4 mol/L)。但在实际应用中,电解液是溴化锌水溶液、支持电解质(通常为甲基磺酸)和溴螯合剂(通常为 1-乙基-1-甲基吡啶溴)的混合物,溴螯合剂与溴化锌的浓度比一般为 1∶3。由于溴化锌溶液电导率低,甲基磺酸(MSA)主要用于增强离子电导率,降低内阻,从而提高氧化还原电对的动力学和可逆性。溴螯合剂的主要作用是减少由溴透过隔膜引起的电池自放电现象。溴螯合剂通过将析出的 Br_2 在电解液中配位成一个单独组分,从而减缓锌/溴液流电池的自放电现象。综上所述,对该类电解液的一般要求包括离子浓度梯度均匀、离子电导率高、内阻低、传质性能好等。

4. 锌/溴液流电池隔膜

如前所述,隔膜在防止电解质活性物质的交叉污染中起着关键作用(特别是溴和溴离子)。此外,隔膜的离子交换容量、内阻、化学稳定性和热稳定性及成本也很重要。在锌/溴液流电池体系中,微孔膜和离子交换膜都可以使用。目前,常见的锌/溴液流电池微孔膜是多孔聚乙烯膜,该种类膜可以维持离子之间的平衡,并保证溴的传导。离子交换膜允许带电荷的离子通过,这大大提高了锌/溴液流电池的能量转换效率。可用于所有液流电池的无孔全氟磺酸膜(离子交换膜)也同样适用于锌/溴液流电池,与多孔聚乙烯膜相比,无孔全氟磺酸膜的库仑效率比其高15%,电压效率(电池的实际输出电压与电动势的比值)比其低12%,但无孔全氟磺酸膜高昂的价格限制了其在锌/溴液流电池中的进一步应用。

三、可溶性铅液流电池

1. 可溶性铅液流电池简介

可溶性铅液流电池(soluble lead flow battery,SLFB)利用了铅的各种氧化状态,即铅、铅(Ⅱ)和铅(Ⅳ)。电解液由氧化铅、碳酸铅或含水的甲基磺酸铅和甲基磺酸组成。在最简单的可溶性铅液流电池的设计中,将 Pb^{2+} 溶解在甲基磺酸电解质中,然后通过泵传输发生氧化还原反应。相较于其他液流电池,可溶性铅液流电池只需要一种电解液,即正、负极电解液一致,从而不需要隔膜来防止电解液的交叉污染。它只有一个电解液箱和一套管道,这大大简化了体系的设计,降低了成本。

在可溶性铅液流电池中,正极一般指 PbO_2/Pb^{2+} 电对,负极一般指 Pb/Pb^{2+} 电对。在充电过程中,在正极上,Pb^{2+} 被氧化并发生相变,导致二氧化铅沉积在电极上。在负极上,Pb^{2+} 被还原,相关的相变导致金属铅沉积在电极上。在放电过程中,沉积的金属重新溶解回到电解液中。其电化学方程式如下:

$$正极反应 \qquad Pb^{2+} + 2H_2O \underset{放电}{\overset{充电}{\rightleftharpoons}} PbO_2 + 4H^+ + 2e^-$$

$$负极反应 \qquad Pb^{2+} + 2e^- \underset{放电}{\overset{充电}{\rightleftharpoons}} Pb$$

$$总反应 \qquad 2Pb^{2+} + 2H_2O \underset{放电}{\overset{充电}{\rightleftharpoons}} Pb + PbO_2 + 4H^+$$

从电极反应式中可以看出,在电池运行期间,电解液成分不断变化。充电期间,每沉积 1 mol/L Pb^{2+} 就会释放 2 mol/L H^+,Pb^{2+} 浓度降低,酸度增加。因为不存在以硫酸铅形式存在的不溶性 Pb^{2+},所以可溶性铅液流电池的电极化学性质不同于传统的铅酸电池。电解液的体积、Pb^{2+} 的浓度及电极上可达到的铅和二氧化铅的厚度决定了存储容量。可溶性铅液流电池示意图如图 7-7 所示。

可溶性铅液流电池中的两个半电池都面临较大挑战。虽然铅在负极上的沉积和剥离效率很高,但电解液中仍然需要表面活性剂,以避免沉积粗糙的、花椰菜状的晶体结

图 7-7

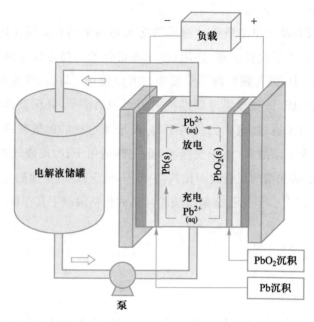

图 7-7　可溶性铅液流电池示意图

构,这可能是铅枝晶生长的前兆。铅枝晶容易被流动的电解液从电极上击落,导致电池容量损失,甚至可能沿着电池内壁的一侧向正极生长,如果接触到正极,就会发生短路。这也会导致电池容量的损失。因此,在两个电极上沉积均匀、致密的沉积物非常重要。在正极上,Pb^{2+}/PbO_2 氧化还原的反应动力学较慢,过电势比负极高得多。Pb^{2+}/PbO_2 电对的氧化还原可逆性差是该体系的主要限制,电池循环时间过长会导致两个电极上的沉积物堆积,耗尽电活性物质溶液中的 Pb^{2+}。这些沉积物不能通过常规电池放电溶解,需要通过通电或拆除电池并物理移除沉积物来强制移除。此外,PbO_2 表面可能会形成裂纹,导致沉积物剥落。这些不可溶的沉淀物会在电池底部堆积成污泥,并堵塞流道。所以可溶性铅液流电池产业应用前景一般。

2. 可溶性铅液流电池电极材料

目前,在可溶性铅液流电池电极材料的选择中,为了防止电解液腐蚀,铅涂层一般沉积在金属上,如钢或不锈钢等。二氧化铅涂层一般沉积在铅/铅合金、碳或钛基材料上。其中,由于网状玻璃态碳(reticulated vitreous carbon,RVC)具有高比表面积、低密度、蜂窝结构及较低的热膨胀系数和良好的导电性等特点,被广泛应用于可溶性铅液流电池的电极材料中。RVC 的耐蚀性较好,但在氧化环境的高温下易降解。在可溶性铅液流电池的工作过程中,沉积主要发生在 RVC 表面和 RVC 与石墨板之间的界面上。使用 2 mm 厚的 RVC 电极,即使在 100 mA/cm² 的高电流密度下也可以在孔隙深处获得无枝晶的铅镀层。

3. 可溶性铅液流电池电解液

可溶性铅液流电池的电解液一般是甲基磺酸铅溶液(含有 200 g/L 的铅和 100 g/L

的甲基磺酸），其中铅为电解质活性物质，甲基磺酸为支持电解质。沉积一般发生在 $30\sim$ $60~mA/cm^2$ 的电流密度下。不同浓度配比的电解液会影响可溶性铅液流电池的电化学性能。使用含有 $0.7~mol/L~Pb^{2+}$ 和 $1.0~mol/L$ 甲基磺酸的电解液在 $20~mA/cm^2$ 的电流密度下循环 2000 次仍有 79% 的比容量保持率。使用含 $1.5~mol/L~Pb^{2+}$ 和 $1.0~mol/L$ 甲基磺酸的电解液，在循环 100 次后仍有 90% 的比容量保持率。

四、钛/锰液流电池

1. 钛/锰液流电池简介

锰基液流电池因其成本低、锰元素价态丰富而备受关注。钛/锰液流电池示意图如图 $7-8$ 所示。在已报道的大量氧化还原电对中，Mn^{3+}/Mn^{2+} 电对因其高溶解性和高标准氧化还原电势而受到广泛关注。然而，含 Mn^{3+}/Mn^{2+} 电对的液流电池在水溶液中的不稳定性限制了其循环性能。Mn^{3+} 容易转化为 Mn^{2+} 和固态 MnO_2，固态 MnO_2 会堵塞液流电池的电极、泵和管道，降低液流电池的循环寿命，可通过引入 TiO^{2+} 的方法解决，然而，与基于高电势的 Mn^{3+}/Mn^{2+} 的液流电池相比，该方法降低了平均电压。同时，液流电池的容量也受碳毡上 MnO_2 沉积量的限制。

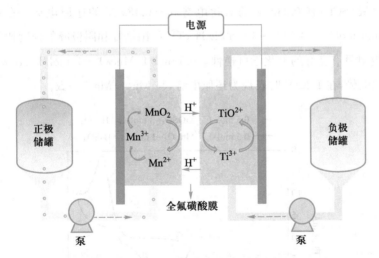

图 $7-8$

图 $7-8$　钛/锰液流电池示意图

在钛/锰液流电池中，正极一般指 $Mn^{3+}/Mn^{2+}/MnO_2$ 电对，负极一般指 Ti^{3+}/TiO^{2+} 电对。在放电过程中，Mn^{3+} 在正极上被还原为 Mn^{2+}，同时，正极上沉积的 MnO_2 与 H^+ 反应得到 Mn^{2+}。Ti^{3+} 在负极被氧化为 TiO^{2+}。正、负电极的半电池反应方程式如下：

正极反应
$$Mn^{3+}+e^- \underset{充电}{\overset{放电}{\rightleftharpoons}} Mn^{2+}$$

$$MnO_2+4H^++2e^- \underset{充电}{\overset{放电}{\rightleftharpoons}} Mn^{2+}+2H_2O$$

$$负极反应 \quad Ti^{3+} + H_2O \underset{充电}{\overset{放电}{\rightleftharpoons}} TiO^{2+} + 2H^+ + e^-$$

$$总反应 \quad Mn^{3+} + MnO_2 + 2Ti^{3+} + e^- \underset{充电}{\overset{放电}{\rightleftharpoons}} 2Mn^{2+} + 2TiO^{2+}$$

2. 钛/锰液流电池电极材料

由于 Mn^{3+}/Mn^{2+} 电势较高,且钛/锰液流电池电解液是酸性的,故选择碳基材料作为钛/锰液流电池的电极材料。常用的钛/锰液流电池电极材料通常选择在酸性电解液中电导率高和稳定性好的石墨毡。但原始的石墨毡电化学活性较低,会限制电池的电流密度(低于 50 mA/cm^2),从而增加体系成本。针对此问题,可以通过向石墨毡表面引入羧基、氧、吡啶碳等基团来提高电极材料的电化学活性。

3. 钛/锰液流电池电解液

一般钛/锰液流电池的正极电解质活性物质为 MnO_2 和锰盐,负极电解质活性物质为钛盐,支持电解质为 3 mol/L 的硫酸。以 MnO_2 为活性物质的钛/锰液流电池具有良好的氧化还原特性,在电流密度 40 mA/cm^2 的条件下,电池充/放电循环 1000 次后,验证了该体系的有效性和可靠性。$0.5 \text{ mol/L TiOSO}_4 - 3 \text{ mol/L H}_2SO_4$ 和 $0.5 \text{ mol/L MnSO}_4 - 3 \text{ mol/L}$ H_2SO_4 的循环伏安(CV)曲线如图 7-9 所示。在 $0.5 \text{ mol/L TiOSO}_4 - 3 \text{ mol/L H}_2SO_4$ 中,对饱和甘汞电极(SCE)有 0.233 V 的氧化电势和 -0.489 V 的还原电势。在扫描速率为 10 mV/s 时,$0.5 \text{ mol/L TiOSO}_4 - 3 \text{ mol/L H}_2SO_4$ 的阳极峰和阴极峰的强度比接近 1,表明 TiO^{2+}/Ti^{3+} 电对具有良好的电化学可逆性。$0.5 \text{ mol/L MnSO}_4 - 3 \text{ mol/L H}_2SO_4$ 在 1.41 V 时表现为氧化电势,在 1.20 V 时表现为还原电势,与 Mn^{3+}/Mn^{2+} 一致。

图 7-9

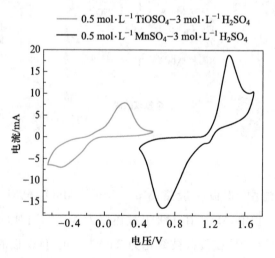

图 7-9　在扫描速率为 10 mV/s 时 $0.5 \text{ mol/L TiOSO}_4 - 3 \text{ mol/L H}_2SO_4$ 和
$0.5 \text{ mol/L MnSO}_4 - 3 \text{ mol/L H}_2SO_4$ 的循环伏安曲线

4. 钛/锰液流电池隔膜

由于钛/锰液流电池正、负极电解液采用了不同的电解质活性物质,为了防止其中的不同物种发生交叉污染,需要使用隔膜将正、负极电解液隔开。目前没有专门针对钛/锰液流电池开发的离子交换膜,所以一般选用在液流电池中广泛应用的全氟磺酸膜。

五、铁/铬液流电池

1. 铁/铬液流电池简介

铁/铬氯化还原液流电池(iron-chromium redox flow battery,ICRFB)简称铁/铬液流电池,是最早提出的液流电池体系,铁/铬液流电池是一种具有成本效益的液流电池,它采用大量溶于盐酸中的铁和氯化铬作为氧化还原物质。除了具备液流电池的常规优势外,它还具备自身独有的优势,如活性物质铁(Fe^{2+}/Fe^{3+})对人体和环境无害。由于在铁/铬液流电池中充当支持电解质的盐酸具有较高的电导率,因此铁/铬液流电池的内阻相对较低,可与以硫酸为支持电解质的常规全钒液流电池(VRFB)相媲美。简单的铁/铬液流电池示意图如图 7-10 所示。

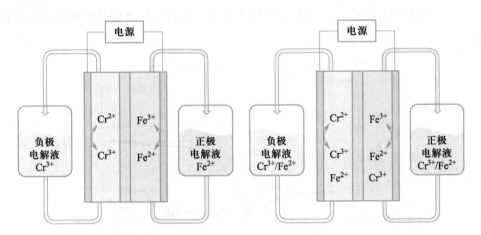

图 7-10　铁/铬液流电池示意图

在铁/铬液流电池中正极一般指 Fe^{2+}/Fe^{3+} 电对,负极一般指 Cr^{2+}/Cr^{3+} 电对。在充电过程中,Fe^{2+} 在正极上被氧化为 Fe^{3+} ,Cr^{3+} 在负极上被还原为 Cr^{2+} 。电池的开路电压为 1.18 V。正、负电极的半电池反应方程式如下:

$$\text{正极反应}\qquad Fe^{2+} \underset{\text{放电}}{\overset{\text{充电}}{\rightleftharpoons}} Fe^{3+} + e^-$$

$$\text{负极反应}\qquad Cr^{3+} + e^- \underset{\text{放电}}{\overset{\text{充电}}{\rightleftharpoons}} Cr^{2+}$$

$$\text{总反应}\qquad Fe^{2+} + Cr^{3+} \underset{\text{放电}}{\overset{\text{充电}}{\rightleftharpoons}} Fe^{3+} + Cr^{2+}$$

2. 铁/铬液流电池电极材料

铁/铬液流电池是一种酸性电池,电极材料与电解液直接接触,因此,在选择电极材料时一般以耐腐蚀性强的碳基材料作为首选。当前,铁/铬液流电池的电极材料选择主要集中在碳布(carbon cloth,CC)、碳纸(carbon paper,CP)、石墨毡(graphite felt,GF)中。碳布即碳纤维布,纤维排列相对有序,气孔分布广泛。与相同孔隙率和纤维直径的碳纤维相比,碳布具有更高的透气性和更低的电阻率。碳纸是由短切纤维和有机聚合物经碳化后模塑而成的碳基材料。碳纸表面通常光滑平坦,厚度像纸一样,它具有致密和均匀的多孔结构。石墨毡电极具有高孔隙率、高比表面积的优点,有利于传质和电极反应。在下一节中会详细介绍各种碳材料电极对铁/铬液流电池电化学性能的具体影响。

3. 铁/铬液流电池电解液

铁/铬液流电池电解液的一般组成为电解质活性组分($FeCl_2$,$CrCl_3$)和支持电解质(盐酸)。电解液的性质受其活性组分浓度的影响。例如,电解质的黏度随 $FeCl_2$,$CrCl_3$ 和盐酸浓度的增加而增加;电导率随 $FeCl_2$,$CrCl_3$ 浓度的增加而降低,随盐酸浓度的增加而增加。电化学测试结果表明,阳极电解液的电化学性能差于阴极电解液的电化学性能,其中含 1.0 mol/L $FeCl_2$,1.0 mol/L $CrCl_3$ 和 3.0 mol/L 盐酸的电解液电化学性能最好,在 120 mA/cm² 和 200 mA/cm² 的电流密度下,相应的能量转换效率分别达 81.5% 和 73.5%。图 7 - 11 展示了 10 mV/s 扫描速率下,不同铁、铬浓度比电解液的循环伏安曲线。

图 7 - 11

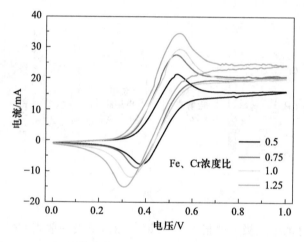

图 7 - 11　10 mV/s 扫描速率下,不同铁、铬浓度比电解液的循环伏安曲线

4. 铁/铬液流电池隔膜

铁/铬液流电池在运行时需要保持电荷中性,这就要求在充/放电过程中,阳离子必须通过阳离子交换膜移动到正极,阴离子必须通过阴离子交换膜移动到负极。由于质子和金属离子之间的离子半径差异很大,在这种情况下,应采用具有理想质子转移的阳离子交换膜和具有理想氯离子转移的阴离子交换膜。以乙烯基氯化苄和甲基丙烯酸二甲胺乙酯为原料,以 1:1 的摩尔比聚合制得一种具有高度选择性的阴离子交换膜。这种膜被设计成几乎完全禁止铬离子和铁离子通过,但允许氯离子和氢离子轻松通过。铁/铬液流电池也可以使用当前液流电池中使用最为广泛的全氟磺酸膜。

六、各类液流电池对比

综上所述,表 7 - 2 总结了前面提到的不同类型液流电池体系的优缺点。

表 7-2 不同类型液流电池体系的优缺点

液流电池体系	优点	缺点
全钒液流电池体系	钒离子在膜上的扩散不会造成溶液污染 离子的交叉再生可以通过简单的电池操作实现 与其他液流电池相比,在快速充电过程中气体释放量较低	V^{5+}的高氧化性会破坏一些离子交换膜 气体的释放会降低电池的效率 气体释放会导致电池电流减小,电极比表面积减小
锌/溴液流电池体系	能量密度高,电解质成本较低 模块化设计,输出功率及储能容量可以独立灵活的调控 温度范围广($-30\sim50\ ℃$)	负极电解质易形成枝晶,限制应用 正极电解质渗透隔膜后会引起电池的自放电 电解质活性组分对环境有害
可溶性铅液流电池体系	两端电极共用一种电解质 电池组件较少,减少泄漏的可能 不存在电解液交叉污染问题	铅在负极上的沉积会形成枝晶,限制其进一步的应用 PbO_2在非导电面的沉积会造成电池的短路 可逆性差,电池循环时间过长会导致两极沉积
钛/锰液流电池体系	成本低、能量密度高 锰元素价态丰富,锰盐具有高标准氧化还原电势	长期稳定性差 固态MnO_2可能会堵塞液流电池的电极、泵、管道
铁/铬液流电池体系	铁和铬对人体和环境无害 电池体系成本低	电解液容易失活 Cr^{2+}/Cr^{3+}在卤化物溶液中具有严重的析氢问题,限制电池的性能

同样的,表 7-3 总结了不同类型液流电池电极反应及常用电极材料。

表 7-3 不同类型液流电池电极反应及常用电极材料

液流电池体系	电极反应	电极材料	电池电压/V
全钒液流电池体系	正极反应: $VO_2^+ + 2H^+ + e^- \rightleftharpoons VO^{2+} + H_2O$	正极:碳毡、石墨毡	1.2~1.6
	负极反应:$V^{2+} \rightleftharpoons V^{3+} + e^-$	负极:碳毡、石墨毡	
锌/溴液流电池体系	正极反应:$2Br^- \rightleftharpoons Br_2 + 2e^-$	正极:碳毡、活性炭	1.8
	负极反应:$Zn^{2+} + 2e^- \rightleftharpoons Zn$	负极:钛板、多孔碳材料	
可溶性铅液流电池体系	正极反应: $Pb^{2+} + 2H_2O \rightleftharpoons PbO_2 + 4H^+ + 2e^-$	正极:铜等金属	1.6
	负极反应:$Pb^{2+} + 2e^- \rightleftharpoons Pb$	负极:碳基材料、PVC	

续表

液流电池体系	电极反应	电极材料	电池电压/V
钛/锰液流电池体系	正极反应：$Mn^{3+}+e^-\rightleftharpoons Mn^{2+}$ $MnO_2+4H^++2e^-\rightleftharpoons Mn^{2+}+2H_2O$	正极：碳毡、石墨毡	1.5
	负极反应： $Ti^{3+}+H_2O\rightleftharpoons TiO^{2+}+2H^++e^-$	负极：碳毡、石墨毡	
铁/铬液流电池体系	正极反应：$Fe^{2+}\rightleftharpoons Fe^{3+}+e^-$	正极：碳毡、石墨毡	1.2
	负极反应：$Cr^{3+}+e^-\rightleftharpoons Cr^{2+}$	负极：改性后的碳毡	

第3节　液流电池关键材料

■ 本节导读

本节将介绍几种液流电池重要组成的关键材料,包括液流电池电极材料、双极板材料、隔膜材料、电解液。各种关键材料对液流电池的正常运行都发挥着不可替代的作用。本节将通过介绍液流电池不同组件常用材料的类型、合成方法等,使读者对液流电池关键材料有更加深入的了解。

■ 学习目标

1. 掌握液流电池各个部分常用的关键材料;

2. 掌握液流电池关键材料对性能影响的作用原理;

3. 掌握液流电池关键材料的改性方法。

■ 知识要点

1. 液流电池各个部分常用的关键材料;

2. 液流电池关键材料对性能影响的作用原理;

3. 液流电池关键材料的改性方法。

一、电极材料

如前所述,液流电池电极本身不参与氧化还原反应,而是通过多孔表面为电解液提供反应场所。为了使液流电池达到最佳性能,电极应具有较高的比表面积和孔隙率,以便提供大量反应活性位点。由于大多数电解液是含硫酸的,因此通常选择对硫酸的耐腐蚀性好和导电性好的碳材料和石墨材料作为电极。为了提高电极的性能,可以采用多种不同的改性和处理方法来提高电极的电化学行为、增加反应位点的数量。具体方法如表7-4所示:

表 7 - 4　电极表面处理方法

处理方法	效果
将铋的纳米颗粒分散在石墨毡电极上,并对两电极在空气中进行 450 ℃ 的热处理	更加稳定、更多活性位点
在全钒液流电池电极上涂覆纳米碳	提高能量密度
在全钒液流电池石墨毡电极上涂覆 NiO 纳米颗粒	改善电极上的电催化面积,增加电流密度
CuPt$_3$ 纳米颗粒固定在石墨烯基底和氮氧聚丙烯腈处理的碳电极上	耐用性超过 300 个循环,能量转换效率到达 84%,提升了电流密度

下面将分类介绍不同类型的液流电池电极材料。

1. 金属电极材料

在液流电池电极材料的研究中,金属电极材料是最先被研究的电极材料。金属电极材料具有机械强度高、导电性强、电阻低等优点。但大部分液流电池使用酸性电解液(如全钒液流电池、铁/铬液流电池等),或电解液具有强腐蚀性(如锌/溴液流电池)。因此,与碳基电极材料相比,金属电极材料容易受到腐蚀,从而导致电池电化学性能的降低。此外,高昂的材料成本也制约着金属电极材料的进一步发展。最早研究的金属电极材料有金、铅及钛基电极材料。金和铅电极材料,尤其是铅已被证实在电池反应中具有较差的可逆性,这导致在电池的运行过程中,电极表面会形成一层氧化铅钝化膜,从而影响电池的电化学性能。目前,只有涂层钛阳极(习惯上称为尺寸稳定阳极,dimensionally stable anode,DSA)电极具有较好的电化学活性,并且在反应过程中不会形成钝化层,但成本较高限制了其进一步的发展。综上所述,目前液流电池电极材料的选择大多集中于碳基电极材料,金属电极材料尚需进一步改良。

2. 碳基电极材料

(1) 碳纸电极材料　碳纸电极具有高孔隙率、低密度和低电阻等优点,虽然与碳毡材料相比,碳纸材料比表面积较低、过电势损失高,但经过一系列处理后的碳纸材料也具备成为液流电池电极材料的潜力。例如,用硫酸处理后的碳纸作为全钒液流电池的电极材料,可获得 95% 的库仑效率。除了酸处理外,常规的热处理和表面掺杂都可以提高碳纸材料的电导率,从而提高液流电池的电化学性能。

(2) 石墨烯电极材料　石墨烯是一种二维石墨材料,sp^2 氢化碳原子排列在六角形晶格中,具有很大的比表面积和优良的导电性。可通过使用不同成分的石墨和石墨烯组成的复合电极来改善液流电池电对的氧化还原反应。与石墨电极相比,石墨-石墨烯复合电极在液流电池反应中表现出更为明显的反应性,含有 3%(质量分数)石墨烯的复合电极表现出最佳的电化学活性。

(3) 碳-聚合物复合电极材料　当前液流电池电极材料大多是碳/石墨板或碳-聚合物复合材料。将石墨与聚乙烯复合后作为全钒液流电池电极材料,在 30 mA/cm^2 的电流密度下可获得 84% 的能量转换效率。在优化碳-聚合物复合电极材料时,电极的电化学性能在很大程度上取决于碳材料含量、颗粒大小、黏合剂材料等。在实际应用中,将优化后的碳-聚合物复合电极应用于全钒液流电池,可获得 91% 的电压效率。由炭黑、石墨粉和黏合剂组成的复合电极对钒的氧化还原反应表现出良好的可逆性和反应性。当石墨粉与炭黑的比例为 3:1 时,性能最佳。通过在多孔石墨复合材料上包覆钴,可以显著降低电荷的转移电阻,其电压效率高达 81.5%。

(4) 聚丙烯腈(polyacrylonitrile,PAN)型碳毡或石墨毡电极材料 PAN 型碳毡或石墨毡材料一直是液流电池最广泛使用的电极材料之一。PAN 型碳毡电极具有三维(3D)网络结构、大比表面积和高导电性,以及在化学和电化学环境中的优异稳定性。然而,与其他类型的碳和石墨材料一样,PAN 型碳毡电极的亲水性较差,可通过表面处理的方法加强其亲水性,以促进钒在水溶液中的氧化还原反应。

为了进一步改良碳基电极材料性能,热处理被证明是最受欢迎和最实用的电极处理方法。可以通过热活化的方法增加电极的含氧官能团,表面官能团的加入会影响全钒液流电池的电化学活性行为。随着电极表面含氧官能团的增加,电极的性能会得到提升,并且在 400 ℃ 下热处理电极会产生最佳结果。总的来说,在氧气含量增加的环境中进行热处理,可使电极性能和整体电池效率提高。

此外,也可通过湿法化学方法来修饰碳毡电极的表面功能性。碳毡的表面可以使用硝酸和硫酸进行化学处理,使钒离子发生更有利的氧化还原反应。在化学处理后,含氧官能团表面浓度大幅提高,从而使电池的性能得到显著提高。例如,用 98% 硫酸处理 5 h 的碳毡电极在 25 mA/cm² 电流密度下显示出 88% 的能量转换效率。除了用各种酸溶液处理外,还可以用氨溶液处理,将氮官能团引入碳毡电极表面。通过在碳毡电极上进行氨处理,部分含氧官能团可以被氮取代,使得 VO_2^+/VO^{2+} 氧化还原反应的电化学活性显著提高。

二、双极板材料

双极板是构建液流电池电堆的关键组件之一。双极板的重要特性包括高导电性、应用环境中的电化学稳定性。通过电子转移反应释放的电子由双极板沿贯穿平面方向传输到集流体上,如铜板,其连接到负载/源,而电荷平衡则由离子通过膜的迁移提供。通过双极板(bipolar plate,BPP)将规定数量的单电池串联在一起,可以获得电池组,以增加整体电池电压和功率。目前研究的一个重点是开发适合生产大型双极板的复合材料,以扩大液流电池电堆。这些双极板需要具有机械柔性,并仍满足可接受的导电性。可通过开发具有高弯曲强度和良好导电性能的低碳含量双极板的新方法来满足这些要求。

1. 双极板的材料选择

双极板材料主要包括碳基材料和金属材料。尽管许多金属具有很好的导电性,但它们不一定适合作为双极板材料。在全钒液流电池的酸性电解液中,没有保护涂层的金属不能提供必要的化学稳定性。例如,用于全钒液流电池的双极板由 Ti 衬底上的纳米管 TiO_2 组成,并涂有一层氧化铁,可产生相当好的电压和能量效率,并具有高耐腐蚀性。然而,石墨作为双极板的材料更具有优势,因为其导电性能好,在酸性环境中具有很高的电化学和化学稳定性。由于石墨的多孔结构,纯石墨基板存在结构较脆和电解质渗透等问题。因此,石墨双极板需要具有一定的厚度,以克服其体积大、质量重和成本高的缺点。导电碳聚合物基复合材料通常被用作生产双极板的材料,因为与纯石墨板相比,它们结合了许多优点,如较低的成本和质量、更好的机械强度、耐电解质渗透性和耐腐蚀性强等。接下来将介绍不同类型的双极板材料。

(1) 金属类双极板　金属类双极板具有优良的导电性和导热性、更好的机械稳定性和易加工性,它们可以用合适的模具冲压成所需的形状。但是,金属类双极板在酸性电解液中容易发生表面腐蚀和不需要的位点反应(氢析出反应和氧析出反应),将制约其在液流电池中的发展。金属类双极板表面的快速腐蚀会导致金属离子的溶解,从而污染电解液。因此,在开发金属类双极板材料时必须考虑金属的防腐蚀问题。在金属表面涂覆碳膜是一种不错的方法。将碳膜与 Ti 金属基底复合,可以得到导电性能良好且耐腐蚀性强的金属类双极板。在 2 mol/L 硫酸中的极化结果证明了碳膜可以保护 Ti 基板免受严重的酸性腐蚀。表 7-5 展示了一些常见的涂覆金属类双极板材料。

表 7-5　一些常见的涂覆金属类双极板材料

基底材料	涂覆材料
钛	碳膜
不锈钢	掺杂钛的类金刚石涂层
纳米管 TiO_2/Ti	铱的氧化物

(2) 石墨类双极板　液流电池的双极板通常由碳聚合物基复合材料组成。碳成分提供必要的导电性,石墨纤维和粉末等原材料通常用作主要导电组分。在某些情况下,可将炭黑、碳纳米管、剥落石墨等用作次要或主要填料,以改善复合材料的导电性。然而,膨胀片状石墨含有随机排列的石墨颗粒,导致机械强度降低。因此,天然石墨、热解石墨和高取向热解石墨可以提供不同的电化学性能。此外,石墨材料的导电性和可加工性取决于其形态和在双极板内的相对含量。一般来说,球状石墨比片状石墨具有更好的加工性能。原材料需要满足高质量要求,如规定的粒度分布、形状及纯度。石墨组件被金属颗粒污染会导致金属离子释放到电解液中,从而影响电化学性能并降低液流电池的总功率密度。

(3) 聚合物类双极板　聚合物或黏合剂基体通常分别由热塑性或热固性聚合物组成,如聚丙烯、聚乙烯、氟弹性体、聚苯硫醚、各种橡胶(丁基橡胶、乙丙橡胶、乙丙二烯单体橡胶、丁腈橡胶)、苯乙烯-乙烯-丁烯-苯乙烯弹性体、尼龙、环氧树脂或酚醛树脂。选择聚合物时,需要考虑(熔融)温度。例如,聚丙烯的使用温度可高达 90 ℃,而聚偏氟乙烯(PVDF)基双极板的使用温度可高达 120 ℃。然而,由于全钒液流电池的工作温度限制在 10 ~40 ℃范围内,聚合物的温度稳定性通常不是主要障碍。更重要的是复合材料的电化学稳定性和可加工性。热固性聚合物,如酚醛树脂,在加热和加工过程中会改变其化学结构。相比之下,PVDF 和聚丙烯等热塑性材料可以进行可逆热处理和加工。例如,含有热固性酚醛树脂的双极板很难加工,但它们具有良好的导电性、机械和化学稳定性。

通常,聚合物类双极板的导电性取决于不同的因素,如导电颗粒的质量、数量,以及它们在复合基质网络中的连接性等。通过向非导电聚合物基体中添加导电填料,如炭黑和碳纤维,可使材料体积导电性增加。在这种情况下,通过比较相同填料含量高于 10%(质量分数,后同)的情况,炭黑比碳纤维具有更好的导电性能。与纯聚合物相比,炭黑含量高达 5%的复合材料具有非常高的电阻率。在 5%和 25%的炭黑含量之间导电性迅速增加,并且在较高的用量下没有显示出显著的额外增加。然而,通过用一定比例的炭黑替代石墨纤维,由于导电颗粒之间的连接更好,导电性可以提高。在石墨/炭黑混合聚合物复合板中,当炭黑含量为 15%时复合板具有良好导电性和电化学稳定性的紧凑结构。由于孔隙或炭黑聚集体的形成,炭黑含量越低,导电性越差。相应地,石墨-聚合物复合双极板中的碳纳米管由于在石墨颗粒之间架桥而提高了导电性。

2. 电极-双极板一体化

通常,碳聚合物基复合双极板被压接至电堆内的电极毡,以实现两个组件之间的导电连接,从而实现电极-双极板一体化,如图 7-12(a)所示。压缩压力越高,接触电阻越低。然而,通过施加更大的压缩力,石墨毡被压缩,从而降低孔隙率,通过电池的电解液流动阻力增加。

此外,可以通过将双极板和电极结合的方法来提升双极板性能。如图 7-12(b)所示的通过热黏合的方式组合双极板和电极,以及如图 7-12(c)所示的通过熔融的方法组合双极板和电极。两个电极毡的熔合是通过三种不同的方法实现的。第一种方法,将两个电极毡通过非导电黏合聚合物层进行热黏合。聚合物基体中来自不同石墨毡

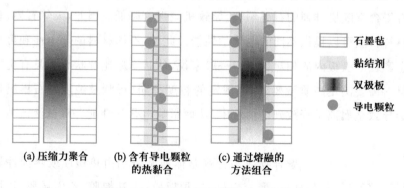

(a) 压缩力聚合　　(b) 含有导电颗粒　　(c) 通过熔融的
　　　　　　　　　　　的热黏合　　　　　　方法组合

石墨毡
黏结剂
双极板
导电颗粒

图 7-12　电极和双极板的连接和组合

的纤维连接使所获得单元的导电性得以实现。第二种方法,两个电极通过热键合聚合物基体内含有炭黑作为填充材料的黏合聚合物层连接。结果表明,与传统石墨双极板相比,该组件的比表面积电阻更低。第三种方法,通过使用含有酚醛树脂、碳化硼、二氧化硅和石墨粉的导电黏合剂,将石墨毡热黏合到石墨双极板上。与无导电黏合剂的电极毡和双极板相比,该组件具有良好的导电性,并在电池运行期间显示出更高的效率。

三、隔膜材料

隔膜是液流电池中非常关键的部分,对电池的安全性和成本有直接影响,包括两侧的多孔碳纤维电极和夹在两个电极之间的膜,以此将负极和正极及电解液室彼此分离。液流电池中隔膜的主要功能是在正、负电解液之间传导支持电解质的离子,并防止氧化还原活性离子通过。此外,应避免过度的溶剂(水)转移,如图 7-13 所示。目前使用的基于聚合物电解质的最先进离子交换膜(IEM)占液流电池硬件成本的 $30\%\sim40\%$。目前对下一代隔膜的要求包括:降低离子电阻,使其能够在更高的电流密度下运行;改善阻隔性能;平衡电解质传输,以最小化容量不平衡;确保材料在 10 年或更长时间内的化学稳定性,同时与现有隔膜相比具有成本竞争力。下面将介绍目前液流电池领域的常用的两种膜:多孔膜与离子交换膜。

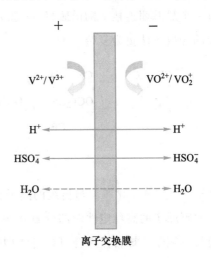

图 7-13　用于液流电池中的离子交换膜工作示意图

1. 多孔膜

不同于离子交换膜中靠离子交换基团来实现离子的传输,多孔膜是基于孔径排出的离子筛分原理来实现离子的传输。离子交换膜较差的稳定性及高昂的材料成本一直是制约液流电池大规模应用的重要因素。相反,无离子交换基团的多孔膜通常具有较好的稳定性和较低的成本。用于液流电池的多孔膜包括微孔膜(microporous membrane, MM)、纳滤膜(nanofiltration,NF)和超滤膜。这些多孔膜大多由有机聚合物制成,如聚丙烯(polypropylene,PP)和聚偏氟乙烯(polyvinylidene difluoride,PVDF)。多孔膜具有化学性质稳定、成本低、制备方法简单等优点。

2. 离子交换膜

液流电池中可同时使用阳离子交换膜(cation exchange membrane,CEM)和阴离子交换膜(anion exchange membrane,AEM)。离子交换膜以其高选择性、低电阻、良好的机械稳定性、较高的化学稳定性等特点被广泛应用于液流电池中。下面将对其进行分类介绍。

（1）全氟磺酸膜　全氟磺酸膜是通过单体聚合制备的，单体含有一个基团，可以通过进一步处理使其变成阳离子或阴离子。大多数传统的碳氢化合物离子交换膜在氧化剂存在的情况下会降解，特别是在高温下。杜邦公司开发了具有优良化学和热稳定性的氟碳基离子交换膜，商标名为"Nafion"。Nafion 膜的合成有四个步骤：① 四氟乙烯与 SO_3 反应形成砜环；② 产物与碳酸钠缩合，然后与四氟乙烯共聚形成不溶性树脂；③ 树脂水解形成全氟磺酸聚合物；④ 反离子 Na^+ 与质子在适当的电解质中进行化学交换。Nafion 膜的化学结构如图 7-14 所示。

具有高当量质量的全氟膜由于成本高，因此在液流电池中的应用受到限制。1988年，陶氏化学公司开发了低电子流全氟化膜，解决了这一问题。该膜由四氟乙烯与乙烯基醚单体共聚合制备。这种聚合物结构可以描述为一个类似聚四氟乙烯的主链，侧链通过一个醚基团连接。陶氏膜（Dow 膜）（化学结构如图 7-15 所示）的合成方法比 Nafion 膜的合成方法更为复杂。

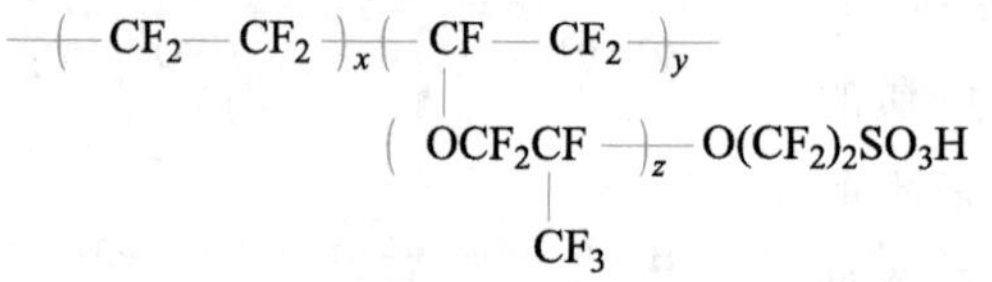

图 7-14　Nafion 膜的化学结构 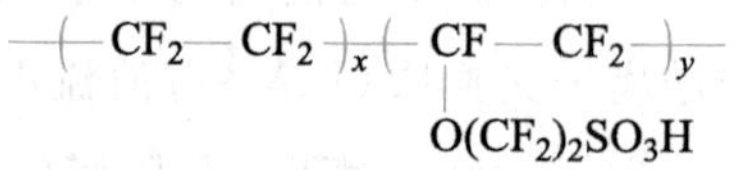　　　　图 7-15　陶氏膜（Dow 膜）的化学结构

（2）部分氟化膜　与传统的离子交换聚合膜如苯乙烯磺酸相比，附着在烷基碳原子上的氟原子的高稳定性对部分氟化膜的氧化稳定性和热稳定性的影响很大。采用氯磺酸与三氟苯乙烯直接聚合可制备线型聚 α,β,β-三氟苯乙烯磺酸膜。这类膜材料具有耐氧化降解能力，但由于部分氟化膜中 C—F 键键能较高，在活化时需要采用辐射、强酸强碱活化等手段。该类型活化手段会对部分氟化膜造成较强的破坏，因此该类型膜在液流电池中的应用有待开发。

（3）聚砜基离子交换膜　虽然 Nafion 膜和 Dow 膜已被广泛应用于液流电池中，但该类型膜的高成本一直是制约液流电池发展的一个重要因素。因此，有必要开发一种具有良好的电化学性能、对热降解和化学侵蚀具有良好抵抗力及价格低廉的膜离子交换膜。聚砜膜具有良好的化学稳定性，可以通过在膜中引入离子交换基团来赋予聚砜膜离子选择性，并且聚砜、聚醚砜等工程塑料具有一定的价格优势。图 7-16 展示了聚砜膜的化学结构。

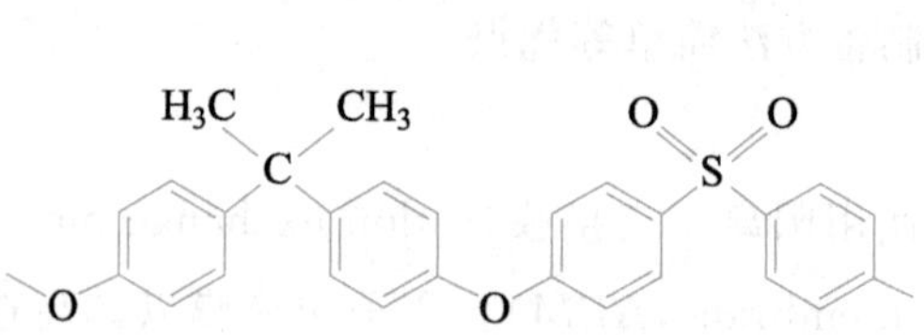

图 7-16　聚砜膜的化学结构

四、电解液

电解液是液流电池中最重要的组成成分之一,其对液流电池的性能和成本有着重要影响。与普通电池不同,液流电池采用含有两种不同氧化还原电对的溶液,其电化学电位差驱动电池组中惰性电极上的氧化还原反应。液流电池的能量密度取决于电解液的体积,而功率密度取决于电堆的大小。此外,电解液作为一个内置的冷却系统,可以方便地从流道中传递热量,从而降低对复杂热管理系统的需求。

如前所述,电解液由电解质活性物质和支持电解质组成,液流电池中的两种电解质相互反应以提供电势,如图 7-17 所示。下面将就目前研究较多的液-液型液流电池电解液进行介绍。

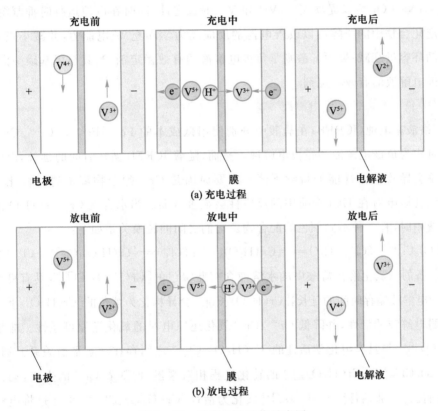

图 7-17

图 7-17 液流电池工作示意图

1. 全钒液流电池体系电解液

在全钒液流电池中,两种电解液都使用相同的活性物质,这可以减少电解液交叉污染造成的容量损失,并产生 1.26 V 的输出电压。如前所述,在全钒液流电池电解液的选择过程中,一般考虑用三氯化钒(VCl_3)、五氧化二钒(V_2O_5)和硫酸氧钒($VOSO_4$)作为电解液的活性组分,用盐酸(HCl)、氢氧化钠(NaOH)和硫酸(H_2SO_4)等溶液作为支持电解质。在具体选择电解液的组合时还需注意以下问题:由于 VCl_3 和 HCl 混合后会生成有毒有害的氯气,故一般不选择此种电解液组合;V_2O_5 在酸中的溶解度低,故也很少选择

V_2O_5 电解液组合。因此,一般情况下会选择 $VOSO_4$ 和 H_2SO_4 组合。

添加酸可以促进氧化还原反应,降低传质阻力。使用甲基磺酸(CH_3SO_3H)和 H_2SO_4 的混合酸溶液,其电化学活性比单独的硫酸有显著改善。随着 CH_3SO_3H 浓度的增加,混合支撑电解质(CH_3SO_3H 和 H_2SO_4)提高了钒离子的溶解性和稳定性,但这种增加也对溶液的电阻和电化学动力学产生了一定的负面影响。

钒的另一个问题是易于被空气氧化,V^{2+} 很容易被氧气氧化为 V^{3+},这会使电池迅速自放电。这种影响在钒浓度较低且周围有过量氧气的电解液中更为剧烈,它对负极电解液的影响很大,但可以通过减少电解液与空气之间的接触面积来避免。

通过向电解液中加入添加剂可以使电解液中的活性组分浓度更高,但四种钒氧化状态的对比特性限制了这一点。例如,K_2SO_4 可以提高 V^{4+} 的稳定性,但也增加了 V^{5+} 中的沉淀率;Na_3PO_4 可以提高 V^{3+},V^{4+} 和 V^{5+} 的稳定性,同时在电池运行时抑制沉淀量;有机稳定化合物中的肌醇可以改善电池的反应动力学和充/放电能力,并减小正极电解液中的循环容量衰减;聚丙烯酸则是负极电解液的有效稳定剂,当其与甲基磺酸混合时,也是正极电解液的有效稳定剂。

2. 铁/铬液流电池体系电解液

铁/铬液流电池(ICRFB)在盐酸中分别使用低成本的 Fe^{3+}/Fe^{2+} 和 Cr^{3+}/Cr^{2+} 氧化还原电对作为负极电解液和正极电解液。然而,随着 ICRFB 循环时间的延长,电解液的老化现象会导致电池性能的持续下降。主要原因是 Cr^{3+} 配合物离子的异构化,Cr^{3+}/Cr^{2+} 氧化还原电对在 HCl 介质中的反应性会显著减弱。当水合盐 $CrCl_3 \cdot 6H_2O$ 溶解在 HCl 溶液中时,有三种不同颜色的配合物。它们之间的转换关系如下:

$$[Cr(H_2O)_5Cl]^{2+} + 2Cl^- + H_2O \rightleftharpoons [Cr(H_2O)_6]^{3+} + 3Cl^- \rightleftharpoons [Cr(H_2O)_4Cl_2]^+ + Cl^- + 2H_2O$$

新制备的三氯化铬在盐酸中的水溶液含有蓝绿色的 $[Cr(H_2O)_5Cl]^{2+}$,具有良好的活性。随着电解液储存时间的延长,$[Cr(H_2O)_5Cl]^{2+}$ 会异构化为紫色的 $[Cr(H_2O)_6]^{3+}$,这会显著减弱电解液的活性,并降低 Cr^{3+}/Cr^{2+} 氧化还原电对的氧化还原可逆性。非活性的 $[Cr(H_2O)_6]^{3+}$ 与具有电化学活性的 $[Cr(H_2O)_5Cl]^{2+}$ 之间存在动态平衡关系。通常,从 $[Cr(H_2O)_5Cl]^{2+}$ 到 $[Cr(H_2O)_6]^{3+}$ 的转化过程相对缓慢,但随着 Cr^{2+} 的生成,动力学速率将得到促进。非活性 $[Cr(H_2O)_6]^{3+}$ 转化为活性 $[Cr(H_2O)_5Cl]^{2+}$,可通过将电解液温度提高到 65 ℃ 来实现,这可以解决电解液失活的问题。

为了进一步解决交叉污染现象,需要使用一种由 Cr^{3+}/Cr^{2+} 和 Fe^{3+}/Fe^{2+} 组成的混合电解液。该方法将正、负极电解液从未混合状态转化为混合状态,其中正极和负极电解液均含有铁和铬。在长期循环过程中,一旦正极和负极电解液简单地重新混合,容量衰减将在一定程度上恢复,但混合电解液的缺点是其溶解度有限。$FeCl_2$ 或 $CrCl_3$ 在单一电解液的溶解度可达到 2 mol/L,而混合电解液的溶解度明显降低,这限制了铁/铬液流电池的能量密度。

思考题

1. 液流电池和传统电池有何不同?
2. 液流电池的优缺点分别是什么?
3. 液流电池的工作原理是什么?
4. 液流电池在哪些领域有应用前景?
5. 液流电池的发展前景如何?

参考文献

第 8 章　超级电容器

思政导读

■ **本章导读**

　　超级电容器是通过电极与电解质之间形成的界面双层来存储能量的新型元器件。超级电容器因其具有高功率密度和长循环寿命的优点，作为电化学储能装置而备受关注。超级电容器的电容非常高，比普通电容器高几个数量级。超级电容器的电容由插层产生的静电双电层或由可逆氧化还原反应产生的电化学赝电容决定。本章将详细介绍超级电容器的分类、双电层超级电容器、赝电容超级电容器和混合型超级电容器的工作原理，超级电容器的电极材料及电解液组成，以此来帮助读者更好地了解与掌握超级电容器相关知识。

第 1 节　超级电容器概述

■ **本节导读**

　　本节将详细介绍超级电容器的定义、分类，双电层超级电容器、赝电容超级电容器、混合型超级电容器的原理，超级电容器中涉及的反应方程式，超级电容器与电池的区别等内容，使读者对超级电容器有初步的了解。

■ **学习目标**

1. 掌握超级电容器的工作原理；

2. 掌握超级电容器的分类；

3. 掌握超级电容器与电池之间的区别。

■ **知识要点**

1. 超级电容器的定义；

2. 双电层电容与赝电容原理；

3. 超级电容器与电池的储能原理。

一、超级电容器基础知识

　　在传统电容器中，两个电极由电介质和绝缘材料隔开。当向电容器施加电压时，相反的电荷会在每个电极的表面不断累积。电荷被绝缘体隔开，因此产生的电能让电容器储存能量。电容器储能原理示意图如图 8-1 所示。

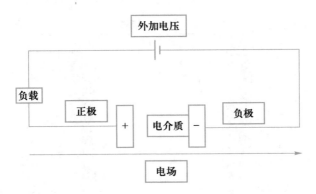

图 8-1　电容器储能原理示意图

电容 C 定义为存储(正)电荷 Q 与施加电压 V 的比:

$$C = Q/V \tag{8-1}$$

对于传统电容器,与每个电极的表面积 A 成正比,与电极之间的距离 D 成反比。这可以用如下等式表示:

$$C = \varepsilon_0 \varepsilon_r A/D \tag{8-2}$$

式中,ε_0——介电常数,即自由空间的"介电常数",F/m;

ε_r——电极之间绝缘材料的介电常数,F/m;

A——电极表面积,m^2;

D——电极间距离,m。

电容器的主要属性是其能量密度和功率密度。为了测量这两种属性之一,必须将密度计算为单位质量或单位体积的数量。电容器中储存的能量 E 与其电容成正比:

$$E = \frac{1}{2}CV^2 \tag{8-3}$$

功率 P 是单位时间消耗的能量。为了确定电容器的功率 P,必须考虑电容器一般表示为与外部"负载"电阻 R 串联的电路。

电容器的内部组件,如电极、介电材料(介电材料是能够被电极化的绝缘体)会对电阻产生影响,电阻值由等效串联电阻(equivalent series resistance,ESR)表示。当根据阻抗($R = $ESR)进行测量时,电容器的最大功率 $P_{\max}$ 由如下等式给出,表明 ESR 如何限制电容器的最大功率:

$$P_{\max} = \frac{V^2}{4} \cdot \text{ESR} \tag{8-4}$$

超级电容器的基本原理与传统电容器相同,但是超级电容器具有更高表面积(A)的电极,并且由于其具有更薄的电介质,从而减少了电极之间的距离 D。从式(8-2)和式(8-3)可以看出,电容和能量会因此增加。通过保持传统电容器的低 ESR 特性,超级电容器也能够获得类似的功率密度。图 8-2 展示了超级电容器结构示意图。

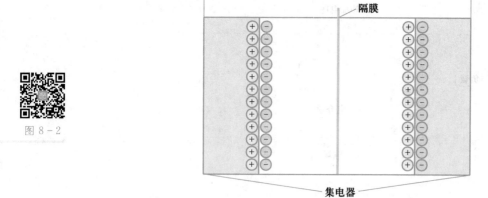

图 8-2

图 8-2　超级电容器结构示意图

二、超级电容器原理

根据储能机理不同,超级电容器可分为三类:双电层超级电容器、赝电容超级电容器和混合型超级电容器。下面将分类介绍各种超级电容器的原理。

1. 双电层超级电容器原理

双电层超级电容器由电极、电解液和隔膜组成。双电层超级电容器可以通过静电或非法拉第过程储存电荷,其不涉及电极和电解液之间的电荷转移。双电层超级电容器涉及的储能原理是电化学双电层原理。当施加电压时,电极表面上会积聚电荷,由于电势差,会吸引相反的电荷,从而导致电解质中的离子在膜上扩散,并扩散到带相反电荷电极的孔上。为了避免离子在电极上复合,形成了双层电荷,加上比表面积的增加和电极间距离的减小,使得双电层超级电容器能够获得更高的能量密度。图 8-3 展示了双电层超级电容器的原理示意图。

双电层超级电容器中的能量存储机理决定其能进行非常快速的能量吸收、传输,从而使其具有更好的功率性能。由于进行非法拉第过程,没有化学反应,因此避免了超级电容器在充电和放电过程中存在的活性材料的膨胀。然而,由于静电表面充电机制,双电层超级电容器设备的能量密度受限。双电层超级电容器的性能可以根据电解液的选择进行调节。双电层超级电容器的电极材料一般选择碳材料。

2. 赝电容超级电容器原理

与静电存储电荷的双电层超级电容器相比,赝电容超级电容器通过法拉第过程存储电荷,法拉第过程涉及电极和电解液之间的电荷转移。当向赝电容超级电容器施加电压时,电极材料上发生氧化还原反应,电荷穿过双层,导致法拉第电流通过超级电容器单元。赝电容超级电容器中的法拉第过程有助于其获得比双电层超级电容器更高的比电

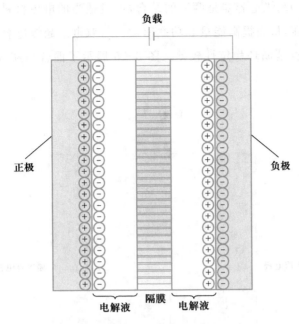

图 8-3　双电层超级电容器原理示意图

容和能量密度。但由于它涉及氧化还原反应,因此在循环过程中存在稳定性和功率密度较低的问题。图 8-4 展示了赝电容超级电容器的原理示意图。赝电容电极材料一般选择过渡金属氧化物与氢氧化物等。

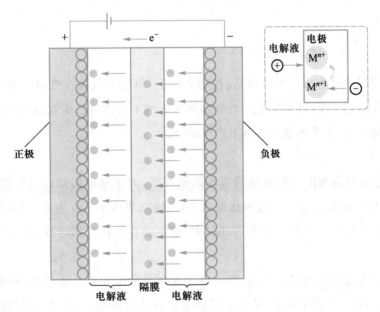

图 8-4　赝电容超级电容器原理示意图

3. 混合型超级电容器原理

　　将赝电容电极与双电层电极组合在同一超级电容器中,便形成了混合型超级电容器。如前所述,双电层电极提供了良好的循环稳定性和功率性能,而赝电容电极提供了

220

更大的电容。混合型超级电容器是两者的结合,通过适当的电极材料组合,可以提高混合型超级电容器电压,从而提高能量和功率密度。与双电层超级电容器相比,混合型超级电容器的主要缺点是循环稳定性较差。图 8-5 展示了混合型超级电容器的原理示意图。

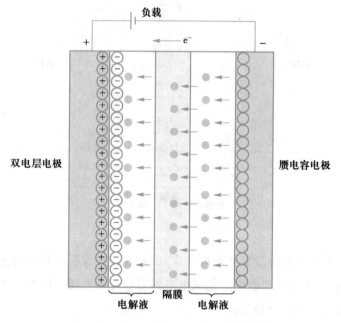

图 8-5 混合型超级电容器原理示意图

三、超级电容器与电池对比

超级电容器和电池的主要区别是:在动力学上,电池的电极在放电和充电过程中通常会发生较大的相变化,这导致了动力学和热力学的不可逆性。而双电层超级电容器只需要静电电荷调节,几乎不会在电极上产生相变。

1. 法拉第与非法拉第过程

超级电容器与电池的工作机理的根本区别在于,对于双电层超级电容器,电荷的存储过程是非法拉第过程,这意味着理想情况下,在电极界面上不发生电子转移,电荷和能量以静电的形式储存。在电池工作的过程中,基本过程是法拉第过程,通常伴随着氧化状态的变化。

在非法拉第过程中,电荷积聚是通过位于真空或分子介电介质(如电解电容器中的双电层)分隔的两个界面上的正、负电荷以静电的方式实现的。在法拉第过程中,电荷的存储是通过电子转移来实现的,根据与电极电势有关的法拉第定律,电化学活性材料发生氧化状态变化。在某些情况下可能会出现赝电容,能量储存是间接的,类似于电池。在电池中,每一个电荷都会被转移至法拉第电中和状态,导致某些活性材料的氧化状态发生变化。在双电层超级电容器中,实际的电子电荷,无论过剩或不足,都积累在电极板上,有侧向斥力,不涉及氧化还原变化。

2. 超级电容器与电池的性能比较

相较于电池,超级电容器具有更长的循环寿命、充电速度快、大电流放电能力强、超低温性能好等优点,但其同时也具有能量密度低、工作电压低等缺点。表 8-1 列出了超级电容器用于电化学储能的优缺点。

表 8-1　超级电容器用于电化学储能的优缺点

优点	缺点
循环寿命长,循环寿命>10^5 次,部分可达 10^6 次	能量密度与电池相比较低
充电速度快,充电 10 s～10 min 可达到其额定容量的 95% 以上	使用不当容易造成电解质泄漏
大电流放电能力强,能量转换效率高	工作电压低
超低温性能好,工作温度可低至 −40 ℃	高电势作业需串联
可与可充电电池结合	内阻较大,不符合交流电路的运行要求

表 8-2 给出了超级电容器与电池的综合比较。

表 8-2　超级电容器与电池的综合比较

种类	超级电容器	电池
功率提供	快速放电,电压呈线性或指数衰减	在长时间内保持恒定的电压
充/放电时间	毫秒至秒	1～10 h
外形尺寸	小	大
能量密度	1～5 W·h/kg	8～600 W·h/kg
功率密度	高,>4 000 W/kg	低,100～3 000 W/kg
工作电压	2.3～2.8 V(每节)	1.2～4.2 V(每节)
循环寿命	>10^5 次循环	150～1 500 次循环
工作温度	−40～85 ℃	−20～65 ℃

第 2 节　超级电容器电极材料

■ 本节导读

对于超级电容器而言,目前的电极大多由具有高比表面积和高孔隙率的纳米材料制成。电荷可以在导电固体颗粒(碳或金属氧化物颗粒)和电解液之间的界面处存储和分离。本节将详细介绍碳基材料、过渡金属氧化物材料等电极材料的材料特性,以及对比各种材料之间的优缺点与性能。同时,为开发具有优良性能的新型材料,探索较好的改性方法提供理论依据。

■ 学习目标

1. 掌握各种电极材料的特性；

2. 掌握双电层超级电容器与赝电容超级电容器电极材料的不同之处；

3. 掌握主要的超级电容器电极材料构成及电化学性能。

■ 知识要点

1. 各种电极材料特性与联系；

2. 双电层超级电容器与赝电容超级电容器电极材料的异同；

3. 超级电容器电极材料构成及电化学性能。

一、超级电容器电极材料概述

超级电容器的电容主要取决于电极材料的表面积，因此电极材料的选择关乎超级电容器的电容大小。在双电层超级电容器中，电极之间不会发生化学反应，电极负责储存电解液中产生的电荷。在双电层超级电容器电极材料的选择中，由于电极表面不发生氧化还原反应，因此一般选择具有高比表面积和优良导电性的碳基材料。在赝电容超级电容器中，电极和电解质之间的界面上会发生快速而可逆的氧化还原反应。由于氧化还原反应发生在电极表面，高比表面积和高导电性是高性能赝电容电极的必要条件。过渡金属氧化物及其与碳材料的复合材料是赝电容电极材料的不错选择。混合型超级电容器是双电层超级电容器与赝电容超级电容器的结合。下面将对超级电容器电极材料进行分类介绍。

二、双电层超级电容器电极材料

双电层超级电容器的电极材料主要为碳基材料。影响碳基材料电化学性能的关键因素是比表面积、孔径分布、孔形状、结构、导电性表面功能等。其中，比表面积和孔径分布是影响碳基材料性能的两个最重要的因素，因为电容主要取决于电极材料的比表面积。在使用碳基材料作为超级电容器电极材料时，高比表面积提高了电极和电解液界面的电荷积累能力。对于碳基材料来说，除了孔径和高比表面积特性外，表面功能化也是一个影响电容的重要因素，对提高比电容起着重要作用。本节将详细介绍超级电容器所用的各种碳基材料。主要包括活性炭、介孔碳、碳化物衍生碳、碳纳米管等。碳基材料在水系电解质和有机电解质中均显示出近似矩形的循环伏安曲线，见图 8-6。

1. 活性炭

由于活性炭具有高比表面积和相对较低的成本，故其一直是超级电容器电极中使用最广泛的电极材料。活性炭的孔隙结构如图 8-7 所示。活性炭是由富含碳的有机前驱体在惰性气氛下进行热处理而成的，并在此过程中形成孔隙。碳化过程通过前驱体的热化学转化产生无定形碳，而活化则通过物理或化学活化对碳前驱体颗粒进行部分氧化来实现高比表面积。前驱体来源于各种自然资源，如木材、椰子壳、化石燃料及其衍生物

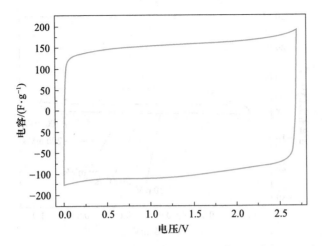

图 8-6 双电层超级电容器在 1 mol/L 四乙基四氟硼酸铵有机电解质中 5 mV/s 下的循环伏安曲线

（如沥青、煤、焦炭等）。物理活化是在高温氧化气氛（CO_2，H_2O 等）下进行的，而化学活化是在提前与化学物质（如碱、酸、碳酸盐或氯化物）混合的无定形碳上进行的。任何活化过程都会导致在具有高比表面积的碳颗粒中形成多孔网络。纳米孔可根据其大小进行分类，即分为微孔（< 2 nm）、中孔（2～50 nm）和大孔（> 50 nm）。大多数商用双电层超级电容器采用活性炭电极，其工作电压为 2.7 V，比电容为 100～120 F/g 或 60 F/cm³。例如，低成本且富含碳的红雪松生物炭可获得 115 F/g 的比电容。

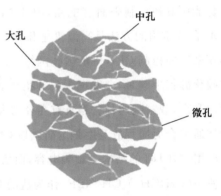

图 8-7 活性炭的孔隙结构

2. 介孔碳

具有高比表面积的有序介孔碳因其在高电流密度下工作不会产生显著的容量衰减而备受关注。介孔碳可以通过多种途径制备，如

高度活化法，由一种热固性组分和一种热不稳定组分组成的前驱体碳化，这种方法可以制备出具有宽孔径分布和大量介孔的介孔碳。也可以通过使用硬模板法和软模板法来制备介孔碳，这两种方法可以更好地控制孔分布和孔径。在硬模板法中，模板和碳前驱体之间没有明显的化学相互作用，从而形成良好的纳米结构。软模板法通过有机分子的自组装生成纳米结构，在软模板法中，孔结构由合成条件决定（如混合比、溶剂、温度等）。硬模板法和软模板法都可以制备出具有良好孔结构和较小孔径分布的介孔碳。研究表明，用表面活性剂从木质素中提取的介孔碳经 CO_2 活化后，比表面积为 624 m²/g，质量比电容高达 102 F/g。由稻壳前驱体制备的介孔碳的 BET 比表面积为 1 357 m²/g，总孔隙比体积为 0.99 mL/g 且具有 44.4% 的介孔率，在 5 mV/s 的扫描速率表现出 114 F/g 的比电容。图 8-8 展示了稻壳前驱体制备的介孔碳在不同电流密度下的循环伏安曲线。

图 8 - 8

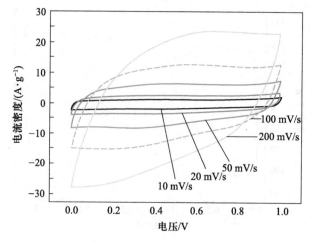

图 8 - 8　稻壳前驱体制备的介孔碳在不同电流密度下的循环伏安曲线

3. 碳化物衍生碳

碳化物衍生碳(carbide-derived carbons,CDC)是通过高温下从金属碳化物中提取碳材料作为前驱体来制备的。由于碳化物前驱体可以对多孔网络进行调节,并且与活性炭相比能更好地控制表面官能团,因此 CDC 被认为是极具前景的超级电容器电极材料。CDC 合成常用的方法是高温氯化和真空分解。碳原子在碳化物前驱体中可以通过改变温度来定向控制 CDC 中的多孔网络。例如,当使用相同的合成温度(1 200 ℃)制备的钛和碳化硅衍生碳时,会发现碳化硅衍生碳的孔径分布更窄,平均孔径更小。随着合成温度的升高,观察到两种材料具有孔径增大的共同趋势。如果合成温度超过 1 300 ℃,多孔结构通常会坍塌。故温度是定向调控 CDC 中多孔网络结构的重要因素。在超级电容器的应用中,CDC 的结构会影响电容,而倍率性能则显著取决于碳化物前驱体。研究表明,在使用$(CH_3CH_2)_3CH_3NBF_4$作为盐的有机电解液中,发现 TiC·CDC 的比电容为 70～90 F/cm^3 或 100～130 F/g。

4. 碳纳米管

碳纳米管(carbon nanotubes,CNTs)具有高比表面积和优良的导电性,是制备超级电容器电极的理想材料。纯碳纳米管的比表面积为 120～500 m^2/g,比电容为 100～200 F/g。使用单壁碳纳米管(single-walled carbon nanotubes,SWCNTs)作为电极材料,其比电容、功率密度和能量密度分别为 180 F/g,20 kW/kg 和 7 W·h/kg。外径为 10～20 nm、内径为 2～5 nm 的多壁碳纳米管(multi-walled carbon nanotubes,MWCNTs)的比表面积为 128～411 m^2/g,随着直径的增加,在 6 mol/L KOH 电解质中显示出 80 F/g 的最高比电容。在大多数情况下,采用纯碳纳米管的双电层电容器(electric double layer capacitor,EDLC)表现出高速率性能和循环稳定性。它们呈现出矩形循环伏安曲线和对称三角形恒电流充/放电曲线(如图 8 - 9 所示),表明电荷存储效率很高。

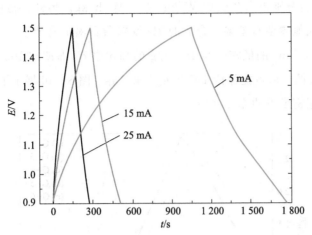

图 8-9

图 8-9　对称三角形恒流充/放电曲线

除了提高碳纳米管的比表面积外,还可提高其导电性和活性中心的数量。杂原子掺杂已被证明是实现上述目的的一种重要而有效的方法。例如,通过在碳纳米管上原位聚合苯胺单体,然后碳化聚苯胺(polyaniline,PANI)涂层碳纳米管来合成氮掺杂碳纳米管。可以通过调整苯胺的量来控制氮掺杂水平,在 6 mol/L KOH 电解质中产生的最高比电容为 205 F/g(氮掺杂为 8.64%)。并且在 1 000 次循环后,仍能保持 97.1% 的初始电容。也可通过乳液辅助蒸发十六烷制备氮掺杂的碳纳米管基球形颗粒,然后使用三聚氰胺进行氮掺杂。研究表明,在电流密度为 0.2 A/g 时其比电容为 215 F/g,与原始碳纳米管相比增大了 3 倍。

5. 石墨烯和还原氧化石墨烯

石墨烯具有与碳纳米管相似的基本碳晶格结构,所有碳原子都暴露在表面,单原子厚的二维石墨烯片显示出与碳纳米管相似的电化学性能,但具有更大的比表面积。还原氧化石墨烯(reduced graphene oxide,rGO)可直接用作双电层超级电容器电极材料。用水合肼作为还原剂可以从氧化石墨烯(graphene oxide,GO)中生成 rGO。合成的 rGO 的比电容为 135 F/g,比表面积为 705 m^2/g,低于理论值,这可能是由 rGO 聚集导致的。为了尽量减少 rGO 的聚集,可在 1 050 ℃ 下通过 rGO 的热剥离合成具有介孔结构的石墨烯,合成材料在 30% 氢氧化钾水溶液中表现出高达 150 F/g 的比电容。

对于传统的石墨烯和 rGO 电极,电解质离子只能在石墨烯片之间转移电荷,这导致离子通过石墨烯片的转移路径较长。可以通过合成多孔石墨烯片来解决这个问题,它允许离子以最小的传输路径通过孔,同时仍然保持有效的电子传输。分层结构的 3D 多孔石墨烯电极显示出 298 F/g 的高质量比电容和 212 F/cm^3 的体积比电容。对应的全封装超级电容器的能量密度高达 35 W·h/kg,这被认为是弥补超级电容器和电池之间差距的一种有效方法。同时,用杂原子掺杂石墨烯可以改善其电化学性能,用于储能应用。通过简单的等离子体工艺可以合成氮掺杂石墨烯,其比电容为 280 F/g。这归因于通过氮掺杂引入电荷转移位点,以诱导电荷调制,从而改善石墨烯的导电性,产生更高的比电容,功率和能量密度分别提高 8×10^5 W/kg 和 48 W·h/kg。另外,通过含氮前驱体水热还原 GO 可以合成氮掺杂石墨烯。合成的 3D 氮掺杂石墨烯骨架在 1 mol/L LiClO$_4$ 电解液中具有 2.1 mg/cm³ 的低密度和 484 F/g 的高比电容,即使在 100 A/g 的高电流密度下进行 1 000 次循环后也能保持 415 F/g 的比电容。图 8-10 展示了氮掺杂石墨烯电极材料在不同电流密度下的充/放电曲线。

图 8-10

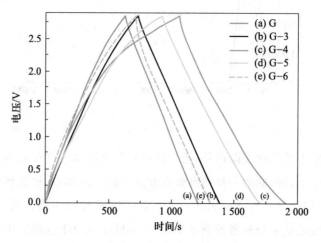

图 8-10 氮掺杂石墨烯电极材料在不同电流密度下的充/放电曲线

表 8-3 展示了双电层超级电容器中常见的碳基电极材料及其电化学性能。

表 8-3 双电层超级电容器中常见的碳基电极材料及其电化学性能

电极材料	比电容/(F·g^{-1})	功率密度/(kW·kg^{-1})	能量密度/(W·h·kg^{-1})
活性炭	115.0	12.0	70.0
介孔碳	114.0	31.0	
单壁碳纳米管	160.0	24.0	17.0
多壁碳纳米管	80.0~135.0	15.0	48.0
石墨烯水凝胶	220.0	30.0	5.7
石墨烯多孔碳	174.0	338.0	74.0

三、赝电容超级电容器电极材料

过渡金属氢氧化物和过渡金属氧化物具有很高的比电容和导电性,因此被认为适用于高能量大功率超级电容器,尤其是赝电容超级电容器的电极制造。过渡金属氧化物由于其层状结构和多种氧化状态的特性,在超级电容器中得到了广泛的应用。过渡金属氧化物可以为超级电容器提供比传统碳材料更高的能量密度,因为它们不仅像静电碳材料那样储存能量,而且在适当的电压窗口内,电极材料和离子之间也会发生电化学法拉第反应。对适用于超级电容器的过渡金属氧化物的一般要求如下:

① 氧化物应具有电子导电性;

②　金属可以以两种或两种以上的氧化状态存在,且在连续范围内共存,不存在涉及三维结构不可逆改变的相变化;

③　质子在还原时可以自由插入氧化物晶格。

到目前为止,氢氧化镍、氢氧化钴、二氧化钌、二氧化锰、四氧化三钴、氧化镍、钒氧化物等均可作赝电容超级电容器电极材料,下面将分类介绍。

1. 过渡金属氢氧化物

(1) 氢氧化镍　$Ni(OH)_2$ 作为超级电容器电极材料时,会发生氧化还原反应。当 $Ni(OH)_2$ 转变为 $NiOOH$ 时电荷被储存,该反应具有高度的氧化还原可逆性,其比电容达 3 750 F/g。同时,对于 $Co(OH)_2-Ni(OH)_2/y$ 型沸石分子筛复合材料,其比电容高达 1 710 F/g。对于层状 $Co_{0.41}Ni_{0.59}(OH)_2$,在 1 A/g 时的比电容达到 1 809 F/g。同时,这类材料若对其微孔结构进行优化可获得更好的性能。

(2) 氢氧化钴　$Co(OH)_2$ 材料具有层状结构和较大的层间间距,具有较高的比表面积和较快的离子嵌入/脱出速率。在其作为电极材料时,会发生氧化还原反应。当 $Co(OH)_2$ 转变为 $CoOOH$ 时电荷被储存,该反应具有高度的氧化还原可逆性,材料的比电容约为 2 700 F/g。

2. 过渡金属氧化物

(1) 二氧化钌　在过渡金属氧化物中,RuO_2 是超级电容器应用中研究最广泛的材料之一,尤其是在赝电容材料中,其最高比电容约为 1 000 F/g。此外,它还具有宽的电压窗口、高度可逆的氧化还原反应、高质子电导率、良好的热稳定性、长循环寿命、金属型电导率、高倍率容量等优点。当 RuO_2 用作电极材料时,会发生一系列可逆的氧化还原过程,导致 Ru^{4+},Ru^{3+} 和 Ru^{2+} 之间的氧化状态发生变化。这些独特的电化学特征导致了准矩形的循环伏安曲线(图 8-11)。但 RuO_2 高昂的成本是限制其应用的主要因素。

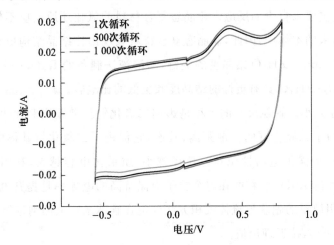

图 8-11

图 8-11　准矩形循环伏安曲线

氧化钌的赝电容行为涉及在酸性和碱性电解液中的不同反应,这反过来又显示出对结晶度的不同敏感性。在酸性电解液中,当钌的氧化状态从(Ⅱ)变为(Ⅳ)时,表面会发生快速可逆的电子转移和质子的电吸附,质子插入/脱插入过程中的变化发生在 1.2 V 电压窗口内。目前 RuO_2 电极已经实现了 600 F/g 以上的比电容,但钌基水溶液价格昂贵,并且其 1 V 工作电压窗口限制了其在小型电子设备上的应用。为了使用更宽的电压窗口,可以使用含有质子替代物(如 Li^+)的有机电解质。在碱性溶液中,钌在充电时被氧化成 RuO_4^{2-},RuO_4^- 与 RuO_4,放电时被还原为 RuO_2。以下因素会影响钌氧化物的电化学行为。

① 比表面积。RuO_2 的赝电容主要来自表面反应。因此,提高 RuO_2 比电容的最有效方法之一就是增加 RuO_2 的比表面积。可以在粗糙表面的基底上沉积 RuO_2、制作纳米级氧化物电极等,通过创造足够大的微孔供离子扩散,从而最大限度地扩大 RuO_2 的比表面积。例如,在钛基板上沉积的水合氧化钌($RuO_2 \cdot H_2O$)薄电极具有高的可逆性、良好的循环稳定性和优越的功率特性。$RuO_2 \cdot H_2O$ 电极的最大比电容高达 786 F/g。

② 含水量。与刚性试样相比,$RuO_2 \cdot xH_2O(0 \leqslant x \leqslant 3)$ 试样中的氢原子具有相对的流动性。因此,在 RuO_2 中的水合水可以增强电极层中阳离子的扩散。事实上,含水氧化钌是一种良好的质子导体(H^+ 扩散系数达到 $10^{-8} \sim 10^{-12}$ cm^2/s),通过含水微孔、中孔或中间层的快速离子传导会导致电容行为的增加。通常,化学形成的 RuO_2 仅在表面 Ru 原子的一小部分具有氧化还原活性,而电解形成的 RuO_2 具有更多的水合氧化态,其中相当大部分的 Ru 原子具有氧化还原活性。对于室温干燥产物,$RuO_2 \cdot xH_2O$ 的水含量 x 通常为 0.9,根据制备条件,还可以得到 $RuO_2 \cdot 3H_2O$ 和 $RuO_2 \cdot 2H_2O$。提高退火温度会导致化学结合水的损失,抑制质子的嵌入,并导致比电容的降低。

③ 结晶度。RuO_2 材料的赝电容也与结晶度密切相关。对于全晶体结构,膨胀或收缩的过程较为困难,因此,它阻止了质子渗透到大块材料中,导致扩散被限制,从而破坏了连续可逆的氧化还原反应。结晶度好的 RuO_2 的电容主要来自表面反应。晶态 RuO_2 的氧化还原反应主要来自表面反应。非晶态复合材料的氧化还原反应不仅发生在表面,而且也发生在粉末的本体中,因此,非晶态复合材料表现出比结晶结构更加优越的性能。合成方法是决定 $RuO_2 \cdot xH_2O$ 结晶度的关键,与溶液法制备的 $RuO_2 \cdot xH_2O$ 相比,水蒸气法制备的 $RuO_2 \cdot xH_2O$ 具有更好的结晶度和更低的比电容。

④ 颗粒尺寸大小。颗粒尺寸的大小是影响二氧化钌扩散距离和比表面积的关键因素。首先,它缩短了二氧化钌的扩散距离;其次,它促进了二氧化钌基体中质子的迁移,增加了比表面积,增强了电活性位点。粒径越小,质量比电容越大,利用效率越高。因此,制备纳米尺寸的 RuO_2 颗粒并在整个粒子中保持高的电导率是提升电极效率的关键之一。例如,使用简单的超临界流体沉积方法固定在碳纳米管上的纳米级结晶 RuO_2,其比电容高达 900 F/g,接近理论值。

(2) 二氧化锰　因为 MnO_2 具有相对较低的成本、低毒和环境安全性,以及理论上高达 1 100~1 300 F/g 的高比电容。MnO_2 可以作为 RuO_2 的替代品。MnO_2 的电容主要来自赝电容,赝电容主要来自质子或阳离子与电解质交换的可逆氧化还原跃迁,以及

电解质电压窗口内 Mn^{3+}/Mn^{2+}，Mn^{4+}/Mn^{3+} 和 Mn^{6+}/Mn^{4+} 之间的跃迁。尽管储能机制具有氧化还原性质，但二氧化锰基电极也可以表现出典型的矩形循环伏安曲线（见图 8-12），类似于非法拉第储能机制。物理性质（如微观结构和表面形貌）和化学因素（如氧化物的价态和含水状态）都会影响锰氧化物的赝电容性能。主要有以下几个方面。

① 结晶度。与 RuO_2 相似，MnO_2 中结晶度过高，会限制其质子化或脱质子化反应。虽然高结晶度可以提高导电性，但同时也会损失表面积。另一方面，虽然较低的结晶度会导致多孔结构，但由此产生的 MnO_2 的导电性较低。因此，在固相的电导率和孔隙中的离子传输之间应该有一种平衡。对于与结晶度相关的电导率，退火温度在获得最佳电导率方面起着重要作用。与未进行热处理的 MnO_2 相比，200 ℃热处理的 MnO_2 在高扫描速率下表现出更高的比电容，在低扫描速率下表现出更低的比电容。这一现象可能是由于在 200 ℃处理的膜具有较低的开孔率和较低的比表面积。在高扫描速率下，H^+ 和 Na^+ 的扩散受到限制，一些孔隙和空隙无法进入。锰氧化物在适当的退火温度下可以获得良好的赝电容性能。

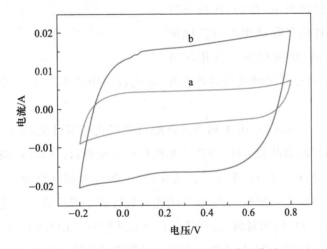

图 8-12 二氧化锰电极矩形循环伏安曲线

② 晶体结构。结晶 MnO_2 材料具有多种晶体结构，包括 $\alpha-MnO_2$，$\beta-MnO_2$，$\gamma-MnO_2$ 和 $\delta-MnO_2$。其中，$\alpha-MnO_2$，$\beta-MnO_2$，$\gamma-MnO_2$ 具有（2×20）八面体的隧道结构，$\alpha-MnO_2$ 具有较大的隧道结构相，$\beta-MnO_2$ 具有 1×1 的八面体单元（致密相），而 $\delta-MnO_2$ 具有相对开放的层状结构（如图 8-13 所示）。不同的制备条件可以导致不同 MnO_x 结构的形成。例如，随着前驱体酸度的逐渐增加，$\delta-MnO_2$ 会经过具有相对较大的隧道结构相 $\alpha-MnO_2$，最终形成致密的 $\beta-MnO_2$。在 NaOH 或 KOH 溶液中，产物主要为 $\delta-MnO_2$ 相。这些 MnO_2 的结构变化导致了电子和离子电导率的显著变化，影响了材料的赝电容行为。

③ 电极层厚度。由于二氧化锰的低电导率，其比电容随电极层厚度的增加而减小。例如，当纳米结构 MnO_2 的沉积负载从 50 mg/cm² 增加到 200 mg/cm² 时，比电容从

400 F/g 下降到 177 F/g。薄电极层的主要好处包括：由于质子扩散的传输路径较短而降低串联电阻；电解液容易接触到二氧化锰的活性表面；更高的电子导电性。当 MnO_2 层均匀分散在导电和多孔碳质材料上时，可以获得较高的比电容。研究表明，MnO_2 薄层即使在 500 mV/s 的高电位扫描速率下也能产生 149 F/g 的高比电容。

④ 比表面积和孔隙结构。与 RuO_2 一样，更大的比表面积意味着更多的法拉第活性位点，从而产生更高的赝电容。通常，金属氧化物材料的比电容会随其表面积的增加而显著增加。例如，纤维状电极具有较高的表面积和包含更多的氧化还原反应的活性位点。材料的多孔结构可以为电解液提供更多的通道，导致更少的电化学极

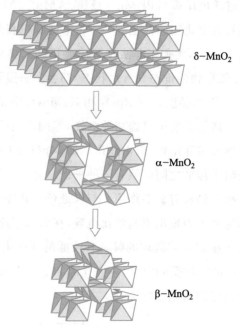

图 8-13   不同晶相 MnO_2 晶胞结构示意图

化。此外，高孔隙率可以缓解电极内部在充/放电过程中产生的应力，保护电极免受物理损伤。

（3）四氧化三钴 Co_3O_4 由于具有优良的可逆氧化还原性能、大比表面积、高电导率、长期性能和良好的腐蚀稳定性，被认为是优良的电极材料。Co_3O_4 的环境毒性低，理论比电容为 3 560 F/g。在电化学反应过程中，赝电容行为和电池型行为都会对电容产生影响，导致电容值变高。然而，实际器件的比电容远低于理论值。因此，通过合成具有合适纳米结构的 Co_3O_4 纳米材料，特别是具有介孔结构的 Co_3O_4 纳米材料，以改善超级电容器器件中电极及电极与电解质界面上的电子和离子传输。例如，利用溶液中 Co^{2+} 与聚丙烯酰胺模板中的氨基之间的强化学作用，合成了粒径约为 3 nm 的介孔纳米晶体 Co_3O_4，并获得了 401 F/g 的比电容。

通过液晶模板电沉积法可制备分层多孔 Co_3O_4 膜，所制得的 Co_3O_4 膜在 2 A/g 的电流密度下的比电容为 443 F/g，在 40 A/g 时的比电容为 334 F/g。采用溶胶-凝胶法制备了具有相互连接的大孔和介孔结构的超细 Co_3O_4 纳米材料。在 5 mV/s 的扫描速率下，Co_3O_4 材料的比电容为 742.3 F/g，2 000 次循环后比容量保持率为 86.2%。

图 8-14 给出了典型的 Co_3O_4 超级电容器的充/放电电压与时间曲线。如图所示，在各种电流密度下的纳米片阵列，其充/放电电压与时间曲线呈现出一种对称的三角形形状，表明其具有良好的超级电容器行为。

（4）氧化镍   由于 NiO 易于合成，具有较高的比电容（理论比电容为 3 750 F/g），且环境友好，成本低廉，因此被认为是赝电容超级电容器的潜在电极材料。

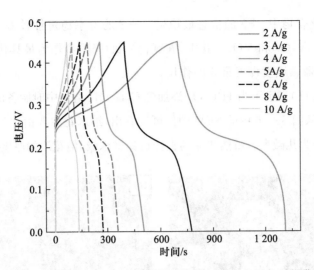

图 8 - 14

图 8 - 14　典型的 Co_3O_4 超级电容器的充/放电电压与时间曲线

　　NiO 不理想的多孔结构限制了电解质离子的运输,导致电荷存储/传输的电化学过程缓慢,为了消除这种不理想的多孔结构,可以使用具有分级多孔结构的镍氧化物。同时,制备方法会影响 NiO 的电化学行为。例如,通过化学合成的 NiO 的立方结构,表现出的最大比电容为 167 F/g,而通过溶胶-凝胶法合成的多孔 NiO 表现出 200～250 F/g 的比电容并且在 250 ℃ 退火后比电容达到 696 F/g。

　　(5)镍钴双金属氧化物　$NiCo_2O_4$ 具有良好的电化学活性和导电性。$NiCo_2O_4$ 作为赝电容超级电容器电极材料,在 1 mol/L NaOH 溶液中以 25 mV/s 的扫描速率获得的比电容高达 1 400 F/g。能量的储存是通过 $NiCo_2O_4$ 向镍、钴氢氧化物的可逆转化及可逆氧化还原反应进行的。为了表征介孔 $NiCo_2O_4$ 的高功率性能,在不同电流密度下的介孔 $NiCo_2O_4$ 电极的充/放电曲线如图 8 - 15 所示。由于镍/钴阳离子和 OH^- 阴离子之间的氧化还原反应是通过电极晶界的扩散控制过程,使得比电容随着电流密度的增加而降低。

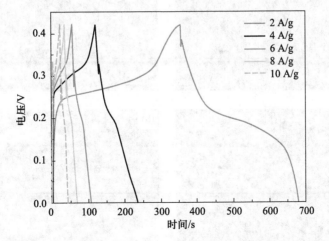

图 8 - 15

图 8 - 15　不同电流密度下介孔 $NiCo_2O_4$ 电极的充/放电曲线

　　(6)钒氧化物　钒的价电子状态丰富(+5,+4,+3,+2),具有良好的赝电容特性。

在钒形成的众多化合物中，+5 的价态最稳定。+2 的价态稳定性较差，因此研究最多的钒化合物是 V_2O_5，V_2O_3 和 VO_2。其中，五氧化二钒（V_2O_5）作为最具代表性的钒氧化物之一，在超级电容器领域发挥着重要的作用。

图 8-16(a)和(b)显示了当 $H_2C_2O_4$ 添加到 C_2H_5OH 溶液中时制备的 V_2O_5 纳米花结构的 SEM 图像。从图 8-16 中的 SEM 图像可以看出，纳米花主要由均匀的薄片组成。花状球体的平均直径为几微米。虽然花球的直径达到微米级，但花瓣的厚度只有几十纳米。

图 8-16

图 8-16　V_2O_5 的纳米花(a,b)、纳米球(c,d)、纳米线(e,f)、纳米棒(g,h)结构的 SEM 图像

图 8-17 展示了在不同扫描速率下纳米花结构 V_2O_5 电极在 Na_2SO_4 电解液中的循环伏安曲线。从每条循环伏安曲线可以观察到一对明显的氧化还原峰,其中一个阳极峰在正电流密度处,一个阴极峰在负电流密度处,这主要是由于离子嵌入和脱出反应引起的氧化还原反应。在 1 000 次循环后的比容量保持率为 89%。

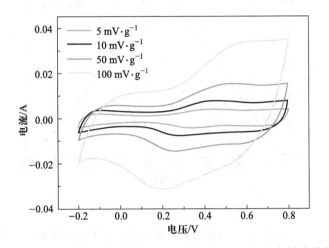

图 8-17

图 8-17　在不同扫描速率下纳米花结构 V_2O_5 电极在 Na_2SO_4 电解液中的循环伏安曲线

V_2O_5 纳米结构具有多种形式,还包括纳米球、纳米线和纳米棒(图 8-16),通过比较它们的电化学性能后发现,产品的形态取决于制备过程中使用的溶剂和酸的类型。以 C_2H_5OH 为溶剂,可制备 V_2O_5 零维纳米球。当 H_2O 参与反应时,得到一维纳米线和纳米棒。电化学测试表明,棒状结构显著提高了储液能力、电化学动力学和速率能力。在 1 mol/L Na_2SO_4 电解液中,当电流密度为 1 A/g 时,一维 V_2O_5 纳米棒的比电容最大,为 235 F/g。

3. 赝电容超级电容器电极材料改性

在赝电容超级电容器电极材料的合成过程中,可以通过元素掺杂或与其他材料复合的方式来提升电极材料的性能。通过改性,由于各个组分的协同作用,可以使过渡金属氧化物赝电容的电化学性能得到显著提高。特别是具有三维结构的复合材料可以更快速、更高效地输送电子和离子。

(1)二氧化钌复合材料　为了降低贵金属的使用成本,可以将 RuO_2 与廉价的金属氧化物如 SnO_2,MnO_2,NiO,VO_x,TiO_2,MoO_3,WO_3 和 CaO 结合,形成复合氧化物电极。例如,通过沉积,可将 SnO_2 沉积到 RuO_2 表面形成 SnO_2-RuO_2 复合电极,SnO_2-RuO_2 复合电极的比电容为 710 F/g。

(2)二氧化锰复合材料　将 MnO_2 与石墨、碳纳米管等材料进行复合,可以提高复合电极的电子导电性,保证 MnO_2 的有效利用。复合电极一般会表现出更高的比电容和更高的能量/功率密度。例如,石墨烯与高锰酸钾在微波辐射下合成的石墨烯-MnO_2 复合材料,在 2 mV/s 的电流密度下显示出 310 F/g 的比电容。电化学性能的改善可能是

由于增加了 MnO_2 与电解质之间的有效界面面积,以及 MnO_2 与石墨烯之间的接触面积。图 8-18 展示了石墨烯-MnO_2 复合材料在不同电流密度下的充/放电曲线图。

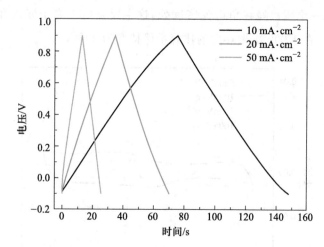

图 8-18　石墨烯-MnO_2 复合材料在不同电流密度下的充/放电曲线图

（3）四氧化三钴复合材料　采用浸渍法可将 Co_3O_4 嵌入 SBA-15 颗粒（一种介孔分子筛）中形成 Co_3O_4 复合材料,所得到的复合结构增强了通道内的荷电离子传输。Co_3O_4-SBA-15 复合材料的最大比电容可达 1 086 F/g,在循环 10 000 次后仍能保持 90% 的初始电容。

（4）镍钴双金属氧化物复合材料　研究表明,通过无模板法可合成一维（1D）超层介孔 $NiCo_2O_4$ 纳米线（图 8-19）材料。该介孔纳米线电极在 1 A/g 电流密度下的比电容为 401 F/g,循环稳定性极佳（循环 5 000 次后电容损失仅为 10%）。同时,在 300 ℃ 加热的尖晶石 $NiCo_2O_4$ 纳米结构在 0.5 A/g 电流密度下的最大比电容为 524 F/g,在 10 A/g 电流密度下的最大比电容为 419 F/g,具有良好的循环稳定性,在 2 500 次循环后的电容损失仅为 9%。

图 8-19　一维（1D）超层介孔 $NiCo_2O_4$ 纳米线示意图

在三维石墨烯泡沫镍上可合成介孔 $NiCo_2O_4$ 纳米针,如图 8-20 所示,并用于构建超级电容器。$NiCo_2O_4$ 纳米针在 1 A/g 电流密度下的比电容为 1 588 F/g,在 5 kW/kg 功率密度下的能量密度为 33.88 W·h/kg。

图 8-20　石墨烯泡沫镍上合成的介孔 NiCo₂O₄ 纳米针

表 8-4 展示了赝电容超级电容器中常见的过渡金属氧化物电极材料。

表 8-4　赝电容超级电容器中常见的过渡金属氧化物电极材料

电极材料	比电容/(F·g⁻¹)	功率密度/(kW·kg⁻¹)	能量密度/(W·h·kg⁻¹)
RuO₂	1 000.0		
MnO₂	1 100.0~1 300.0	1.7	17.8
Co₃O₄	3 560.0	1.2	15.0
NiCo₂O₄/NiO 复合材料	417.0	0.2	19.0
石墨/CoMoO₄	210.0	1.4	74.4
CoNi/碳纳米管	252.4	22.8	98.0

第 3 节　超级电容器电解液

■ 本节导读

电解液是超级电容器的组成成分之一,是决定其性能的重要因素。电解质离子大小与碳基材料孔径大小的匹配对比电容有较大影响。过渡金属氧化物产生的赝电容也取决于电解质的性质。电解质,尤其是有机电解液的离子电导率对超级电容器内阻起着重要作用。本节将详细介绍超级电容器水系电解液、有机电解液和固态电解质,帮助读者更好地了解电解液对超级电容器性能的影响。

■ 学习目标

1. 掌握水系电解液的各种性质;

2. 掌握有机电解液的各种性质;

3. 掌握固态电解质的各种性质。

■ 知识要点

1. 水系电解液的各种性质；

2. 有机电解液的各种性质；

3. 固态电解质的各种性质。

一、水系电解液

水系电解液价格低廉，在没有特殊条件的情况下，可以很容易地在实验室中处理，从而大大简化了制造和组装过程。但水作溶剂时较窄的电压窗口限制了其在商业超级电容器中的应用。通常，水系电解液表现出较高的电导率(例如，在 25 ℃条件下，1 mol/L H_2SO_4 的电导率为 0.8 S/cm^2)，这至少比有机和离子液体电解质的高一个数量级。水系电解液的选择标准一般考虑负离子和水合正离子的大小及离子的迁移率，这不仅影响离子电导率，还影响比电容值。此外，还应考虑电化学标准势窗(electrochemical standard potential window，ESPW)和电解液的腐蚀程度。一般来说，水系电解液可分为酸、碱和中性溶液，其中 H_2SO_4，KOH 和 Na_2SO_4 是代表，也是最常用的电解质。如前所述，水系电解质的主要缺点是受水分解的限制，ESPW 较窄。例如，与标准氢电极(standard hydrogen electrode，SHE)相比，析氢发生在约 0 V 的负电极电势时，析氧发生在约 1.23 V 的正电极电势时，由此产生的超级电容器的电压约为 1.23 V。为了避免气体的析出，超级电容器电解液的电压一般限制在 1.0 V 左右。表 8-5 列出了典型的酸性水系电解液超级电容器及其性能参数。可以看出，对于酸性水系电解液，无论电极材料如何，电池电压均限制在 1.3 V 以内。此外，超级电容器与水系电解液的工作温度必须限制在高于水的凝固点和低于水的沸点的范围内。

1. 酸性水系电解液

酸性水系电解液是大多数超级电容器的主要选择。在各种酸性电解液中，H_2SO_4 是水系超级电容器最常用的电解液，这主要是因为它具有较高的离子电导率(25 ℃时，1 mol/L H_2SO_4 电解液的离子电导率为 0.8 S/cm)。由于电导率强烈依赖于 H_2SO_4 的浓度，H_2SO_4 电解液获得最大离子电导率的最佳浓度是提升其性能的关键。一般情况下，当浓度过低或过高时，电解液的离子电导率降低。由于 H_2SO_4 电解液在 25 ℃下，浓度为 1.0 mol/L 时的离子电导率最大，大多数情况都使用 1.0 mol/L H_2SO_4 电解液，尤其常用于使用碳基电极材料的超级电容器。

表 8-5　典型的酸性水系电解液超级电容器及其性能参数

水系电解液	电极材料	比电容 F·g^{-1}	电压 V	能量密度 W·h·kg^{-1}	功率密度 W·kg^{-1}
2 mol/L H_2SO_4 电解液	宏观/中孔石墨化碳	105.0	0.80	4.0	20.0
1 mol/L H_2SO_4 电解液	微孔碳	100.0	1.0	～3.8	～100.0

水系电解液	电极材料	比电容 $\dfrac{F \cdot g^{-1}}{}$	电压 $\dfrac{V}{}$	能量密度 $\dfrac{W \cdot h \cdot kg^{-1}}{}$	功率密度 $\dfrac{W \cdot kg^{-1}}{}$
2 mol/L H_2SO_4 电解液	杂原子掺杂碳纤维	204.9	1.0	7.8	~100.0
0.5 mol/L H_2SO_4 电解液	RuO_2-石墨烯	479.0	1.2	20.3	600.0
1 mol/L H_2SO_4 电解液	层状多孔框架	428.1	0.80	37.4	197.0
1 mol/L H_2SO_4 电解液	聚苯胺-石墨烯	749.0	0.70	11.3	106.7

（1）双电层超级电容器用酸性水系电解液　在 H_2SO_4 电解液中得到的双电层超级电容器的比电容比中性电解液中得到的高。此外，由于 H_2SO_4 电解液的离子电导率高于中性电解质的，因此使用 H_2SO_4 电解液的超级电容器的等效串联电阻普遍低于使用中性电解质的等效串联电阻。同时，研究发现活性炭的比电容与电解液电导率之间存在着一定的关系，即其比电容随电解液电导率的增大而增大。对于双电层超级电容器使用的酸性电解质如 H_2SO_4 电解液的比电容主要为 $100 \sim 300$ F/g。结果表明，当使用相同的电极材料，H_2SO_4 电解液基双电层超级电容器也比有机电解液基双电层超级电容器具有更高的比电容。

（2）赝电容超级电容器用酸性水系电解液　由于不同电解液的表面性能不同，电解液的性质对赝电容的性能有很大的影响。这是由于在特定的表面官能团发生快速的氧化还原反应，如含氧碳材料。可以通过在碳表面引入氧、氮和磷等杂原子或某些表面官能团（如蒽醌）来进一步增强其表面性能。例如，表面醌类官能团在酸性电解液（如 H_2SO_4 电解液）存在时表现出赝电容效应，其反应如图 8-21 所示。而在碱性电解液中，这种效应几乎观察不到。

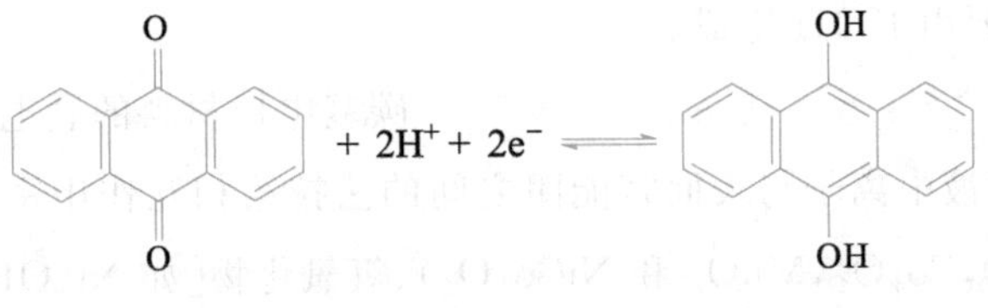

图 8-21　表面醌类官能团在酸性电解液中的赝电容反应

此外，赝电容也可以从其他赝电容材料中得到，如金属氧化物、硫化物和导电聚合物，这些材料在水溶液中比碳基材料具有更高的理论比电容。然而，由于这些电极材料对电解质的类型和 pH 的敏感性，通常在酸性水溶液中并不稳定。因此，除 RuO_2 外，其他几种非碳材料均可用于强酸性电解液的赝电容超级电容器。

（3）混合型超级电容器用酸性水系电解液　当在水溶液（如 H_2SO_4 水溶液或 KOH 水溶液）中使用具有同类型电极材料的对称超级电容器时，电池的最大电压受到气体析出反应的限制。然而，如果使用非对称配置的超级电容器，即使在水溶液中也可以有更宽的工作电压窗口。在超级电容器中，两种不同电极的组合可以在不同的电压窗口中互补地工作,使其在水溶液中具有较高的工作电压。迄今为止,已在强酸电解液中测试了几种类型的混合型超级电容器,如碳/PbO$_2$、碳/RuO$_2$、碳/ECPs,并证明了其应用的可行性。例如,含有 H$_2$SO$_4$ 电解液的碳/PbO$_2$ 混合型超级电容器的典型能量密度值范围为 25~30 W·h/kg,远高于含有相同 H$_2$SO$_4$ 电解液的对称碳基双电层超级电容器的值(3~6 W·h/kg)。在 1 mol/L H$_2$SO$_4$ 电解液中的电化学电压循环过程中,PbO$_2$ 纳米线的结构会发生改变,导致循环稳定性较差。

2. 碱性水系电解液

碱性水系电解液是另一类广泛使用的水溶液电解液。在各种碱性水系电解液中,KOH 电解液因其高离子电导率(25 ℃时 6 mol/L KOH 电解液的最大离子电导率为 0.6 S/cm)而被广泛使用,其他碱性水系电解液,如 NaOH 和 LiOH,也被研究过。这些碱性水系电解液可用于碳基双电层超级电容器、赝电容超级电容器[如 Ni(OH)$_2$ 和 Co$_3$O$_4$]和混合型超级电容器。表 8 - 6 展示了部分碱性水系电解液超级电容器及其性能参数。

表 8 - 6　部分碱性水系电解液超级电容器及其性能参数

水系电解液	电极材料	比电容 F·g^{-1}	电压 V	能量密度 W·h·kg^{-1}	功率密度 W·kg^{-1}	温度 ℃
6 mol/L KOH 电解液	花状多孔碳材料	294.0	1.0			室温
6 mol/L KOH 电解液	多孔石墨烯	303.0	1.0	6.5	50.0	室温
6 mol/L KOH 电解液	碳纳米管	202.0	0.9	4.9	150.0	室温
2 mol/L KOH 电解液	NiCo$_2$O$_4$ 纳米管	1 347.0	0.4	38.5	205.0	室温

（1）双电层超级电容器用碱性水系电解液　由于目前在 KOH 电解液中的双电层超级电容器的比电容和能量密度值与在 H$_2$SO$_4$ 电解液中的值大体相似,所以目前常用的碱性水系电解液主要由 KOH 组成。

（2）赝电容超级电容器用碱性水系电解液　碳基电极材料的赝电容是由碳表面官能团贡献的,这与电解液中离子与表面官能团之间的法拉第相互作用密切相关。在用过渡金属氧化物(如 NiO,Co$_3$O$_4$,MnO$_2$ 和 NiCo$_2$O$_4$)、氢氧化物[如 Ni(OH)$_2$,Co(OH)$_2$]、硫化物(如 CoS)等材料作为电极材料的超级电容器中,可以使用碱性水系电解液。

例如,Co$_3$O$_4$ 纳米膜在 2 mol/L KOH 电解液中获得了高达 1 400 F/g 的比电容。正常情况下,电解液的性质,如离子类型、浓度和工作温度都会影响超级电容器的性能。例如,观察到碱性电解液浓度会影响等效串联电阻、比电容及氧析出反应。

（3）混合型超级电容器用碱性水系电解液　为了提高能量密度,可以使用具有宽势窗的碱性电解液基混合型超级电容器。一般来说,对于混合型超级电容器,正极与负极是不同的。正极为电池型电极[如 Ni(OH)$_2$]或赝电容型电极(如 RuO$_2$),电荷通过法拉第反应储存;负极为碳基电极,电荷主要由双电层储存。在 KOH 电解液中,这些不对称超级电容器的工作电池电压被有效提高,如碳/Ni(OH)$_2$ 的工作电池电压为 1.7 V,碳/

$Co(OH)_2$ 的工作电池电压为 $1.4\sim1.6\ V$,碳$/Co_3O_4$ 的工作电池电压为 $1.4\ V$,碳$/Ni_3S_2$ 的工作电池电压为 $1.6\ V$,碳$/RuO_2-TiO_2$ 的工作电池电压为 $1.4\ V$。

3. 中性水系电解液

除酸性和碱性水系电解液外,中性水系电解液因具有更大的电压窗口、较小的腐蚀性和更高的安全性而被广泛应用于超级电容器。中性水系电解液中典型的导电盐包括锂盐(如 $LiCl$,Li_2SO_4 和 $LiClO_4$)、钠盐(如 $NaCl$,Na_2SO_4 和 $NaNO_3$)、钾盐(如 KCl,K_2SO_4 和 KNO_3)、钙盐[如 $Ca(NO_3)_2$]和镁盐(如 $MgSO_4$)。在各种中性水系电解液中,Na_2SO_4 是最常用的,也是许多赝电容材料(特别是 MnO_2 基材料)的理想电解液。这些中性水系电解液大多用于赝电容超级电容器和混合型超级电容器。表 8-7 总结了几种常见的中性水系电解液超级电容器及其性能参数。

表 8-7　几种常见的中性水系电解液超级电容器及其性能参数

水系电解液	电极材料	比电容 $F \cdot g^{-1}$	电压 V	能量密度 $W \cdot h \cdot kg^{-1}$	功率密度 $W \cdot kg^{-1}$	温度 $℃$
1 mol/L Na_2SO_4 电解液	花状多孔碳材料	80.0	1.8	15.9	317.5	室温
0.5 mol/L Na_2SO_4 电解液	微孔碳	60.0	1.8	～7	～40.0	室温
1 mol/L KCl 电解液	$MnCl_2$ 碳纳米管	546.0	1.6	194.1	～550.0	室温
1 mol/L Li_2SO_4 电解液	活性炭	180.0	2.2			室温
0.65 mol/L K_2SO_4 电解液	介孔 MnO_2	224.88	1.0	～24.1	～70.0	室温

(1) 双电层超级电容器用中性水系电解液　中性水系电解液的双电层超级电容器的比电容低于 H_2SO_4 电解液或 KOH 电解液的值。由于离子电导率较低,使用中性水系电解液的超级电容器的等效串联电阻一般低于使用 H_2SO_4 或 KOH 电解液的超级电容器的值。然而,与酸性和碱性水溶液相比,因为电解液稳定电势窗增加,使用中性水系电解液的碳基超级电容器可以提供更大的工作电压。与酸性水系电解液和碱性水系电解液相比,中性水系电解液的 H^+ 和 OH^- 浓度较低,因此氢和氧析出反应的过电势较高,表现为电化学标准势窗的增加。中性水系电解液的工作电压高于 KOH 和 H_2SO_4 电解液的工作电压(碳基对称超级电容器中通常为 $0.8\sim1\ V$),中性水系电解液的腐蚀性一般小于强酸性和强碱性水系电解液的腐蚀性。

对于中性水系电解液,获得高盐浓度是一个重要的问题。但这对酸性和碱性水系电解液来说却不是问题,因为它们可以达到很高的浓度(例如,6 mol/L 的 KOH 电解液)。然而,有些盐(如 K_2SO_4)不能达到如此高的浓度,特别是在较低温度下使用时。对于碱金属硫酸盐电解液,包括 Li_2SO_4,Na_2SO_4 和 K_2SO_4,其在超级电容器中的比电容值大小次序为 $Li_2SO_4 > Na_2SO_4 > K_2SO_4$。等效串联电阻的大小次序为 $Li_2SO_4 > Na_2SO_4 > K_2SO_4$,功率密度和速率性能的增大值顺序为 $Li_2SO_4 < Na_2SO_4 < K_2SO_4$。

(2) 赝电容超级电容器用中性水系电解液　在中性水系电解液中,MnO_2 和 V_2O_5

基电极材料已被证明是很有前途的超级电容器赝电容材料。由于电解质离子直接参与了电荷存储过程,因此中性水系电解液的性质将对赝电容性能产生显著影响。中性水系电解液的各种因素,如 pH、阳离子和阴离子种类、盐浓度、添加剂和溶液温度,都对超级电容器的性能有影响。在 MnO_2 基介孔电极的比电容值和相应的能量、功率密度由大到小依次为 $Li_2SO_4 > Na_2SO_4 > K_2SO_4$。这种现象与这些碱金属离子未溶剂化的离子尺寸的大小顺序有关,即 $Li^+ < Na^+ < K^+$,说明较小的离子尺寸有利于提高比电容。相反,几项使用 MnO_2 作为电极材料的研究表明,钠盐(如 Na_2SO_4 和 NaCl)比 Li^+ 盐和 K^+ 盐具有更高的比电容。当以 $K_xMnO_2 \cdot nH_2O$ 作为电极材料,K_2SO_4 比 Na_2SO_4 和 Li_2SO_4 具有更高的比电容。

(3) 混合型超级电容器用中性水系电解液　中性水系电解液也被广泛用于混合型超级电容器。与之前在强酸或强碱水系电解液中使用电池型正极的混合型超级电容器,如 $AC//PbO_2$ 和 $AC//Ni(OH)_2$ 相比,中性水系电解液中的混合 $AC//MnO_2$ 超级电容器由于 MnO_2 的赝电容行为而具有较长的循环寿命。目前混合型超级电容器使用的中性水系电解液主要是硫酸盐基电解液。这些混合型超级电容器可以达到 $1.8 \sim 2.0$ V 的工作电压,比使用酸性和碱性水系电解液的混合型超级电容器可达到的工作电压更高。综上所述,在超级电容器中使用中性水系电解液不仅可以解决腐蚀问题,而且提供了一种经济、环保的手段来提高工作电压,从而提高能量密度。

二、有机电解液

有机电解液基的超级电容器具有较高的操作电压窗口(通常在 $2.5 \sim 2.8$ V),目前在商业市场上占据主导地位。使用有机电解液可以采用更便宜的材料(如铝)用于当前的集流体和封装。商用双电层超级电容器的典型有机电解液是溶解在乙腈(acetonitrile,ACN)或碳酸丙烯酯(PC)溶剂中的导电盐,如四乙基四氟硼酸铵(TEABF₄)。与使用水系电解液的超级电容器相比,使用有机电解液的超级电容器通常具有较高的成本、较小的比电容、较低的电导率,同时还存在与可燃性、挥发性和毒性相关的安全问题。此外,有机电解液需要在严格控制的环境中进行复杂的净化和组装过程,以去除残留的杂质。

1. 双电层超级电容器有机电解液

碳基电极材料的超级电容器在有机电解液中获得的比电容通常低于在水系电解液中的比电容。一般来说,有机电解液具有较大的溶剂化离子尺寸和较低的介电常数,这会导致较低的比电容值。此外,碳基电极材料的赝电容贡献在有机电解液中很小甚至可以忽略不计,如 $TEABF_4/ACN$。当与水系电解液相比时有机电解液的另一个缺点是其较低的离子电导率。例如,常用的 1 mol/L $TEABF_4/ACN$ 电解液的离子电导率为 0.06 S/cm,显著低于 30%(质量分数) H_2SO_4 电解液的离子电导率(25 ℃时0.8 S/cm)。

有机电解液降解的主要原因包括:

① 宽电压窗口会加速电极材料的氧化。当电池电压高于 2.5 V 的典型值时,如高于 3 V 时,电极材料可能发生氧化,这可能会导致电解液分解和电极被氧化从而产生气体析出。

② 电解液离子插层或有机电解液的电化学反应也会导致超级电容器性能的退化。

③ 恶劣的工作条件(如峰值温度、工作电压高)也会导致超级电容器性能的退化。

表 8-8 总结了典型双电层超级电容器有机电解液及其性能参数。

表 8-8　典型双电层超级电容器有机电解液及其性能参数

有机电解液	电极材料	比电容 $\dfrac{}{F \cdot g^{-1}}$	电压 $\dfrac{}{V}$	能量密度 $\dfrac{}{W \cdot h \cdot kg^{-1}}$	功率密度 $\dfrac{}{W \cdot kg^{-1}}$
1 mol/L TEABF$_4$/ACN	多孔碳纳米片	120.0~150.0	2.7	25	2 500.0~2 700.0
1 mol/L TEABF$_4$/PC	石墨烯-碳纳米管复合材料	110.0	3.0	34.3	400.0
1 mol/L SBPBF$_4$/ACN	碳	109.0	2.3		30.0~60.0
1 mol/L LiPF$_4$/(EC-DEC 1:1)	杂原子掺杂多孔碳片	126.0	3.0	29.0	224.3
1 mol/L NaPF$_4$/(EC-DEC-PC-EA 1:1:1:0.5)	微孔碳化物	120.0	3.4	~40.0	~90.0
1 mol/L LiPF$_6$/(EC-DEC 1:1)	商业活性炭	120.0	3.5	74.0	~100.0
1 mol/L LiTFSI/ACN	MnO$_2$ 纳米棒	36.9	2.0	15.4	436.5

TEABF$_4$:四乙基四氟硼酸铵;ACN:乙腈;PC:碳酸丙烯酯;EC:碳酸乙烯酯;DEC:碳酸二乙酯;SBPBF$_4$:螺-(1,10)-联吡咯烷鎓四氟硼酸盐;LiPF$_4$:四氟磷酸锂;NaPF$_4$:四氟磷酸钠。

2. 赝电容超级电容器有机电解液

除双电层超级电容器外,有机电解液还可用于赝电容超级电容器。为了方便离子的嵌入/脱出,大部分用于赝电容超级电容器的有机电解液都含有锂离子,因为它们的裸离子尺寸较小。LiClO$_4$ 和 LiPF$_6$ 是这些有机电解液中使用的典型盐。典型有机溶剂有 PC,ACN 或不同溶剂的混合物,如 EC(碳酸乙烯酯)-DEC(碳酸二乙酯),EC-DMC(碳酸二甲酯),EC-EMC(碳酸甲乙酯),EC-DMC-EMC,EC-DMC-DEC。实际上,这些有机电解液大部分都广泛应用于锂离子电池中。常见赝电容超级电容器有机电解液及其性能参数如表 8-9 所示。

表 8-9　常见赝电容超级电容器有机电解液及其性能参数

有机电解液	电极材料	比电容 $F \cdot g^{-1}$	电压 V	温度 ℃
1 mol/L LiPF$_6$/(EC-DEC 1:1)	纳米多孔 Co$_3$O$_4$-石墨烯复合材料	424.2	1.5	室温
1 mol/L LiClO$_4$/PC	MnO$_3$ 纳米毡	540.0	1.2	室温
0.5 mol/L Bu$_4$N-BF$_4$/ACN	聚合物/TiO$_2$ 纳米粒子	462.8	1.2	室温
0.5 mol/L LiClO$_4$/PC	聚苯胺-石墨烯	450.0	1.0	室温

3. 混合型超级电容器有机电解液

基于混合型超级电容器的有机电解液主要包括石墨//AC(电解液:1.5 mol/L TEM-ABF$_4$/PC)、碳//TiO$_2$(1 mol/L LiPF$_6$/EC-DMC)、碳//V$_2$O$_5$(1 mol/L LiTFSI/CAN)、碳//Li$_4$Ti$_5$O$_{12}$(1 mol/L LiPF$_6$/EC-EMC)和碳//ECP(1 mol/L TEABF$_4$/PC)等。由于在有机电解液中获得更宽的操作电池电压(通常为 3~4 V),这些混合型超级电容器能够提供的能量密度(通常高于 30 W·h/kg)远远高于水系非对称超级电容器。常见混合型超级电容器有机电解液及其性能参数见表 8-10。

表 8-10　常见混合型超级电容器有机电解液及其性能参数

有机电解液	电极材料	电压 V	能量密度 $W \cdot h \cdot kg^{-1}$	功率密度 $W \cdot kg^{-1}$	温度 ℃
1 mol/L SBPBF$_4$/PC	无孔活性炭/活性炭	3.5	47.0	100.0	室温
1 mol/L TEABF$_4$/PC	无孔活性炭/石墨烯	4.0	60.0	30.0	室温
1 mol/L LiPF$_6$/(EC-DEC 1:1)	商用活性炭/介孔 Nb$_2$O$_5$-C 纳米复合材料	3.5	74.0	100.0	室温
1 mol/L LiPF$_6$/(EC-DEC-DMC 1:1:1)	Fe$_3$O$_4$-石墨烯	3.0	147.0	150.0	室温

三、固态电解质

固态电解质

固态电解质既可作为离子导电介质,又可作为电极隔板。使用固态电解质的主要优点是简化了超级电容器的封装和制造过程,并避免了液体泄漏和相关的问题,如处理泄漏和设备腐蚀等。超级电容器开发的固态电解质的主要类型是聚合物电解质。用于超级电容器的固态电解质主要有:无机固态电解质(solid polymer electrolyte,SPE),凝胶聚合物电解质(gel polymer electrolyte,GPE)。

固态电解质已被用于各种类型的超级电容器,如双电层超级电容器、赝电容超级电容器和不同电极材料的混合型超级电容器。在开发用于超级电容器的固态电解质时,应考虑以下关键要求:

① 高离子电导率;

② 高电化学稳定性和热稳定性;

③ 足够的机械强度和尺寸稳定性。

在实践中,固态电解质很难满足以上所有要求。在离子电导率和机械强度之间常常需要加以平衡。

1. 无机固态电解质

一般来说,无机固态电解质是不可弯曲的,几乎没有柔韧性,但其机械强度高、热稳定性好。$Li_2S - P_2S_5$ 玻璃陶瓷全固态超级电容器电解质具有一定的缓释作用和非常高的锂离子电导率。复合的 $LiClO_4 - Al_2O_3$ 固态电解质($LiClO_4 - Al_2O_3$ 的比例为 $4:6$)可作为对称和非对称超级电容器的电解质。氧化石墨烯也可作为超级电容器的固态电解质。由于无机固态电解质受限于活性物质的传导和移动,所以其在超级电容器中的应用并不常见。

2. 凝胶聚合物电解质

由于具有高离子电导率,凝胶聚合物电解质是目前研究最广泛的固态超级电容器电解质。凝胶聚合物电解质通常由聚合物基质(主体聚合物)和液体电解质(例如,含水电解质、含导电盐和离子液体的有机溶剂)组成。关于主体聚合物,各种聚合物基质已被探索用于制备凝胶聚合物电解质,包括聚乙烯醇(PVA)、聚丙烯酸(PAA)、聚丙烯酸钾(PAAK)、聚氧化乙酯(PEO)、聚甲基丙烯酸甲酯(PMMA)、聚醚醚酮(PEEK)、聚(丙烯腈)-嵌段-聚(乙二醇)嵌段-聚(丙烯腈)(PAN – b – PEG – b – PAN)和聚(偏氟乙烯-共六氟丙烯)(PVDF – HFP)等。

 思考题

1. 超级电容器和电池有何不同?

2. 超级电容器的工作原理是什么?

3. 与传统电池相比,超级电容器有哪些优势?

4. 超级电容器的电容量和能量密度如何评估?

5. 超级电容器能否全面替代传统电池?

参考文献

第 9 章 其他电化学储能器件

■ 本章导读

　　本章将从新型二次电池最新研究进展出发,结合我国能源发展战略,介绍其他类型的电化学储能器件及应用于其中的新材料。其他金属离子电池主要包括:一价金属钾离子电池、二价金属锌离子电池、三价金属铝离子电池等。目前这些电池发展迅速,电池体系和电池性能也有很大突破,但距离大规模工业化应用还有一段差距。为此,本章主要讲述上述三种二次电池的结构组成,并分别探讨每种电池的优势与存在的问题,使读者对于其他电化学储能器件有进一步的了解。

第 1 节 钾离子电池

■ 本节导读

　　前文提到,锂离子电池虽然早已商业化,并且有着成熟的技术和良好的性能,但由于锂资源匮乏、锂价格相对较高,因此,相对廉价的钠离子电池和钾离子电池开始逐渐应用。钠和钾与锂属于相同的主族,具有相似的性质,储量丰富且价格低廉,受到人们的广泛关注。本节将简要介绍钾离子电池的发展情况、电极材料组成等。

■ 学习目标

1. 掌握钾离子电池的电极材料分类;
2. 掌握钾离子电池的优缺点。

■ 知识要点

1. 钾离子电池关键正极材料;
2. 钾离子电池关键负极材料。

一、钾离子电池概述

　　钾离子电池(potassium ion battery,PIB)被认为是锂离子电池的有效替代品,在未来的大规模储能领域具有良好的应用前景。但相比于锂、钠离子,钾离子较大的半径影响了其电化学性能。金属离子电池中锂、钠和钾的物理性质和成本对比见表 9-1。

表 9-1 锂、钠和钾的物理性质和成本对比

项目	锂	钠	钾
原子序数	3	11	19
原子质量/u	6.941	22.989 8	39.098 3
原子半径/pm	145	180	220
共价半径/pm	128	166	203
熔点/℃	180.54	97.72	63.38
地壳丰度（质量分数）/%	0.001 7	2.3	1.5
地壳丰度（摩尔分数）/%	0.005	2.1	0.78
电压（vs.SHE）/V	−3.04	−2.71	−2.93
碳酸盐成本/（美元·t^{-1}）	23 000	200	1 000
工业级金属成本/（美元·t^{-1}）	100 000	3 000	13 000

目前，对钾离子电池的研究还处于起步阶段，相对于其他电池来说，钾离子电池的优势主要包括：

① 钾资源储量丰富，成本较低；

② 钾离子电池能量密度高、电压稳定性更高、电导率更高；

③ 具有较高的离子传导率。

但是也存在很多问题，例如：

① 离子扩散率低、钾离子的反应动力学低；

② 钾离子脱嵌过程中晶格体积变化大；

③ 严重的副反应和电解质消耗；

④ 钾枝晶生长，导致安全隐患。

这些问题导致钾离子电池比容量较低、倍率性能较差和循环寿命较短。因此，开发一种安全可靠、性能优良的钾离子电池至关重要。钾离子电池的结构与锂离子电池和钠离子电池相似，主要由正极材料、负极材料、电解质、隔膜等组成。

钾离子电池的正极材料主要有普鲁士蓝类似物、层状过渡金属氧化物（钴酸钾、锰酸钾）、聚阴离子化合物（磷酸盐、氟代磷酸盐、焦磷酸盐和硫酸盐）和金属－有机正极材料等。其中，层状过渡金属氧化物在碱金属离子电池中的应用研究最为深入。普鲁士蓝类似物具有开放的三维框架结构，对于离子半径大的钾离子而言，能够较好地进行可逆电化学脱嵌。金属－有机框架材料中的金属离子可用作电化学过程中氧化还原反应的活性位点。

钾离子电池的负极材料主要有碳基材料、非碳基材料等。其中，碳基材料由于其具有高导电性、低成本、对环境友好等优点而被广泛研究。碳基材料包括石墨碳材料和非石墨碳材料。石墨碳材料作钾离子电池负极材料具有良好的倍率性能及较高的可逆比

容量。非石墨碳材料又分为软碳、硬碳,当软碳作为钾离子电池负极材料时通常表现出较好的倍率性能,这是由于其具有较高的离子电导率和可控的层间距从而有利于钾离子储存。当硬碳作为钾离子电池负极材料时,如具有空心结构的碳纳米管,可有效缓解钾离子脱嵌过程中产生的体积变化,具有较好的循环稳定性。目前钾离子电池负极材料应用最多的还是碳基材料。非碳基材料主要有嵌入化合物、金属/合金、钛基材料、过渡金属硫化物等。嵌入化合物的优点在于其在充/放电过程中体积变化较小,缺点在于 K^+ 扩散动力学较慢,进而导致较大的极化现象,降低了材料的比容量。金属/合金比碳基材料的理论比容量更大,但充/放电过程中应力较大、体积变化较大导致其稳定性下降。过渡金属碳化物或氮化物具有高比表面积和高电导率,但 K^+ 嵌入材料会导致材料出现较大的体积膨胀,降低材料的比容量。尽管使用金属氧化物、金属硫化物等负极材料制成的电池可以表现出较好的电化学性能,但它们仍很难满足商业电池的要求,如无毒性、稳定性、耐久性等。

到目前为止,钾离子电池中所使用到的电解液基本上是沿用锂离子电池与钠离子电池电解液体系,对钾离子电池特有的电解液体系尚未展开系统的研究。电解质优化是开发高性能钾离子电池的重要组成部分。同时溶剂的选择对电解液性质十分重要,同一种钾盐在不同的溶剂中的溶解度及对电池性能的影响也可能不同。

二、钾离子电池关键材料

1. 正极材料

（1）普鲁士蓝类似物　作为钾离子电池正极材料,普鲁士蓝类似物（Prussian blue analogs,PBAs）因其具有开放式的金属有机骨架结构（三维孔道晶格结构,见图 9-1）、制备方法简便、成本较低等优点而成为一种理想的储钾材料。它的化学式为 $A_x M[M'(CN)_6]_y \cdot mH_2O$（其中 A 为碱金属元素;M 为过渡金属元素;M' 一般为 Fe;$0 \leqslant x \leqslant 2$）。普鲁士蓝类似物的电化学性质主要与它们

图 9-1

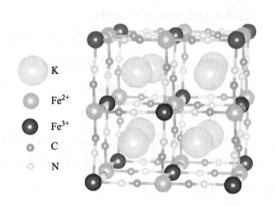

图 9-1　普鲁士蓝类似物晶格结构

的离子迁移数、过渡金属种类和结晶水含量有关。正、负极间可逆钾离子的数量对电池的电化学性能有很大影响。普鲁士蓝类似物 $K_x Mn[Fe(CN)_6]$ 作正极材料时,由于其可以容纳近两个钾离子,因而具有较高的理论比容量。

由于普鲁士蓝类似物中有两种不同自旋态的过渡金属,在循环过程中也有相应的价态变化。在 $K_x M[Fe(CN)_6] \cdot mH_2O$ 正极材料中,当 M＝Mn 时,在充/放电过程中存在包括 Mn^{3+}/Mn^{2+} 和 Fe^{3+}/Fe^{2+} 在内的两对氧化还原反应,其中 Mn 与 N 相配位,处于高自旋状态;Fe 与 C 相连接,处于低自旋状态。当 M＝Fe 时,可制备 $K_{1.70} Mn[Fe(CN)_6]_{0.9} \cdot$

$1.1H_2O$ 正极材料。研究表明,其在 4.23 V 和 4.26 V 电压下有两个电压平台,分别对应于 C 侧和 N 侧 Fe^{3+}/Fe^{2+} 的氧化还原反应,以及高自旋态的 Fe 价态变化和低自旋态的 Fe 价态变化,如图 9-2 所示。

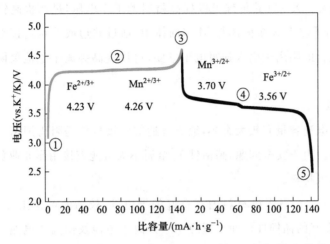

图 9-2 $K_{1.70}Mn[Fe(CN)_6]_{0.9}\cdot 1.1H_2O$ 的恒电流充/放电曲线

普鲁士蓝类似物中有一定量的结晶水。结晶水的存在主要是由于材料合成过程中存在大量的空隙。它的存在占据了钾离子的位置,影响了其化合物的储钾能力及钾离子在循环过程中的迁移。除去结晶水可使其可逆比容量、循环寿命和库仑效率提高。

(2) 层状过渡金属氧化物 过渡金属氧化物的表达式为 A_xMO_2(A:Li,Na,K 等;M:Co,Ni,Mn 等),具有毒性小、成本低且合成工艺简单的优点。目前,钾离子电池层状过渡金属氧化物主要有钴氧化合物($KCoO_2$)、锰氧化合物(K_xMnO_2,$0\leqslant x\leqslant 2$)、铬氧化合物($P_3-K_{0.69}CrO_2$)、钒氧化合物[$K_3V_2(PO_4)_3$]等。根据氧化物堆叠方式可将钾离子层状氧化物分为四种(P2,P3,O2,O3),如图 9-3 所示。K_xCoO_2 工作电压与 CoO_2 的层间距有关,该材料的可逆比容量在 60 mA·h/g 左右,且具有较好的循环稳定性和倍率性能。同时三维孔状结构的 $K_3V_2(PO_4)_3/C$ 具有良好的循环性能,其孔状结构有利于钾离子的嵌入/脱嵌,但充/放电比容量较低,仅为 77 mA·h/g。其放电电压平台区间为 3.6~3.9 V。

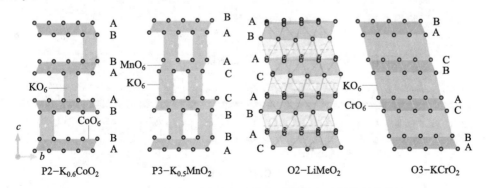

图 9-3 不同氧原子堆叠方式状态下的钾离子层状氧化物

（3）聚阴离子化合物　聚阴离子正极材料可以用 $A_x M_y [(XO_m)^n]_z$ 通式表示，其中 A 代表碱性金属（Li，Na，K 等），M 代表过渡金属（V，Mo 等），X 代表元素（P，S，Si 等）。聚阴离子化合物因其具有稳定的共价结构、开放的框架结构、较大的间隙、稳定的电压平台等而被广泛研究。X—O 共价键可以提高材料的工作电压，进而提高钾离子电池能量密度。其中 A 离子位于 X 多面体与 M 多面体中、通过共边或共点连接形成的多面体框架间隙。使用混合的阴离子引入强吸电子基团，可以提高钾离子电池聚阴离子化合物正极材料的电压。

2. 负极材料

负极材料对电池容量有较大影响，缺乏合适的负极材料是阻碍钾离子电池快速发展的一个重要原因。由于安全问题，高活性 K 金属不太可能直接用作商业负极。下面将介绍几类潜在的负极材料。

（1）石墨碳材料　石墨碳材料因其良好的导电性、较高的可逆比容量（理论比容量 $372 \ mA \cdot h/g$）、良好的储锂性能而广泛应用于锂离子电池及钠离子电池。与锂离子电池相类似，钾离子可以嵌入石墨形成 KC_8。石墨作为钾离子电池负极材料的主要问题是在充/放电过程中体积膨胀率高达 61% 左右，导致电容衰减迅速。杂原子掺杂或采用多孔结构的石墨负极材料可以有效地提高钾离子电池的比容量和循环稳定性。例如，掺杂 N、B、F、P 和 O 共掺杂，N 和 O 共掺杂等，不仅提高了材料的倍率性能，同时也提高了材料的储钾能力，进而提高了材料的比容量。另外，通过利用金属有机框架（MOFs）合成的三维结构的石墨材料，不但增大了电化学反应比表面积，还缩短了钾离子在碳中的扩散距离，可使电池的倍率性能和循环稳定性明显提高。

目前，对于石墨碳材料的储钾机理有两种不同的观点，一种观点认为钾嵌入石墨过程中分别形成三阶段 KC_{36}、二阶段 KC_{24}、一阶段 KC_8，钾脱出时正好相反，如图 9-4 所示；而另一种观点则认为上述 3 个阶段是三阶段 KC_{24}、二阶段 KC_{16}、一阶段 KC_8。

图 9-4

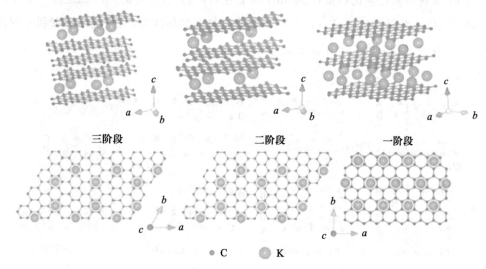

三阶段　　　　　　二阶段　　　　　　一阶段

● C　　● K

图 9-4　3 个不同阶段钾-石墨层间化合物（K-GICs）图解

(2)非石墨碳材料　　非石墨碳材料称为无定形碳材料,如前所述,根据石墨化的难易程度又分为硬碳(hard carbon)和软碳(soft carbon)。研究表明,当硬碳、软碳及石墨分别作为钾离子电池负极时,在 10 C 的倍率下,软碳的倍率性能最好,有 121 mA·h/g 的比容量;在 0.1 C 下循环 100 次后,硬碳材料的循环性能最好,比容量保持率为 83%,其原因可能是硬碳无序且封闭的结构可确保电池具有长的循环寿命,而软碳较高的电导率可确保电池具有较高的倍率性能。另外,制备含 20% 软碳的硬碳微球作为钾离子电池的负极材料,通过与硬碳、软碳这两种负极材料作电池性能的对比,发现复合材料可以结合两种碳材料的优势,展现出更优异的电化学性能(图 9-5)。与石墨类似,对无定形碳进行 N 掺杂也能够有效提升其电化学性能。例如,对多孔碳掺杂 10.1% 的吡啶 N(PNCM),在 20 mA/g 的电流密度下,1 次循环比容量达到 487 mA·h/g,是目前碳基负极中比容量最高的材料之一。

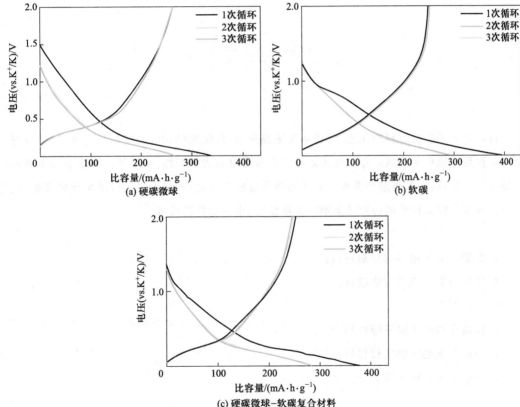

图 9-5

图 9-5　非石墨碳材料与复合材料恒电流充/放电曲线

　　(3)非碳基材料　　以嵌入化合物、金属/合金、钛基材料、过渡金属硫化物为代表的非碳基材料在钾离子电池中也得到了广泛研究。其中,钛基材料具有循环稳定性好、结构稳定、钾离子在其中的嵌入电极电势较低等优点,可用作钾离子电池的负极材料。钛基材料主要包括氧化钛(TiO_2)、钛酸盐($K_2Ti_8O_{17}$)、钛磷酸盐[$KTi_2(PO_4)_3$]及碳化钛

（Ti_3C_2）等。但这类材料导电性较差，需通过掺杂、碳包覆等手段进行改性处理，例如，通过水热法合成的 $KTi_2(PO_4)_3$，初始放电比容量为 75.6 $mA \cdot h/g$，具有接近 100％ 的库仑效率，但从第 2 次循环起，其放电比容量衰减迅速。合金类负极材料的储钾机理与碳基材料、钛基材料等不同，主要是利用钾的合金化反应实现的。目前已知的有 Sb 基、Sn 基和 P 基合金负极材料。例如，MoS_2 作为钾离子电池负极材料具有良好的循环稳定性，经过 200 次循环后，比容量损失仅为 2.5％。

3. 电解液

钾离子电池电解液的体系主要有有机电解液、固态电解质、离子液体电解液与水系电解液。目前有机电解液溶质主要采用六氟磷酸钾（KPF_6）、双氟磺酰亚胺钾（KFSI）、硝酸钾（KNO_3）等，溶剂为酯类（EC，PC，DEC，DMC）和醚类（DME），功能添加剂为氟代碳酸乙烯酯（FEC）。固态电解质与有机电解液相比，机械强度和热稳定性更好。钾离子电池电解液体系基本上遵循锂离子电池和钠离子电池的电解液体系选用规则。

第 2 节　锌离子电池

■ 本节导读

锌作为电池负极材料由来已久，最早可追溯至 19 世纪末（Volta 发明的伏打电堆）。锌基电池主要用于原电池领域。但其使用后存在回收难度较大等问题，造成了巨大的资源浪费和环境污染。目前，锌基电池体系约占全球电池市场的三分之一，足以说明锌基电池的重要性。本节将简要介绍二价金属锌离子电池的发展情况、电极材料组成等。

■ 学习目标

1. 掌握锌离子电池的电极材料；

2. 掌握锌离子电池的优缺点。

■ 知识要点

1. 锌离子电池关键正极材料；

2. 锌离子电池关键负极材料；

3. 锌离子电池电解液。

一、锌离子电池概述

锌基电池主要包括锌锰电池（Zn/MnO_2 电池）、锌空气电池（Zn/空气电池）、锌银电池（Zn/AgO 电池）、锌镍电池（Zn/NiOOH 电池）等，主要应用在原电池领域。锌离子电池（zinc ion battery，ZIB）是近年来兴起的一种新型二次电池。目前为止，锌离子电池正极材料的研究尚处于起步阶段。锌离子电池主要使用有机溶液作为电解液，被普遍认为是未来储能领域较有前景的电池之一。同时，锌离子电池材料具有廉价无毒、易于商业化生产等优点。

锌离子电池作为一种可以替代锂离子电池的新型储能装置,为降低下一代电池的制造成本提供了可能。锌离子电池的定义来自其充电和放电过程中,正极材料可以进行锌离子(Zn^{2+})的脱嵌,负极可以进行 Zn 的氧化溶解/Zn^{2+} 的还原沉积,电解液一般是含有 Zn^{2+} 的近中性或弱酸性水溶液。

锌离子电池的优势包括:

① 锌离子电池具有较高的能量密度和较高的功率密度(最大功率密度可达 12 kW/kg);

② 锌离子电池具有良好的倍率性能;

③ 锌离子电池的制作成本较低,锌资源丰富;

④ 锌离子的电池制作简单,可以不用在真空条件下进行组装;

⑤ 环境友好且安全性高。

尽管如此,锌离子电池也存在以下的问题:

① 锌离子电池容量衰减较快;

② 使用寿命较短。

锌离子电池的正极材料主要包括以锰基氧化物、五氧化二钒、金属铁氰化物等为代表的无机材料,以及以聚苯胺、聚吡咯为代表的导电高分子材料等。

锌离子电池的负极材料主要有以下三种:纯锌片电极、粉末多孔锌电极和锌镍合金电极。粉末多孔锌电极相对于纯锌片电极来说,具有更高的比表面积,它能够与电解液充分接触,更容易发生反应,进而可以有效提高锌的利用率。

锌离子电池通常使用弱酸或中性水溶液作为电解液。水系电解液具有成本低、制备简单、操作安全、环境友好、离子浓度高等优点,是锌离子电池开发和应用的亮点之一。

二、锌离子电池关键材料

1. 正极材料

目前,锌离子电池的研究主要受限于正极材料的选择。其电极电势(-0.763 V)更适合水系电池体系。然而,尽管锌离子的离子半径相对较小(0.075 nm),且 Zn^{2+} 周围的水分子的嵌入可以缓冲其高电荷密度,但 Zn^{2+} 与正极材料晶体结构之间的静电相互作用比锂离子强得多。Zn^{2+} 由于其高水合离子半径,对嵌入材料的结构有更高的要求。

过渡金属化合物可以作为锌离子电池电极材料,在电化学反应中发生离子脱嵌和材料晶相转变。它们是通过界面处或材料近表面处的氧化还原反应来实现储能的特性的。根据锌离子电池正极材料(MnO_2、V_2O_5、金属铁氰化物)的晶体结构及多价离子的脱嵌特性,可以认为隧道结构或层间距较大的电极材料更适合作为锌离子电池正极材料,如过渡金属氧化物的层状锰氧化物、氧化钼和钒氧化物。过渡金属化合物储能材料主要包括三类:即过渡金属分别与ⅣA族,ⅤA族和ⅥA族元素形成的化合物,简单来说就是氧化物-氢氧化物、过渡金属碳化物-氮化物、硫化物。

（1）锰氧化物　锰（Mn）氧化物，因其成本低、储量丰富、环境友好、低毒和多价态（Mn^0，Mn^{2+}，Mn^{3+}，Mn^{4+} 和 Mn^{7+}）等优势被认为是一类潜在的储能材料。目前，MnO_2，Mn_2O_3，Mn_3O_4 和 $ZnMn_2O_4$ 等均可用作锌离子电池正极材料。MnO_2 因锰的可变价态、优异的离子储存性能、隧道或层状结构允许 Zn^{2+} 可逆地嵌入/脱嵌、价格低廉而受到广泛关注。MnO_2 具有多种晶型（α 型、β 型、γ 型、δ型、ε型和λ型），具体取决于八面体单元[MnO_6]之间的连接类型。

具有双链结构的 α-MnO_2，属于四方晶系，每个晶体单元包含 8 个 MnO_2 分子，具有（1×1）和（2×2）的隧道结构。Zn^{2+} 可在其（2×2）通道中具有快速可逆的嵌入和脱嵌行为。α-MnO_2 有很大的孔隙，这有利于离子的储存和扩散。研究表明，在相变过程中，Zn^{2+} 首先嵌入 α-MnO_2 结构，导致 Mn^{2+} 从 α-MnO_2 的通道壁溶解，在上层/下层形成 Mn 空位，且以水合锌离子的形式嵌入 α-MnO_2 晶格中。例如，将棒状 α-MnO_2 均匀附着在多孔碳纳米片上，制备具有大比表面积的复合正极材料（α-MnO_2/PCSs），可以提高正极材料的电化学性能。如图 9-6（a）所示，当电流密度为 0.1 A/g 时，α-MnO_2 和 α-MnO_2/PCSs 复合电极比容量都有上升的趋势。经历 20 次循环后，α-MnO_2/PCSs 复合电极比容量趋于平稳。经历 40 次循环后，α-MnO_2 电极比容量趋于平稳，100 次循环后 α-MnO_2 比容量降至 200 mA·h/g，而 α-MnO_2/PCSs 复合电极的比容量仍保持350 mA·h/g，表现出了优异的循环稳定性。从图 9-6（b）可以看出，在 1 A/g 的电流密度条件下循环 1 000 次，α-MnO_2/PCSs 电极可提供约 160 mA·h/g 的稳定比容量，库仑效率接近 100%，并且在高电流密度下仍能保持良好的循环性能。这表明 α-MnO_2 与 PCSs 复合后形成的材料有助于提高其导电性和 Zn^{2+} 的传输效率。

图 9-6

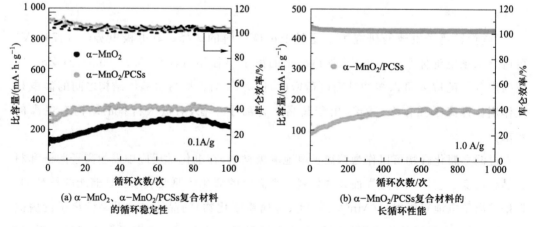

(a) α-MnO_2、α-MnO_2/PCSs复合材料
的循环稳定性

(b) α-MnO_2/PCSs复合材料的
长循环性能

图 9-6　α-MnO_2、α-MnO_2/PCSs 复合材料的循环稳定性和 α-MnO_2/PCSs
复合材料的长循环性能图

在二氧化锰的所有晶型中,β－MnO₂ 通常被认为是热力学最稳定的。但其狭窄的通道通常不利于 Zn^{2+} 的扩散。β－MnO₂ 在首次放电时,具有隧道结构的氧化锰晶体发生相转变成为层状结构的 Zn－Buserite 相,后者的层状结构使 Zn^{2+} 能够可逆嵌入/脱嵌。最后,层状结构的 Zn－Buserite 相材料具有 225 mA·h/g 的高比容量,在 2 000 次循环中,比容量保持率为 94%,具有优异的循环性能。MnO₂ 存在的另一个重要问题是,由于 Mn^{2+} 在循环过程中溶解到电解液中,MnO₂ 电极材料的比容量会因此衰减。例如,在循环过程中,锌锰电池在 2 mol/L ZnSO₄ 电解液中进行测试,比容量迅速下降。在 10 次循环后,衰减开始减慢。这可能是因为 MnO₂ 电极的 Mn^{2+} 溶解增加了电解液中 Mn^{2+} 浓度,从而抑制了 Mn^{2+} 进一步溶解。

（2）钒氧化物　钒金属丰富可变的化合价,以及允许锌离子嵌入/脱嵌的可调节层间距,使得钒氧化物通常具有较大的比容量($>$300 mA·h/g)。同时,地壳中钒元素的含量相当丰富(190 mg/kg),使得钒氧化物作为电极材料具有较低的成本。同时,钒具备大型开放式框架晶体结构,特别是结晶水空隙的电荷屏蔽效应,可以降低嵌入 Zn^{2+} 的有效电荷,从而提高比容量和倍率性能,这使得钒氧化物成为一种性能优异的锌离子电池储能材料。

研究表明,在锌离子嵌入/脱嵌过程中,二氧化钒的晶格结构变化不大,可显示出 357 mA·h/g 的可逆比容量,且倍率性能良好(当电流密度为 51.2 A/g 时,比容量仍高达 171 mA·h/g)、功率密度高。钒氧化物通常比容量较大,但平均工作电压总低于 1 V,且有一个倾斜的放电平台,这是限制此类材料发展的一个重要因素。

（3）普鲁士蓝类似物　普鲁士蓝类似物金属六氰基铁酸盐(MeHCF)是一种常见的金属有机骨架材料。它具有开放的晶体结构,不仅能承受单价离子(Li^+,Na^+ 或 K^+)的嵌入/脱嵌,还能承受二价或三价离子(Zn^{2+},Mg^{3+},Al^{3+})的嵌入/脱嵌。如图 9－7 所示为 Zn^{2+} 在普鲁士蓝类似物中嵌入/脱嵌的示意图。

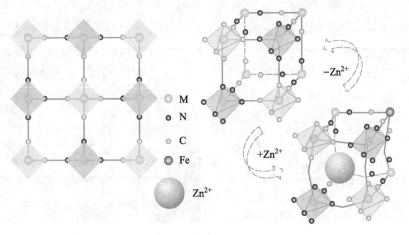

图 9－7

M
N
C
Fe
Zn^{2+}

$-Zn^{2+}$

$+Zn^{2+}$

图 9－7　Zn^{2+} 在普鲁士蓝类似物中嵌入/脱嵌的示意图

在该类材料中,NiHCF 的粒径相比于其他三种普鲁士蓝类似物(FeHCF,CuHCF,CoHCF)要小很多,且分布更均匀。CoHCF 相比于其他三种普鲁士蓝类似物来说,晶体生长得更加完整。然而,尽管普鲁士蓝是一种具有开放骨架的混合价铁氰化物,但其比容量相对较低(在 1 C 倍率下,比容量小于 100 mA·h/g,低于氧化钒和锰氧化物等的比容量),以普鲁士蓝为正极材料的水系锌离子电池的电压平台也会受电解液的影响。因此,尽管在更高的工作电压下可以使用普鲁士蓝类似物,但能量密度在储能材料领域仍没有较大竞争力。在实际应用中仍有许多地方需要改进。

例如,以铁氰化铜(CuHCF)为正极材料,20 mmol/L ZnSO$_4$ 水溶液为电解液,锌片为负极组装锌离子电池。当电流密度为 60 mA/g 时,100 次循环后电池的比容量保持率为 96.3%。CuHCF 作为正极材料时,当电流密度为 150 mA/g,300 mA/g 和 600 mA/g 时,比容量保持率分别为 96.1%,90% 和 81%。快速循环后,电流密度再次降至 60 mA/g 时,其比容量保持率依旧为 100%。这表明水系二次锌离子电池可以快速充电和放电。

另外,六氰基铁酸锌(ZnHCFs)作为正极材料时,其工作电压可以达到 1.7 V,这是水系锌离子电池的最高工作电压。除了六氰基铁酸锌外,六氰基铁酸铜、铁酸镍和六氰亚铁酸铁也可用作水系锌离子电池的正极材料。图 9-8 为各种普鲁士蓝类似物的 SEM 形貌图。其显示 FeHCF,CuHCF,NiHCF,CoHCF 基本上为块状形貌。

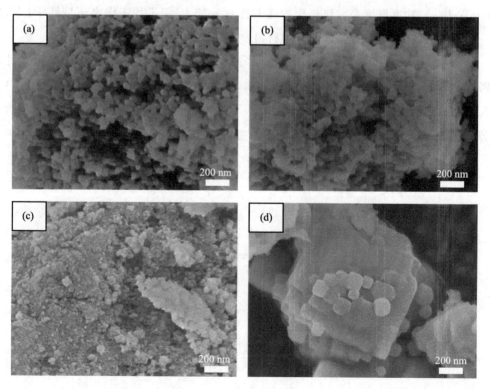

图 9-8　普鲁士蓝类似物 SEM 形貌图:(a)FeHCF;(b)CuHCF;(c)NiHCF;(d)CoHCF

（4）导电高分子材料 导电高分子材料也广泛应用于锌离子电池中。与传统的无机化合物相比，聚苯胺和聚吡咯具有良好的电化学性能、高能量和功率密度及可逆的离子交换能力等优点，可用作锌离子电池的正极材料。

此外，导电高分子材料需酸性电解液环境才能表现出优异的电化学性能。对于金属锌，酸度高的电解液环境会造成严重的腐蚀，这影响了导电高分子材料的使用。同时，由于其相变会产生较大的体积变化，导致一定的比容量衰减，且在充/放电过程中结构可能会坍塌，进而也导致比容量衰减，进一步限制了该类材料的使用。表 9 - 2 展示了锌离子电池主要正极材料的性能对比。

表 9 - 2　锌离子电池主要正极材料的性能对比

正极材料	主要代表	优势	劣势
锰氧化物	二氧化锰	成本低、环境友好、低毒性	比容量衰减较快
钒氧化物	五氧化二钒	比容量较大（>300 mA·h/g）	具有毒性、平均工作电压低于 1 V
普鲁士蓝类似物	金属铁氰化物	工作电压较高（1.7 V）	比容量相对较低（约 100 mA·h/g）
导电高分子材料	聚苯胺、聚吡咯	高能量和功率密度	需要选用合适的电解液

2. 负极材料

由于锌在水系电解液中相对稳定，目前大多数锌离子电池直接使用锌作为负极，通常是锌片或涂覆集流体的形式。作为一种电极材料，锌具有储量大、成本低、不可燃、毒性低、导电性高、易加工、相容性好等优点。然而，与其他金属离子电池一样，锌枝晶的存在也限制了其商业应用。

纯锌片电极由纯度为 99.9% 的金属锌制成，在用金相砂纸抛光，乙醇或去离子水清洗后，烘干，置于乙醇和丙酮的 1∶1 混合物中，再用去离子水或乙醇清洗，最后在真空烘箱中干燥后制得。

多孔锌电极是将锌粉、导电剂和黏合剂按一定比例混合而成的厚度均匀的电极片。其中导电剂主要用活性炭、乙炔黑和碳纳米管等，黏合剂主要用聚偏氟乙烯和聚四氟乙烯。制备方法主要有涂布法和研磨法两种。

为降低金属锌表面的孔隙率和内应力，提高锌电极的抗腐蚀性，可制备锌镍合金电极代替单质锌。通常采用直流脉冲电镀法在金属锌表面镀一层金属镍。金属 Zn 负极在水系电解液中具有合适的氧化还原电势、高比容量（约 820 mA·h/g）。在碱性电解液中，其存在如下问题：

① Zn 负极沉积/溶解的库仑效率较低；

② 在充/放电循环过程中锌枝晶的生长；

③ 在 Zn 负极上形成不可逆副产物[如 ZnO 或 $Zn(OH)_2$]。

这些因素将导致严重的比容量衰减、库仑效率下降等问题。尽管在温和中性或微酸性电解液中树枝状锌枝晶可以被最小化,但其可逆性差、Zn 负极的沉积/溶解速率低,仍然是其实际应用的障碍。为解决这些问题,可进行优化电解液和改性金属锌等处理。由于金属腐蚀主要来源于平面或二维金属锌箔上 Zn^{2+} 的不均匀分布。传统电极上的初始微小枝晶峰尖端可以作为电场中的电荷中心,不断积累电荷,从而进一步沉积在这些尖端上,促进枝晶的生长。相反,集流体具有较高的电活性表面积和均匀电场,可以抑制金属的沉积。

除无机修饰电极外,聚合物涂层也可以改善传统水系电解液中裸锌阳极形成的副产物和锌枝晶、构建具有独特的氢键网络及与金属离子的强配位能力的聚酰胺(PA)涂层界面。这种界面很好地抑制了锌负极的腐蚀和钝化。通过这种方法制备的聚合物修饰的锌负极可以可逆地工作 8 000 h,是锌的 60 倍,并且无枝晶。基于这种聚合物改性锌负极和 MnO,1 000 次循环后的电池比容量保持率为 88%,库仑效率超过 99%。

目前,金属锌负极主要存在枝晶、自腐蚀和钝化等问题,可通过在金属表面添加电极添加剂、电解液添加剂和改性的方法解决。

电极添加剂主要针对锌电极性能进行改善,包括电极结构添加剂和金属添加剂等。电极结构添加剂通常为石墨、乙炔黑和活性炭等;金属添加剂是在锌表面镀一层金属镍,发挥基底效应,降低锌电极表面孔隙率,提高电流均匀性,从而有效阻止锌电极的自腐蚀,减小电极极化,有效抑制锌枝晶和电极的内力形变。

3. 电解液

(1) 水系电解液 水系电解液要比传统电池有机电解液的离子电导率普遍高出两个数量级左右。在通常情况下,水的分解电压约为 1.23 V,这就使得水系电解液电池的电压窗口要低于有机电解液电池的。为了缓解枝晶现象,锌离子电池的电解液常为中性或弱酸性,但是随着 pH 的不断下降,将会导致电池在充电时伴随着氢气析出,从而降低库仑效率。目前,$ZnSO_4$,$ZnCl_2$ 或 $Zn(CF_3SO_3)_2$ 盐基电解液被认为拥有较大应用前景并已被广泛使用。常见的 $ZnSO_4$ 电解液溶解性差,库仑效率较低,而采用 $Zn(CF_3SO_3)_2$ 电解液可以加快电荷传输速率,进一步提高库仑效率。在 $Zn/ZnMn_2O_4$ 体系中,通过对比硫酸锌($ZnSO_4$)、硝酸锌[$Zn(NO_3)_2$]、氯化锌($ZnCl_2$)和三氟甲基磺酸锌[$Zn(CF_3SO_3)_2$]四种电解液,发现使用高浓度的 $Zn(CF_3SO_3)_2$ 可以使锌离子电池的效能、安全性、稳定性等均有大幅提升。此外,研究表明随着 $Zn(CF_3SO_3)_2$ 的添加,锌离子电池表现出良好的 Zn 沉积/溶解可逆性,同时高浓度的电解液可以有效减少锌离子的溶剂化效应,降低了水分解等副反应的发生,可以明显提高电池体系的稳定性。

(2) 离子液体电解液 近年来,离子液体电解液,如 1-乙基-3-甲基咪唑双(三氟甲基碳酰)亚胺和 1-丁基-3-甲基咪唑双(三氟甲基碳酰)亚胺,以其相对较高的温度/电化学稳定性及较高的离子迁移率而受到广泛关注。实际上,Zn^{2+} 被溶剂分子和电解液中的反阴离子包围,并且 Zn^{2+} 的嵌入需要在阴极/电解液界面处去溶剂化,带来能量损失,使得在离子液体电解液中 Zn^{2+} 一般反应动力学较差,有待进一步改良。表 9-3 为两种电解液材料的性能对比。

表 9-3　两种电解液材料的性能对比

电解液	主要代表	优势	劣势
水系电解液	$ZnSO_4$,$ZnCl_2$,$Zn(CF_3SO_3)_2$	高的能量密度、功率密度	沉积/析出动力学缓慢、库仑效率低
离子液体电解液	1-乙基-3-甲基咪唑双(三氟甲基碳酰)亚胺 1-丁基-3-甲基咪唑双(三氟甲基碳酰)亚胺	具有较高电化学稳定性及离子迁移率	放电比容量和循环寿命较差

第 3 节　铝离子电池

■ 本节导读

铝的理论质量比容量高达 2 976 mA·h/g,是所有金属元素中理论比容量仅次于锂(3 860 mA·h/g)的元素。同时,铝的体积比容量(8 035 mA·h/cm³)是目前报道的所有金属离子电池电极材料中最高的。在诸多新兴的多价阳离子二次电池体系中,铝离子电池(aluminun ion battery,AIB)凭借其低成本和高体积比容量等优势,被认为是最有潜力的二次电池之一。本节将简要介绍三价金属铝离子电池的优缺点、电极材料组成等。

■ 学习目标

1. 掌握铝离子电池的电极材料;

2. 掌握铝离子电池的优缺点。

■ 知识要点

1. 铝离子电池关键正极材料;

2. 铝离子电池关键负极材料;

3. 铝离子电池电解液。

一、铝离子电池概述

目前,铝离子电池大多采用以碳材料为正极、铝为负极、离子液体为电解质的体系。与其他电池体系相比,铝离子电池体系具有如下优势:

① 铝离子在电化学反应的过程中会转移 3 个电子,是高体积比容量和高质量比容量的电极材料;

② 与锂金属相比,铝金属作为负极时,由于其具有更好的稳定性,降低了潜在的安全隐患;

③ 地壳中铝的含量非常丰富,来源广泛,开采和利用的成本都非常低;

④ 铝离子电池体系中常用的电解质是非挥发性和不易燃的材料,电池体系更安全可靠。

尽管如此,铝离子电池还是存在以下问题:

① 铝离子电池的能量密度较低、比容量衰减较快;

② 部分正极材料容易发生溶解、无放电电压平台等。

铝离子电池正极材料主要有碳基材料(石墨、石墨烯、碳纸等)、过渡金属氧化物(V_2O_5,TiO_2 等)、过渡金属硫化物(MoS_2,Ni_3S_2 等)等。其中,碳基正极材料被广泛应用于铝离子电池正极材料,并表现出优异的电化学性能。

负极材料主要是金属铝。铝作为铝离子电池的负极,具有安全性高、成本低、体积比容量高等突出优点。铝离子电池的研究工作主要集中在正极材料上,而金属铝负极的研究相对较少。然而,金属铝负极对铝离子电池的性能起着重要作用,对电池的充/放电电压平台和循环稳定性有很大影响。

铝离子电池电解液主要以 $AlCl_3$ 与咪唑盐形成离子液体为主,选择和设计合适的电解液,也是开发铝离子电池的关键所在。

二、铝离子电池关键材料

1. 正极材料

(1) 碳基材料　在铝离子电池中,由于铝的电极电压更低,所以碳基材料可用作铝离子电池正极。目前的研究主要是通过调节碳基材料的部分性质以提高其比容量和改善其倍率性能。碳基材料主要包括碳纸、热解石墨、碳布和碳毡。四种碳基材料表现出的比容量各不相同,碳纸和热解石墨的比容量接近 70 mA·h/g,而碳布和碳毡的比容量较低,为 20~40 mA·h/g。

当采用商业碳纸作为正极材料时,在 50 mA/g 电流密度下,其放电比容量为 84.55 mA·h/g。当采用热解石墨作为正极材料时,发现热解石墨可以使铝离子电池的循环寿命有所提高,循环 7 500 次后放电比容量仍未衰减。同时,碳基材料作为铝离子电池正极材料之一,其储铝机制表明碳在铝离子电池体系中可作为聚阴离子($AlCl_4^-$)脱嵌的电极材料。然而,碳基材料作为铝离子电池正极材料仍存在放电比容量低、倍率性能较差等缺点。

(2) 过渡金属氧化物　目前,以 V_2O_5 为代表的过渡金属氧化物同样可以用作铝离子电池正极材料。该电池的反应机理是 Al^{3+} 嵌入 V_2O_5 晶格中形成 AlV_2O_5 化合物。在首次放电时,Al^{3+} 嵌入正交晶系的 V_2O_5 中,使其晶格遭到破坏的同时在表面形成一层无定形的 $Al_xV_2O_5(0 \leqslant x \leqslant 2)$。图 9-9 为 V_2O_5 的透射电子显微镜(TEM)图像,铝离子电池容量受限的一个关键因素是正极材料中[AlCl₄]⁻嵌入的容量偏低。除了V_2O_5之外,TiO_2,CuO,Co_3O_4,SnO_2和WO_3等也可以作为铝离子电池正极材料。

与碳基正极材料相比,过渡金属氧化物正极材料的初始放电比容量更大。但是,由于过渡金属氧化物的循环性能较差,阻碍了高容量铝离子电池的发展。例如,将二硒化钴/碳纳米粒子/还原氧化石墨烯($CoSe_2$/carbon nanodice/rGO)复合材料用作铝离

图 9-9 V_2O_5 的 TEM 图像

子电池正极材料时,显示出较优异的循环性能,在 1 000 mA/g 电流密度下循环 500 次后比容量保持在 143 mA·h/g。

(3)**过渡金属硫化物** 具有高比容量的硫化物等正极材料也是铝离子电池正极材料的研究热点。相较于过渡金属氧化物,Al^{3+}的强静电效应使得Al^{3+}在Al—S键存在下的可逆性优于Al—O键。通过硫化物与碳基材料复合可以提高离子和电子传输速率,同时,这种复合还可以保护硫化物材料在反应过程中不会溶解到电解液中,从而提高其循环稳定性。

研究表明,用静电纺丝的方法制备一种复合材料(Co_9S_8/CNT-CNF),该复合材料由自支撑的Co_9S_8与碳纳米管和碳纳米纤维组成,如图 9-10(a)所示。该材料中的多孔结构促进了反应动力学,暴露了更多的活性位点。图 9-10(b)显示了该材料作为铝离子电池正极在 100 mA/g 电流密度下的充/放电曲线,首次循环放电比容量为 315 mA·h/g。此外,该材料具有良好的循环性能,在 100 mA/g 电流密度下 200 次循环后,仍保持 297 mA·h/g 的比容量。在 20 mA/g 的电流密度下,首次循环放电比容量可以达到 406 mA·h/g。随后在 100 mA/g 电流密度下循环 1 000 次后依然保持 227 mA·h/g 的比容量,平均每次循环衰减 0.03%。

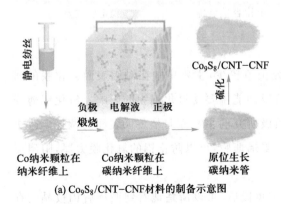

(a) Co_9S_8/CNT-CNF材料的制备示意图

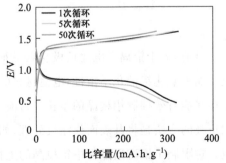

(b) Co_9S_8/CNT-CNF材料作为铝离子电池正极
在100 mA/g电流密度下的充/放电曲线

图 9-10

图 9-10 Co_9S_8/CNT-CNF 材料的制备示意图及其电化学性能

$Cu_{2-x}Se$ 一维纳米棒材料,其第一次循环的比容量在 50 mA/g 电流密度下为 260 mA·h/g。在长循环试验中,电流密度为 200 mA/g,100 次循环后仍保持 100 mA·h/g 的放电比容量。包裹在氧化石墨烯中的 $CoSe_2$/碳纳米方块复合材料,在 1 000 mA/g 电流密度下,其第一次循环的放电电压平台高达 1.8 V,且放电比容量大于 300 mA·h/g,该材料在经过 500 次循环后仍可以保持 143 mA·h/g 的比容量。

(4) 过渡金属硒化物　金属硒化物材料也是常见的铝离子电池正极材料,相较于过渡金属硫化物,其主要优势在于放电电压平台比较高。例如,具有三维纳米结构的 CuS 和碳纳米片的复合材料作为铝离子电池的正极时,在 20 mA/g 的电流密度下,首次放电比容量为 240 mA·h/g,经过 100 次循环后仍保持 90 mA·h/g 的比容量。同时,在三维的还原氧化石墨烯上制备的层状 SnS_2 纳米片,这种复合结构具有良好的电化学性能。通过在铝离子电池的电化学性能测试,在 100 mA/g 电流密度下,首次放电比容量高达 392 mA·h/g,在 200 mA/g 电流密度下,100 次循环后仍保持 70 mA·h/g 的比容量。

(5) 硫单质　硫单质也可以作为铝离子电池的电极材料,其理论比容量高达 1 672 mA·h/g,并且成本低,是一种非常具有应用前景的铝离子电池正极材料。将硫单质负载在活性炭布上作为正极,铝金属作为负极,组装成铝硫电池。该电池在 50 mA/g 电流密度下,首次放电比容量高达 1 320 mA·h/g。X 射线光电子能谱(XPS)结果显示,其放电产物主要以多硫化铝为主。表 9-4 总结对比了各类铝离子电池正极材料的优缺点。

表 9-4　各类铝离子电池正极材料的优缺点

正极材料	主要代表	优势	劣势
碳基材料	石墨、碳纸等	成本低、安全、环保	放电比容量低、倍率性能较差
过渡金属氧化物	V_2O_5	比容量衰减较慢	循环性能较差
过渡金属硫化物	CuS,SnS_2	较高的比容量	衰减较快
过渡金属硒化物	$Cu_{2-x}Se$	放电电压平台比较高	合成工艺较复杂
硫单质	金属硫	放电比容量很高	稳定性较差

2. 负极材料

目前,关于铝离子电池负极材料的研究报道较少,主要集中在对铝表面氧化膜的研究。加上氧化铝的化学惰性,电池材料的负极性能主要受氧化铝膜的影响。氧化铝薄膜的存在能有效抑制铝枝晶的生长。目前,负极研究的主要方向是负极表面的调控。改进铝负极的方法是将其表面作涂层处理,如石墨烯薄膜,可以防止铝的氧化膜太厚,阻碍反应。它限制了铝流通过程中铝枝晶的生长。

例如,在使用抛光铝作为铝/石墨电池的负极后,可以清楚地看到循环后铝枝晶的存在。通过 XPS 分析,可以发现枝晶的主要元素为 Al,Cl,O 和 C。结果表明,普通铝组装的电池在 15 000 次循环后的比容量逐渐降低,直到电池损坏;然而,使用抛光铝作负极的铝离子电池可以循环超过 40 000 次。原因可能是铝表面的氧化层抑制了铝枝晶的生长,如图 9-11 所示。

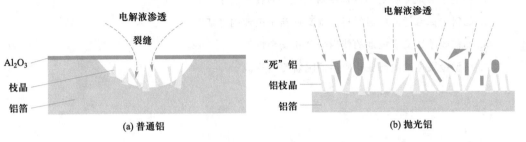

图 9-11

图 9-11　普通铝与抛光铝的铝负极保护的机理示意图

3. 电解液

离子液体是铝离子电池的主要电解液。将含有 $AlCl_3$ 的[EMIm]Cl(1-乙基-3-甲基咪唑氯盐)离子液体作为电解质,V_2O_5 作为正极材料,金属铝作负极材料,成功构建了铝离子电池。$AlCl_3$ 与咪唑氯盐在合适的物质的量比例进行混合可以实现铝的可逆沉积和溶解,混合后材料表现出较强的路易斯酸性。由此制备的电池首次放电比容量为 305 mA·h/g,循环 20 次后的比容量为 270 mA·h/g。利用离子液体电解质($AlCl_3$/[EMIm]Cl)和石墨正极一起组建了具有优异循环性能的铝离子电池。该电池的放电电压平台接近 2 V,比容量为 70 mA·h/g,库仑效率高达 98%。在 4 000 mA/g 的电流密度下,可实现快速充电(约 1 min 充电完成)。同时该铝离子电池还展示出优异的循环性能,7 500 次循环后没有明显的比容量衰减。

另外,以膨胀石墨作为正极和盐酸三乙胺电解液组装的铝离子电池也是一种低成本铝离子电池体系。该类电池在 5 A/g 的电流密度下,电池比容量可以达到(78.3 ± 4.1)mA·h/g;循环 30 000 次后,比容量保持率为 77.5%。该研究成果以商业石墨为正极,同时选用了合适的电解质材料,实现了铝离子电池的超长循环稳定性,为实现铝离子商业化应用打下了基础。表 9-5 对比了三种新型二次电池的主要性能。

表 9-5　三种新型二次电池的主要性能对比

类别	钾离子电池	锌离子电池	铝离子电池
理论比容量	279 mA·h/g	820 mA·h/g	2 976 mA·h/g
安全性	有一定安全隐患	安全	安全
工作电压	2.8~3.0 V	0.7~1.0 V	3.6~3.9 V
性能稳定性	高	低	高

思考题

1. 钾离子电池电极材料的选择对其性能有哪些影响？

2. 如何选择合适的电极材料以提高锌离子电池的性能？

3. 如何改善铝离子电池的使用寿命和安全性？

4. 新型金属电池的商业化应用面临着哪些挑战？

参考文献

郑重声明

高等教育出版社依法对本书享有专有出版权。任何未经许可的复制、销售行为均违反《中华人民共和国著作权法》，其行为人将承担相应的民事责任和行政责任；构成犯罪的，将被依法追究刑事责任。为了维护市场秩序，保护读者的合法权益，避免读者误用盗版书造成不良后果，我社将配合行政执法部门和司法机关对违法犯罪的单位和个人进行严厉打击。社会各界人士如发现上述侵权行为，希望及时举报，我社将奖励举报有功人员。

反盗版举报电话　（010）58581999　58582371

反盗版举报邮箱　dd@hep.com.cn

通信地址　北京市西城区德外大街 4 号
　　　　　高等教育出版社法律事务部

邮政编码　100120

读者意见反馈

为收集对教材的意见建议，进一步完善教材编写并做好服务工作，读者可将对本教材的意见建议通过如下渠道反馈至我社。

咨询电话　400-810-0598

反馈邮箱　hepsci@pub.hep.cn

通信地址　北京市朝阳区惠新东街 4 号富盛大厦 1 座
　　　　　高等教育出版社理科事业部

邮政编码　100029